최신 **수리학** 수정판

HYDRAULICS

최신 수리학 수정판

| 연세대학교 교수 최성욱 지음 |

교문사

수리학은 물의 흐름에 관한 역학적 이론이다. 수리학은 다른 학문 분야에 비하여 이론의 엄밀함과 우아함이 풍부하다. 그 학문적 매력을 탐구하고자 공부를 시작한 지 30년이 훌쩍 지나버렸다. 이 책은 저자가 1997년 연세대학교 건설환경공학과에 부임한 이래 수리학 과목으로 강의한 내용과 저자 자신이 관련 연구를 하면서 얻은 경험과 지식을 토대로 정리한 학부 수준의 교과서이다.

강의와 책을 출판하는 것은 달라서, 처음으로 혼자 책을 쓰면서 성취감보다 좌절감을 더 많이 느꼈다. 계속해서 발견되는 논리적 오류와 오타로 인하여 잠시 중단하고 몇 년 뒤 다시 쓸까 하는 생각도 해보았다. 그러나 그렇게 미루기에는 나에게 남은 시간이 넉넉하지 않았다. 산에 가면 꼭대기에서 기념사진을 찍듯이 교직 생활을 정리하면서 꼭 책을 출판해야 하는가 하는 회의도 있었다. 저자가 새로운 수리학 책을 출판해야 하는 이유를 생각해 보았다.

왜 흐름의 기본 방정식은 미분과 적분형태로 나타나는가? 두 형태의 방정식은 어떤 관계가 있나? 운동방정식과 에너지 보존법칙은 서로 독립적인 관계인가? 베르누이 방정식과 에너지방정식은 같은 식인가? 이런 질문을 수없이 해왔고 지금도 그 질문에 답하기 위해 공부하고 있다.

저자는 최신 수리학을 집필하면서 다음과 같은 사항에 역점을 두었다. 첫 번째, 기본방정식을 유도함에 있어 일관성 있게 레이놀즈 이송정리를 이용하였다. 많은 교과서에서 기본방정식을 유도하면서 레이놀즈 이송정리를 언급하지만 간단한 방법을 선택하기 때문에 레이놀즈 이송정리의 강력한 활용성을 간과하기 쉽다. 저자는 3장에서 제시된 기본방정식이 모두 레이놀즈 이송정리를 이용하여 유도될 수 있음을 보였다. 그리고 6장의 유수중 물체저항에서 운동량 적분방정식도 같은 방법을 이용하여 유도 가능한 것을 보였으며, 8장 유사이송에서 Exner 방정식(하상토 보존방정식)을 레이놀즈 이송정리를 통해 유도하는 것을 문제로 제시하였다. 비록 여기서는 다루지 않지만 개수로의 부정류에 대한 St. Venant 방정식도 유도할 수 있으니 레이놀즈 이송정리의 중요성은 아무리 강조해도 지나치지 않은 것 같다.

두 번째, 기존 교과서에서 애매한 부분을 명확하게 설명하려고 하였다. 예를 들어, 개수로의 점변류 방정식을 에너지 접근 방식으로 유도하면서 마찰경사라고 부르는 경우가 있다. 엄밀히 말하자면 에너지(선)경사가 옳은 표현이고 운동량 접근방식에 의해 유도할 경우 마찰경사라고 하는 것이 맞다. 이런 부정확한 부분의 설명을 바로 잡기 위해 노력하였다.

세 번째, 최신 수리학에서는 유사이송을 강조하였다. 유사이송은 전 세계적으로 수리학의 중요한 분야이지만 유독 우리나라에서만 주목을 받지 못해왔다. 그러나 우리나라는 그간 하천 사업으로 인해 하천에서의 유사이송과 하상변동이 중요하게 되었다. 또한 우리 업계가 해외를 대상으로 시장을 확장함에 있어 꼭 전문성을 갖춰야 할 부분이 유사이송 분야이다. 유사이송의 중요 이슈를 기초적인 것부터 다루면서 최신 연구성과를 포함하기 위해 노력하였다.

네 번째, 이동상 수리실험에 관한 내용을 제시하고 이동상 실험설계의 예를 포함하였다. 하천 실험에서 제일 중요하고 어려운 부분이 이동상 부분이고 이는 유사이송과 관련되어 있다. 우리나라도 과거와는 다르게 훌륭한 수리실험 시설을 많이 갖추게 되었으나 실제 내용을 들여다보면 고난도의 이동상 수리실험은 수행하지 못하고 있는 실정이다. 이를 극복하기 위하여 최근 문헌에서 이동상 실험에 핵심이 되는 내용들을 간추려 설명하였고 이동상 실험 설계 예를 제시하였다.

마지막으로 유체역학 및 수리학 분야의 여러 역사적 인물을 소개하였다. 1장에 유체역학의 약사를 제시하여 학문의 정립 과정을 이해할 수 있게 하였다. 그리고 각 장마다 역사적으로 중요한 인물이 기여한 점을 설명하였고 개인적 성장과정에서 에피소드를 소개하여 그 분들의 업적은 위대하지만 사생활은 우리와 크게 다르지 않음을 보여주었다.

옛 문헌에 따르면 최고의 선은 물과 같다고 하였다(上善若水). 물은 높은 자리를 내어주고 스스로 낮은 자리로 흐르며, 또 물이 흐른 자취는 모나지 않고 항상 유선형의 부드러움을 보이기 때문이 아닐까 하고 추측해본다. 그러나 단순해 보이는 물의 흐름도 수리학적으로 기술하는 것은 무척 어려운 문제이다. 우리들 삶도 매 순간 힘들고 어렵지만 돌아

보았을 때 유선과 같이 아름답게 그림이 그려졌으면 좋겠다. 아무쪼록 이 책이 후학들이 공부하는 데 조금이라도 도움이 되길 희망한다. 연습문제를 풀고 책의 구성에 조언을 아끼지 않은 동명의 연세대학교 대학원생 최성욱 군과 꼼꼼하게 편집에 최선을 다해준 교문사 김경수 부장에게 감사의 마음을 전한다. 마지막으로 불철주야 연구에 매진하며 젊음을 불태운 연세대학교 건설환경공학과 환경유체동역학 연구실 제자들에게 이 책을 바친다.

2021년 5월 1일
신촌 연구실에서
최성욱 교수 식

차례

물의 성질

집중 호우 시 산사태 등에 의해 발생하는 토석류(土石流, debris flow)는 Bingham 소성 유체의 대표적인 예이다. 물과 흙, 자갈, 그리고 바위가 섞여서 유변학적으로 성질이 완전히 다른 유체가 만들어진다. 토석류는 빠른 속도와 가공할 만한 파괴력을 가지고 있어 저지대를 완전히 매몰시켜 많은 인명 살상을 초래할 수 있다. 위의 사진은 지난 2018년 미국 California에서 발생한 토석류에 의해 저지대에 퇴적된 바위 덩어리와 토사 가운데 주택이 매몰된 상황을 보여주고 있다.
(사진 출처: LA Times 2018년 1월 12일)

1. 수리학의 정의 및 약사

▌1.1 수리학의 정의

수리학(hydraulics)의 어원은 물을 의미하는 그리스어 "Hudour"이다. 수리학을 정의하면 "정지되어 있거나 흐르는 물의 역학적 거동을 연구하는 과학"이라고 할 수 있다. 그리고 유체역학과 수리학의 차이를 굳이 지적하자면, 수리학의 대상은 주로 물이고 유체역학은 물을 포함한 모든 유체라고 할 수 있다. 유체역학이 수학 및 물리적인 방법론에 근거하여 좀 더 과학적으로 접근한다고 하면, 수리학에서는 실제문제의 해결을 위해 경험적인 접근도 중요하게 다룬다고 할 수 있다. 그러나 이러한 분류는 학문의 역사적 발달과정에서 온 것일 뿐이며, 요즘은 두 학문 사이의 경계가 없어지고 있는 것이 사실이다.

▌1.2 유체역학 및 수리학 약사

인류 문명사에서 유체역학과 관련된 가장 최초의 기록은 그리스의 수학자이자 발명가인 Archimedes라고 할 수 있다. 그는 최초로 정수역학과 부유에 관한 이론을 제시하였다. 이전에도 배를 건조하거나 화살을 멀리 쏘아 보내기 위하여 유체역학적인 지식이 필요하기도 했겠지만 주로 경험에 의존했을 것으로 추측된다. 이후 5세기부터 11세기까지 로마제국의 기술자들에 의해서 물을 송수하기 위한 정교한 시설이 설계되고 시공되었다. 그러나 암흑시대였던 중세 1,000년간은 이렇다 할 유체역학의 기술 발전을 이룩하지 못하였다.

아래 그림에서와 같이 유체역학의 지속적인 학문 발전이 시작된 것은 15세기 르네상스 시기라고 할 수 있다. Leonardo Da Vinci(1452~1519)는 여러 종류의 흐름현상을 스케치로 남겼으며, Galileo Galilei(1564~1642)는 실험역학을 창시하였다. 초기 르네상스 이후 17-18세기에는 Newton, Bernoulli, Euler, d'Alembert 등 여러 유명한 과학자들에 의해 이론적이고 수학적인 진보가 이루어졌다. 이 시기에 실험적인 연구도 이루어졌으나 이론과 실험은 서로 다른 근원을 가진 것처럼 진행되었다. 당시 동수역학(hydrodynamics)은 이상유체에 대한 이론적이고 수학적인 내용을 다루는 학문으로 정의되었으며, 수리학(hydraulics)은 물에 대한 응용적이거나 실험적인 내용의 학문을 의미하였다.

19세기에 들어서면서 근대적 의미의 유체역학이 탄생하게 되었는데 이때부터 유체의 운동을 기술하기 위해 미분방정식을 이용하게 되었다. 이 당시 실험유체역학도 더욱더 과학적으로 변모하여 오늘의 형태로 바뀌게 되었다.

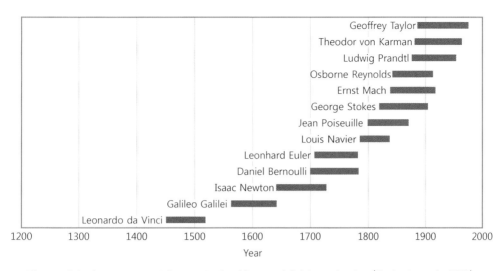

Figure 1.1 Important contributors to the history of fluid mechanics (Gerhart et al., 2017).

20세기에는 이론적인 동수역학과 실험적인 수리학이 더욱 발전하여 두 학문이 통합되기 이르렀다. Prandtl(1875~1953)은 유체의 경계층(boundary layer) 개념을 소개하였는데, 이는 동수역학과 수리학을 통합하는 계기가 되었다. 경계층이론은 유체가 흘러가면서 경계면에 얇은 층을 형성하는데, 경계층 내부에는 유체의 점성이 중요하고 층의 외부에는 유체가 마치 점성이 없는 것처럼 거동을 보인다는 것이다. 이 단순한 이론은 동수역학자와 수리학자들의 오랜 논쟁을 종식시켰으며, 이로 인하여 Prandtl을 현대 유체역학의 창시자라 한다. 20세기 초반 비행기의 등장으로 공기역학(aerodynamics)이 급속도로 발전하게 되었다. 공기의 흐름이 기체에 미치는 영향을 파악하는 것이 항공기 설계에 중요하였으며, 이는 이 시기 유체역학의 발전을 견인하였다.

다음은 유체역학 및 수리학 분야의 큰 발견을 연대순으로 정리한 것이다(이승준, 1999).

Table 1.1 Pioneers in fluid mechanics and hydraulics and their achievements

인물	업적	연도
Archimedes B.C.287~212 Sicily	• 물체가 유체 중에 있을 때 그 물체의 부피와 같은 부피만큼 유체를 배제시킨다는 Archimedes의 원리를 발견	
Galileo (1564~1642) Italy	• 공기의 무게를 기구(氣球)를 통한 실험으로 확인 • 물체의 자유낙하 또는 경사면에서의 하강에 대한 실험을 수행하여 그 운동이 등가속도 운동임을 확인 • 재료역학과 관련된 실험에 대해 언급한 그의 저서, Two New Sciences에서 모형실험은 기하학적 상사성 뿐만 아니라 역학적 상사성도 가지도록 수행해야 한다고 최초로 지적	1638
Descartes (1596~1650) France	• 직교좌표계의 개념 도입으로 기하학과 대수학의 결합이 가능하게 되었으며, 2차 방정식 등의 성질에 대한 구체적인 이해를 가능하게 함	1637
Torricelli (1608~1647) Italy	• 수은을 가득 채운 시험관을 사용한 실험으로, 지표면 위의 공기의 무게가 항상 지표면에 있는 모든 물체에 힘(압력)을 가하고 있다는 개념을 확립	1643
Pascal (1623~1662) France	• 대기의 무게를 재확인 • 막혀 있는 액체 내부에 가해진 힘은 액체를 통하여 그대로 전달되고 또 그 힘은 작용하는 면에 수직인 사실을 알아냄	1648
Newton (1642~1727) UK	• 두 질량 사이의 인력이 거리의 제곱에 반비례하면 한 질량을 중심으로 하는 다른 질량의 운동이 어떤 궤적을 그리는가를 증명하기 위해 미적분학을 창안 • Mathematical Principles of Nature Philosophy에서 운동법칙, 만유인력법칙 등 근대역학의 근간을 이루는 내용을 발표하여 Galileo, Kepler 등에 의해 제기되었던 행성을 포함하는 물체의 운동에 관한 설명을 제공할 수 있는 일관된 사고체계를 제공 • 중력의 개념을 확립 • 전단응력과 물체 벽면에서의 유체의 속도경사 사이의 비례상수로서 유체의 점성계수라는 개념을 도입	1687
Pitot (1695~1771) France	• Pitot 관의 원리를 최초로 밝힘	1732
Bernoulli (1700~1782) Switzerland	• Hydrodynamica라는 책에서 비점성 유체에 대한 운동방정식의 적분을 얻고자 하였음	1738
Euler (1707~1783) Switzerland	• 속도 포텐셜이라는 개념을 이용 • Naval Science에서, 평형상태에 있는 유체 내부의 압력을 유체 내부의 어떤 점에도 작용하는 일반적인 개념으로 최초로 정의 • New Principle of Gunnery라는 역서에서 유선의 개념을 처음 사용 • 강체 및 가변체의 운동에 Newton의 운동법칙을 이용, 오늘날의 우	1738 1745 1750

인물	업적	연도
	리가 알고 있는 형태의 동력학 및 연속체역학의 기초를 확립 • Principle of the motion of fluids에서 연속체에 대한 운동의 기하학(운동학), 즉 유체의 운동역학에 대한 고찰을 확고히 함	1752
	• 비점성 유체에 대하여 압력과 중력만을 고려한 Euler의 운동방정식을 유도 • 일반적인 경우 속도장은 유동장의 각 점에서 질량이 보존되도록 결정되어야 한다는 것을 유도 • General principles of the state of equilibrium of fluids에서 평형 상태에서의 등방성 응력(isotropic stress)이라는 개념으로서 압력을 생각하여 정지해 있는 유체에 대한 평형방정식을 발표	1753
D'Alembert (1717~1783) France	• 현의 진동과 관련하여 1차원 파동방정식을 유도 • 유체의 점성을 무시하는 경우 무한히 넓은 유체 중에서 일정한 속도로 움직이는 유체로부터 어떠한 힘도 받지 않는다는 역설적인 사실을 증명하여 비점성유체에 대한 연구의 한계를 지적(D'Alembert의 역설) • 유체의 압축성을 무시할 수 있는 경우, 속도장은 유동장 내부의 각 점에서 질량이 보존되도록 결정되어야 한다는 것을 지적	1747 1750
Laplace (1749~1827) France	• 공기 중에서의 음속에 대한 Newton의 오류를 정정	1816
Cauchy (1789~1857) France	• 실제유체의 경유 유체 내부에 작용하는 응력의 일반적인 형태에 대한 최초의 가설을 제창 • 비점성유체와 점성유체의 차이점을 정량화하여 모형화 • 점성유체에 대한 운동방정식의 근본적인 형태를 제공 • Traction과 응력 tensor라는 개념을 도입하여 점성유체에 대한 일반적인 형태의 운동방정식 유도 • 점성이 고려된 운동방정식의 최종형태가 Navier-Stokes 방정식임을 역설	1822 1823
Hagen (1797~1884) Germany	• 많은 실험을 통해 관 유동이 층류 및 난류로 분류된다는 점을 인식 • 원형 단면의 관을 통해서 흐르는 물의 온도에 따라 변화하는 유량과 수두 사이의 관계식을 실험적으로 구함	1839
Poiseuille (1799~1869) France	• 관유동에 있어서의 유량과 관의 저항에 대한 관계를 알아내기 위한 실험을 수행하고, 온도(점성계수의 변화)에 따른 유동의 변화를 계측 • 매우 가는 관을 흐르는 물에 대한 실험을 통해, 유량은 압력경사와 반지름의 4승에 각각 비례한다는 사실을 발표하고, 관의 직경이 증가하면 유동 형태가 매우 불규칙적으로 변화하여 그 관계가 더 이상 성립하지 않음을 보고 • 단위의 표준화가 필요하다고 인식하고 나아가서 단위가 틀리더라도 무차원수를 이용하여 통일된 방법으로 실험방법을 비교할 수 있게 됨	1840 19C 중반

인물	업적	연도
Darcy (1803~1894) France	• 매끈한 벽면의 관유동에 대한 경험적인 저항공식을 제안	1857
Weisbach (1806~1871) Germany	• "Lehrbuch der Ingenieur-und Maschinen-Mechanik"라는 저서에서 무차원수의 사용을 주창하여 관유동의 저항공식에 저항계수를 도입	1845
Froude (1810~1879) UK	• 배의 저항을 모형실험을 통하여 산정하는 방법을 연구 • 배의 저항과 상사법칙에 관한 연구 일단락	1874
Helmholtz (1821~1894) Germany	• 동수역학 분야에서 사용되는 속도 포텐셜이라는 개념을 처음으로 사용함 • 포텐셜 유동만을 그 주된 대상으로 하던 동수역학 분야에 회전성 유동에 대한 연구를 비롯하여 일반적인 와동(vortex flow)에 대한 개념을 도입/확립함으로써 고전적인 동수역학의 연구 대상 범위를 크게 확장 • 정상상태 물리계의 해가 갖는 안정성과 관련하여 성층류(stratified flow)에 관한 연구	1858 1868
Kirchhoff (1824~1887) Germany	• 수직평판에 대하여 영이 아닌 항력을 받을 수 있는 메커니즘에 대한 가설을 최초로 제시하여 영이 아닌 항력을 구함	1869
Kelvin (1824~1907) UK	• 와동의 성질과 관련된 순환의 개념을 제안 • 수면파에 대한 표면장력과 중력의 영향을 밝힘 • Turbulence라는 명칭을 처음 사용함	1869 1871 1887
Rayleigh (1842~1919) UK	• 균일유동 중에 정지해 있거나 회전하는 원주가 받는 힘에 대해 연구 • 비점성 유체 모형을 사용한 유동의 불안정성에 대한 연구 • 정상적(定常的)인 물리계의 해가 갖는 안정성과 관련하여 평행류(parallel flow)의 안정성에 관해 연구	1878 1880
Reynolds (1842~1912) UK	• 층류와 난류의 구분을 위한 무차원수로 Reynolds수를 도입	1883
Sommerfeld (1868~1952) Germany	• 관성력과 점성력의 비인 무차원수를 Reynolds수라고 명명	1908
Weber (1871~1951) Germany	• "Die Grundlagen der Ahnlichkeit und ihre Verwertung bei Modellversuchen"의 논문에서 상사성의 원리와 모형실험의 기초를 확립, 각종 무차원수를 제시하고 Froude수 등을 명명	1919
Prandtl (1875~1953) Germany	• Motion of fluids with very low viscosity라는 논문을 통해 유체의 점성에 기인하는 마찰항력에 대한 기본적인 이해를 확립	1904

인물	업적	연도
	• 경계층의 개념을 처음으로 도입하여, 수직평판 뒤쪽의 압력이 영이 아니고 음의 값을 가지는 것을 지적 • 박리현상은 물체표면을 따라서 발생하는 압력경사에 기인한다는 점을 지적	
	• Reynolds수의 증가에 따른 항력계수의 갑작스런 감소는 원주 주위의 유동이 층류로부터 난류로 변화하는 것에 기인함을 발표	1914
	• 날개 뒤의 와동계(vortex system)를 생각하고 날개가 받는 양력 및 항력에 대한 계산 방법을 제시	1918
	• 난류 관유동의 속도분포는 평판에 대해서도 그대로 성립한다고 가정	1921
	• 일반적인 형태의 2차원 날개(wing) 단면에 작용하는 양력, 그리고 3차원 형상인 날개가 받는 양력 및 항력에 대한 결정적인 결과를 얻음	1922
	• Blasius의 저항공식을 보완하여 매끄러운 난류 관유동에 대한 Prandtl의 일반 마찰법칙(universal law of friction)을 발표 • 점성저층(viscous sublayer)이라 불리는 영역에서의 전단응력은 평판 상에서의 전단응력과 동일하다고 가정	1933
Blasius (1883~?) Germany	• Boundary layer in fluids with small viscosity를 발표, 경계층이란 명칭을 보편화	1908
	• 많은 실험 결과를 종합하여 난류에 대한 Blasius의 저항공식을 발표	1911
von Karman (1881~1963) USA	• 물체 후류의 주기적인 vortex 생성에 관한 유동의 안정성을 고려하여 수학적 모형을 고안	1908
	• Tacoma 해협의 현수교(suspension bridge) 파괴의 원인으로 유기진동을 지목함	1911
Eisner (1895~1981) Germany	• Weber가 제시한 무차원 상수 중 이름이 붙여지지 않은 표면장력에 관한 무차원상수를 Weber수라 명명	1919
Ackeret (1898~1981) Switzerland	• 물체의 속도와 음속의 비를 Mach수라 부름	1929
Shields (1908~1974) USA	• 하상토의 초기입자 거동에 대한 도표 제시	1936

▌1.3 물 관련 학문분야

다음은 수리학 관련 교과목을 건설환경공학과 다른 학문분야로 나누어 정리한 것이다.

Table 1.2 Hydraulics-related courses in civil & environmental engineering discipline

과목명	영문 과목명
유체역학	Fluid mechanics
수문학	Hydrology
수자원공학	Water resources engineering
해안항만공학	Costal and harbor engineering
하천공학	River engineering
발전수력공학	Hydropower engineering
지하수공학	Groundwater engineering
상하수도공학	Water supply and sewerage
환경공학	Environmental engineering

Table 1.3 Hydraulics-related courses in other disciplines

과목명	영문 과목명
기상학	Meteorology
하천생태학	River ecology
호소학	Limnology
해양학	Oceanography
관개배수	Irrigation and drainage

2. 물의 성질

▌2.1 단위무게와 밀도

물의 부피가 V, 무게를 W, 그리고 질량을 M이라고 하면, 이들 사이에는 다음과 같은 관계가 성립한다.

$$W = Mg \tag{1}$$

여기서 g는 중력가속도이다. 위의 식으로부터 무게는 힘과 같은 차원을 갖는 것을 알 수 있다. 단위무게(혹은 단위중량)는 단위부피에 해당하는 물의 무게이므로

$$w = W/V = \rho g \tag{2}$$

따라서 단위무게가 밀도와 중력가속도의 곱임을 알 수 있다.

순수 물리학 분야가 아닌 공학 분야나 일상생활에서 질량에 대한 개념보다 무게의 개념을 사용하는 것이 편리할 때가 있다. 따라서 LMT 단위계보다는 LFT 단위계를 종종 사용한다. 이들은 Newton의 제2법칙에 의해 상호적으로 표현될 수 있다. 즉,

$$[F] = [L \cdot M \cdot T^{-2}]$$

예를 들어 물의 단위무게와 밀도를 차원으로 나타내면 각각 다음과 같다.

$$[w] = [L^{-2} \cdot M \cdot T^{-2}] = [F \cdot L^{-3}]$$
$$[\rho] = [L^{-3} \cdot M] = [F \cdot L^{-4} \cdot T^2]$$

일반적으로 물의 단위무게로서 다음 값을 사용한다.

$$w = 1 \ \mathrm{g/cm^3} = 1{,}000 \ \mathrm{kg/m^3} = 1 \ \mathrm{ton/m^3}$$

염수는 담수보다 2-3% 더 무거우며 단위무게는 다음과 같다.

$$w_s = 1{,}025 - 1{,}030 \ \mathrm{kg/m^3}$$

위의 단위에서 중력을 나타내는 "중"이 생략된 것으로 1,000 kg/m³은 1,000 kg중/m³을 의미하며 유체역학에서 9,806 N/m³과 동일하다.

염수쐐기 Saline Wedge

하구에서 하천의 민물과 바다의 염수간의 밀도차에 의해 성층(stratification) 현상이 발생하고 모양이 쐐기(wedge) 형태를 띠어 염수쐐기라고 한다. 염수쐐기는 만조 시에 내륙으로 들어오고 간조 시에는 바다 쪽으로 이동한다. 염수는 수자원으로 활용이 어려우므로 염수쐐기의 이동범위를 정확히 파악하는 것이 중요하다. 하구에 하구언(barrage)을 건설하여 염수의 내륙 이동을 방지할 수 있다.

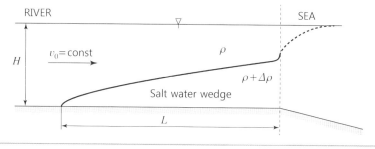

▌2.2 압축률과 체적탄성계수

물의 압축률(compressibility)이란 압력변화(1 kg/cm²)에 대한 부피의 감소율을 단위부피에 대해 나타낸 수치이다. 즉,

$$C = -\frac{1}{V_o}\left(\frac{\partial V}{\partial p}\right)_{Temp=const} \tag{3}$$

여기서 $V_o = 1/2(V_1 + V_2)$이다. 물은 일반적으로 1 kg/cm²의 압력에 0.005% 수축하므로 압축률은 0.005% 정도이다. 체적탄성계수(bulk modulus of elasticity) 혹은 체적팽창계수는 압축률의 역수로서 다음과 같다.

$$E = \frac{1}{C} = -V_o\left(\frac{\partial p}{\partial V}\right)_{Temp=const} \tag{4}$$

> 유체의 압축률을 무시할 경우 이에 관한 동역학을 동수역학(hydrodynamics)이라 하고, 그렇지 않을 경우 기체역학(gas dynamics)이라고 한다. 즉, 동수역학에서는 유체의 밀도가 일정하다고 가정한다(ρ=상수).

▌2.3 표면장력

표면장력(surface tension)은 액체와 기체 혹은 액체와 고체 등 서로 다른 상태의 물질이 맞닿아 있을 때 그 경계면에 생기는 면적을 최소화하도록 작용하는 힘을 의미한다. 표면장력이 생기는 이유는 표면에서의 액체분자의 분포가 액체 내부의 분포와 다르기 때문이다. 즉, 액체 내부의 분자는 그것을 사방에서 둘러싸고 있는 다른 분자들로부터 동시에 인력을 받는다. 그러나 경계면에서는 한쪽은 액체이지만 다른 한쪽은 공기이므로 분자들이 한쪽에만 몰려있고 분자의 수도 절반밖에 되지 않는다. 그러므로 표면에 있는 분자들은

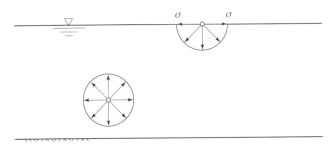

Figure 1.2 Surface tension

공기와 닿는 표면적을 최소화하려는 배치를 취하게 된다.

물방울이나 비누거품에서도 기체에 접해있는 액체가 표면에서 같은 부피를 유지하면서 표면적이 최소가 되도록 표면장력이 작용한다. 구는 정육면체나 직육면체 등 각진 모양보다 표면적이 작으므로 물방울이나 비누거품이 둥근 형태를 취하는 것이다.

▌2.4 모세관 현상

액체가 고체와 접촉면을 형성할 때 접촉하는 각도는 일정하며 물질의 종류에 따라 다르다. 이를 접촉각(angle of contact)이라 하는데 응집력(cohesive force)과 부착력(adhesive force)이 작용하여 결정된다.

지름이 작은 관을 액체 위에 세우면 관 안의 액체는 수면보다 높이 상승하거나(물의 경우) 하강한다(수은의 경우). 이와 같이 상승 혹은 하강하는 액주(液柱)의 높이를 모관고(capillary rise)라 하고 이를 모세관현상이라고 한다. 모세관 현상에 관한 정확한 메커니즘은 규명된 바 없으나 수은의 경우 응집력이 부착력보다 훨씬 크며, 물의 경우는 그 반대가 된다.

모관의 상승고(h)는 다음과 같은 Jurin의 법칙에 따라 구할 수 있다.

$$h = \frac{4\sigma\cos\theta}{\rho g d} \tag{5}$$

여기서 σ는 (단위길이당) 표면장력, θ는 접촉각, 그리고 d는 액주의 직경이다.

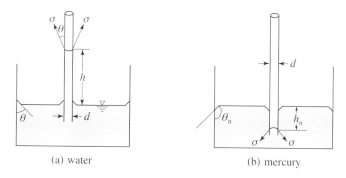

(a) water　　　(b) mercury

Figure 1.3 Capillary effect

2.5 점성계수

점성이란 유체의 조밀하고 달라붙는(thick and sticky) 정도를 나타내며 변형에 저항하는 유체의 성질을 의미한다. 따라서 점성이 큰 유체는 점성이 작은 유체보다 외력에 의해 변형되기 힘들다.

아래 그림에서와 같이 유체로 채워진 평행판의 윗면을 힘 P로 당길 때 선형의 유속분포가 형성되고 윗면에서 유속을 U라고 하자. 이때 힘이 가해지는 윗 평판의 면적을 A라고 하면 유체에 가해지는 전단응력 τ는 다음과 같다.

$$\tau = \frac{P}{A}$$

시간 δt 동안 윗면은 δa만큼 움직이고 아랫면은 정지해 있으므로 AB가 AB'이 되어 각 $\delta\beta$가 형성되었다고 하면 다음 관계식이 성립한다.

$$\tan\delta\beta \approx \delta\beta = \frac{\delta a}{b}$$

위의 식에서 $\delta a = U\delta t$이므로

$$\delta\beta = \frac{U\delta t}{b}$$

시간에 따른 $\delta\beta$의 변화율을 각변형률(rate of angular deformation)이라 정의하면 다음과 같다.

$$\dot{\gamma} = \lim_{\delta t \to 0} \frac{\delta\beta}{\delta t}$$

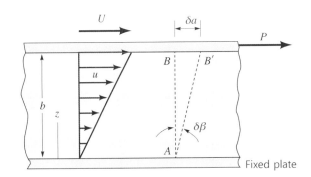

Figure 1.4 Deformation of fluid between two parallel plates

그림과 같은 흐름의 경우 각변형률은 다음과 같다.

$$\dot{\gamma} = \frac{U}{b} = \frac{du}{dz}$$

따라서 각변형률이 속도경사(velocity gradient)와 같음을 알 수 있다. 다양한 실험을 통해 유체에 가해지는 전단응력과 속도경사가 비례하는 것이 입증이 되었다. 즉,

$$\tau \propto \frac{du}{dz}$$

혹은

$$\tau = \mu \frac{du}{dz} \tag{6}$$

위의 식이 Newton의 점성법칙(Newton's law of viscosity)이고, μ는 비례상수로서 점성계수로 정의된다. 위의 식에서 속도경사(du/dz)는 변형률(strain rate) 혹은 전단률(shear rate)로도 불린다. 우리가 고체에 적용하는 Newton 역학을 유체에도 적용할 수 있는 것은 Newton의 점성법칙 덕분이다. 따라서 Newton의 점성법칙은 유체역학의 기본법칙으로 매우 중요한 역할을 한다.

Figure 1.5는 유속의 log 분포를 그린 것이다. 그림에서 두 지점에서 속도경사를 비교하

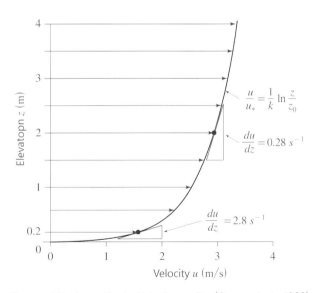

Figure 1.5 Logarithmic Velocity profile (Chow et al., 1988)

고 있다. 바닥 근처에서 ($z=0.2$ m) 속도경사는 $du/dz=2.8$ s^{-1}이고 중간지점에서 (z $=2.0$ m) 속도경사는 $du/dz=0.28$ s^{-1}이므로 Newton의 점성법칙에 의하면 바닥 부근에 서 전단응력이 중간지점보다 훨씬 클 것을 예상할 수 있다.

점성계수는 유체의 성질(fluid property, not flow property)로서 온도에 따라 변하며, 차

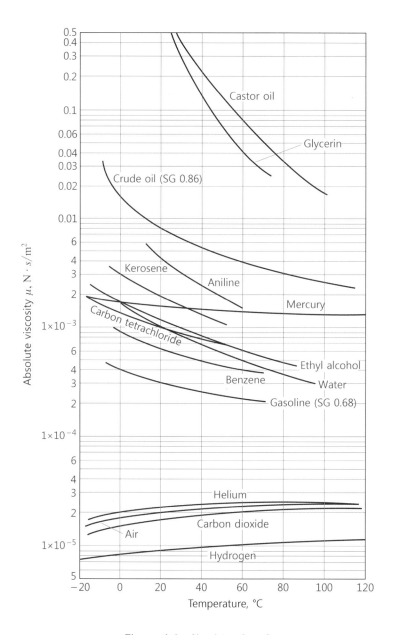

Figure 1.6 Absolute viscosity

원은 $[L^{-1} \cdot M \cdot T^{-1}]$ 혹은 $[L^{-2} \cdot F \cdot T]$이다. 동점성계수(kinematic viscosity)는 점성계수를 밀도로 나눈 것으로서 다음과 같이 정의된다.

$$\nu = \frac{\mu}{\rho} \tag{7}$$

물의 점성계수는 15℃에서 $\mu = 0.0012$ Ns/m^{2}이고 20℃에서 $\mu = 0.0010$ Ns/m^{2}이다. 일반적으로 물은 비점성 유체라고 생각하기 쉬우나 벽(wall)과 같은 경계면 부근에서 점성의 영향이 중요하고 경계와 멀리 떨어진 곳에서는 점성을 무시할 수 있다.

유변학적인 유체의 분류

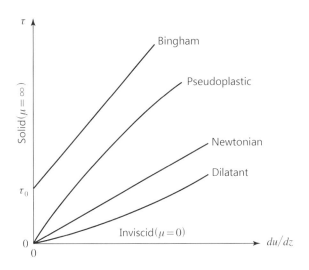

Figure 1.7 Shear stress versus strain rate

① Newton 유체

점성계수가 상수인 유체를 의미한다. 수리학에서 다루는 물(水)이 이에 해당한다.

$$\tau = \mu \frac{du}{dz}$$

② 팽창성 유체

팽창성(dilatant) 유체란 전단응력이 증가함에 따라 점성도 증가하며 수학적으로는 다음과 같이 표현할 수 있다.

$$\tau = K\left(\frac{du}{dz}\right)^n$$

여기서 n은 1보다 크다. 팽창성 유체의 예로서 해변의 젖은 모래와 고농도 분말의 용액을 들 수 있다.

③ Pseudo-plastic 유체

전단응력이 증가함에 따라 점성이 감소하는 유체로서 전단응력과 속도경사 사이에 다음과 같은 관계가 성립한다.

$$\tau = K\left(\frac{du}{dz}\right)^n$$

여기서 n은 1보다 작다. 예로서 구리스(greases)와 마요네즈(mayonnaise)가 있다.

④ Bingham 소성유체

전단응력이 임계값(τ_o)에 이르기 전에는 변형하지 않다가 임계값을 초과하면 Newton 유체와 같이 거동하는 경우를 Bingham 소성유체라고 한다. 예를 들면 초콜릿, 치약, 비누, 그리고 토석류(土石流, debris flow or mud flow) 등을 들 수 있다. Bingham 소성유체의 유변학적 특성은 다음과 같다.

$$\frac{du}{dz} = 0 \qquad \text{if } \tau < \tau_o$$

$$\tau = \tau_o + \mu_o \frac{du}{dz} \qquad \text{if } \tau \geq \tau_o$$

▌예제▐ 점성의 측정

내경(D_1)이 0.2 m이고 외경(D_2)이 0.202 m, 길이(L)가 0.3 m인 점성측정 도구를 만들었다. 내측 실린더를 400 rpm으로 돌리기 위한 토크가 0.13 Nm라면 점성계수는 얼마인가?

[풀이]

점성측정 도구에서

$$\Delta R = R_2 - R_1 = 0.001 \text{ m}$$

$$\omega = 400 \times \frac{2\pi}{60} = 41.89 \text{ rad/s}$$

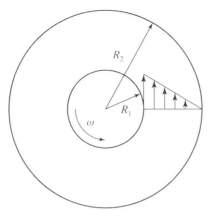

점성측정 도구 평면도

Newton의 점성법칙으로부터

$$\tau = \mu \left| \frac{du}{dr} \right|$$

여기서

$$\left| \frac{du}{dr} \right| = \frac{\omega R_1}{\varDelta R}$$

따라서 토크는 $T = \text{stress} \times \text{area} \times \text{moment arm}$이므로, 다음과 같이 쓸 수 있다.

$$T = \tau \times 2\pi R_1 L \times R_1 = \mu \times \frac{2\pi R_1^3 \omega L}{\varDelta R}$$

$$\mu = 0.001646 \ \text{Ns/m}^2$$

▍2.6 증기압

모든 유체는 그 분자를 표면에서 공기 중으로 방출(증발)하려는 경향이 있다. 표면에서 방출하는 증기와 액체 내부로 재침입하려는 증기량이 같아질 때(평형상태)까지 압력을 증가시킬 수 있는데 이를 포화증기압이라고 한다.

▍2.7 물속의 공기량

호수나 하천 그리고 해양의 물은 공기와 접하고 있으며 수면을 통해서 기체의 일부가 물속으로 들어간다. 흡수되는 기체의 양은 압력과 온도에 따라 다르며 일반적으로 온도가 증가함에 따라 흡수되는 공기량은 감소한다.

📖 액체와 유체

물질은 주어진 조건에 따라 상태가 변한다. 예를 들어, 물은 온도에 따라 고체, 액체, 기체로 변하며 이를 상(相, phase)이라 한다. 유체는 흐르는 물질을 의미하며, 여러 가지 상의 물질을 포함할 수 있다. 공기는 기체상의 유체의 흐름이며, 먼지를 포함하고 있으면 기체와 고체상의 다상흐름(multi-phase flow)으로 볼 수 있다. 부유사 밀도류(turbidity current)는 부유사(suspended sediment)에 의해 무거워진 유체가 주변 수체 아래로 흐르는 것으로 액체와 고체상에 의한 다상흐름이다. 결론적으로, 액체란 상태에 따른 물질의 분류에 속하며, 유체는 더 포괄적인 개념으로 흐를 수 있는 모든 상태의 물질을 의미한다.

참고문헌

- 이승준 (1999). 역사로 배우는 유체역학. 인터비젼.
- Chow, V. T., Maidment, D. R., and Mays, L. W. (1988). *Applied Hydrology.* McGraw-Hill, New York, NY.
- Gerhart, P. M., Gerhart, A. L., and Hochstein, J. I. (2017). *Munson's Fluid Mechanics, Global edition.* Wiley, New York, NY.

연습문제

1. 압력이 P_1인 상태에서 어떤 유체의 부피가 V_1이었다. 압력을 ΔP 증가시킨 상태에서 부피가 V_2로 변하였다면 이 유체의 압축률은?

   답 $C = \dfrac{2}{(V_1 + V_2)}\left(-\dfrac{\Delta V}{\Delta P}\right)$

2. 상온에서 물의 체적탄성계수의 평균값이 24.4 ton/cm^{2}이라고 한다. 상온의 물이 본래 체적에서 5% 축소되는 데 필요한 압력을 구하라.

   답 1.25 ton/cm^2

3. 어떤 유체가 압력 1 MN/m²에서 부피가 1,000 cm³이다. 압력을 2 MN/m²로 증가시켰을 때 부피가 995 cm³로 줄어들 경우 유체의 압축률은 얼마인가?

답 0.005 m²/MN 혹은 1 kg/cm²에 대해 0.05%

4. 구형 비누거품 속의 압력을 표면장력 σ와 거품의 직경 d의 함수로 표현하라.

답 $p = 8\sigma/d$

5. 동점성계수(kinematic viscosity) ν의 차원을 설명하고 μ와 구분하여 kinematic viscosity 라고 하는 이유를 설명하라.

6. 뉴턴 유체가 아래 그림과 같은 경사면을 두께 t로 흘러가고 있다. 사면의 경사각을 θ라고 할 때 전단응력의 분포에 관한 관계식 $\tau(y)$를 유도하라.

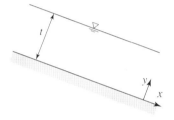

답 $\tau(y) = w\sin\theta\,(t - y)$

7. 토석류의 유변학적 특성에 대해 설명하라.

8. 다음은 점성측정 장치로부터 전단응력과 속도경사와의 관계를 측정한 것이다. 데이터로 부터 유체를 분류하라. (Spreadsheet 프로그램을 사용하여 관계를 보이라.)

τ (N/m²)	0.4	0.82	2.5	5.44	8.80
du/dz (rad/s)	0	10	50	120	200

정수역학

위와 같은 컵에 물을 가득 채워서 뒤집으면 컵 안의 물이 쏟아지지 않고 컵의 윗부분에는 빈 공간이 생기게 된다. 이러한 간단한 실험을 통하여 대기압이 실제 있음을 느낄 수 있으며 컵 윗부분에 생긴 공간을 토리첼리의 진공(Torricelli's vacuum)이라고 한다. 외부에서 작용하는 압력(대기압)이 클수록 컵 안 물기둥의 높이는 길어지고 반대로 토리첼리 진공의 길이는 짧아지게 된다.

(그림 출처: Tokaty (1971))

1. 대기압

대기에 의한 압력을 대기압(atmospheric pressure)이라 하고 평균해수면 상의 온도 15℃에서의 대기압을 표준대기압이라고 한다. 표준대기압은 1.033 kg/cm²(1,013 milibar)이며, 이것은 단위면적당 수은주의 높이 760 mm 그리고 물의 높이 10.33 m에 해당한다.

절대압력(absolute pressure)은 대기압에 계기압력(gage pressure)을 합한 것으로 다음과 같다.

$$p_{abs} = p_{atm} + p_{gage} \tag{1}$$

위의 식으로부터 계기압력이 음의 값을 가질 때($p_{gage} < 0$)에는 절대압력이 대기압보다 작은 경우($p_{abs} < p_{atm}$)이고 이를 진공(vacuum) 상태라고 한다. 수리학에서는 일반적으로 계기압력을 사용한다.

대기압을 측정하기 위한 계기를 기압계(barometer)라고 한다. 다음 그림에서 실린더의 단면적을 A라고 하고, 힘의 평형을 고려하면

$$p_{atm}A = wAz + p_{vapor}A$$

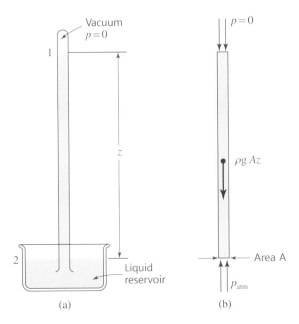

Figure 2.1   Barometer

여기서 w는 실린더 안의 유체의 단위중량이다. 위에서 액체 기둥 아래의 압력을 대기압과 같이 놓은 것은 파스칼의 원리로 설명할 수 있으며, 증기압의 영향을 무시하면

$$p_{atm} = wz$$

기압계의 용액으로 비중이 13.6인 수은을 사용하면 $z = 0.76$ m가 된다고 한다. 따라서 대기압은

$$p_{atm} = 13.6 \times 9806\,(\mathrm{kg/m^3}) \times 0.76\,(\mathrm{m}) = 101.3\mathrm{k\ Pa}$$

🏠 압력은 벡터량인가? 혹은 스칼라량인가?
한 점에 작용하는 압력은 모든 방향으로 균일하게 작용하므로 스칼라량이지만, 면에 작용하는 압력은 분명히 방향이 있으므로 벡터량이라고 할 수 있다.

2. 정수압

다음 그림과 같이 물속에 잠겨 있는 쐐기 모양의 미소체적 유체요소에 작용하는 힘의 평형을 생각해 보자. 유체요소에 작용하는 힘은 중력과 압력이며, 중력은 연직하향($-z$ 방향)으로 압력은 항상 면에 수직으로 작용한다. x와 z 방향으로 각각 힘의 평형 방정식을 쓰면

$$\sum F_x = -p_x \varDelta z + p_s \varDelta s \cdot \sin\theta = 0$$

$$\sum F_z = p_z \varDelta x - p_s \varDelta s \cdot \cos\theta - \rho g \left(\frac{1}{2}\varDelta x \varDelta z\right) = 0$$

고려하는 유체요소의 크기가 매우 작으므로 위에서 고차의 항($\varDelta x \varDelta z$)은 무시할 수 있다. 따라서

$$p_x = p_z = p_s$$

그러므로 수중에서 한 점에 작용하는 압력은 모든 방향으로 균일하게 작용함을 알 수 있다.

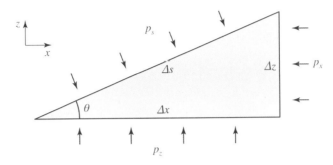

Figure 2.2 Pressure acting on three faces of triangular fluid element

3. 정수역학의 기본 이론

▎3.1 자유수면의 식

Newton의 제2법칙은 잘 알려진 바와 같이 $F = ma$이다. 그러나 그 의미를 보다 명확히 하려면 $\vec{a} = \vec{F}/m$와 같이 쓰는 것이 편리하다. 즉, 질량이 m인 물체에 힘 $\vec{F}$가 작용하면 그 물체의 가속도는 $\vec{a}$가 된다는 것이다. 다시 말하면, 물체에 작용하는 가속도는 힘에 비례하고 그 물체의 질량에 반비례한다는 것을 의미한다. 여기서 벡터를 쓴 것은 힘과 물체에 작용하는 가속도의 방향이 같다는 것이다. 만약, 물체에 작용하는 힘이 하나가 아닌 경우에는 수학의 기호 Σ를 써서 표현할 수 있다. 즉,

$$\Sigma \vec{F} = m\vec{a}$$

이때 가속도의 방향은 힘의 합력의 방향과 동일하게 된다.

이제 Newton의 제2법칙을 자유수면 아래 유체의 미소체적에 적용을 해보자(Figure 2.3 참조). 위의 식에서 좌변은 미소체적의 유체에 작용하는 외력으로 크게 표면력(surface force)과 체적력(body force)으로 구성된다. 표면력은 말 그대로 유체 미소체적의 표면에 작용하는 힘으로서 압력 혹은 전단응력을 들 수 있다. 체적력은 유체의 미소체적이 체적을 갖기 때문에 발생하는 힘으로서 중력에 의한 무게가 해당된다. 한편, 위의 식에서 우변은 관성력(inertial force)으로 유체의 미소체적에 작용하는 가상의 힘(hypothetical force)으로 외력의 합력에 대해 반대방향으로 작용하는 힘이다. 어떤 유체 시스템이 가속 또는 감

속을 하는 경우 반드시 관성력이 작용하며, 외력의 합력에 대하여 뉴턴 제2법칙에 따라 가속 혹은 감속을 하게 되는 것이다.

Figure 2.3과 같이 정지된 물속에 육면체의 미소체적 유체요소가 잠겨 있다. 그림에서 z 방향이 연직상향(鉛直上向, vertically upward)임에 유의한다. 단위질량에 작용하는 체적력의 세 방향 성분을 각각 X, Y, Z라고 하면, x 방향으로 힘의 평형 방정식은 다음과 같다.

$$\sum F_x = pdydz - \left(p + \frac{\partial p}{\partial x}dx\right)dydz + \rho Xdxdydz = 0$$

여기서 정수압은 유체요소의 표면에 수직하게 작용하므로 표면력으로는 압력만을 고려한다. 위의 식을 다시 쓰면 다음과 같다.

$$\frac{\partial p}{\partial x} = \rho X \tag{2a}$$

같은 방법으로

$$\frac{\partial p}{\partial y} = \rho Y \tag{2b}$$

$$\frac{\partial p}{\partial z} = \rho Z \tag{2c}$$

위의 식으로부터

$$\frac{\partial p}{\partial x}dx + \frac{\partial p}{\partial y}dy + \frac{\partial p}{\partial z}dz = \rho Xdx + \rho Ydy + \rho Zdz$$

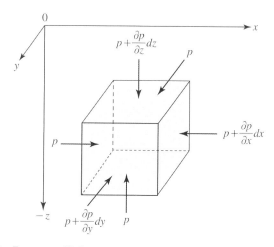

Figure 2.3 Force equilibrium of a cubic fluid element below water surface

혹은

$$dp = \rho X dx + \rho Y dy + \rho Z dz$$

압력의 변화가 없는 $(dp = 0)$ 면을 등압면이라 하고 자유수면도 이에 해당하므로 수면방
정식을 다음과 같이 쓸 수 있다.

$$\rho X dx + \rho Y dy + \rho Z dz = 0 \tag{3}$$

✎ 운동방정식과 에너지 보존법칙(최무영, 2008)

　　뉴턴의 제2법칙에 의한 운동방정식을 이용하든지 운동에너지와 위치에너지를 정의하고 그
둘의 합이 일정하다는 관계를 이용하든지 주어진 위치에서 속도를 구한 결과는 동일하다. 고
전역학을 힘과 가속도로 표현한 것이 뉴턴의 운동법칙이고 에너지로 나타내서 역학적 에너지
가 일정하다고 표현한 것을 역학적 에너지 보존법칙이라고 하는데 이는 운동법칙에서 쉽게
얻을 수 있다.

▌3.2 정수압 방정식

　중력만이 체적력으로 작용할 경우

$$X = 0; \quad Y = 0; \quad Z = -g$$

따라서 식(2)로 부터

$$\frac{\partial p}{\partial x} = \frac{\partial p}{\partial y} = 0 \tag{4a}$$

$$\frac{dp}{dz} = -\rho g \, (=-w) \tag{4b}$$

위의 식에 의하면 압력이 연직 상향으로 갈수록 감소하며 그 비율은 w와 같음을 알 수 있
다. 위의 식을 임의의 두 점에 대해서 적분하면 다음과 같다.

$$p_2 - p_1 = -\rho g (z_2 - z_1) \tag{5}$$

위의 식은 정수역학의 기본 방정식으로서 두 지점의 압력차가 거리차에 비례하며 비례상
수는 $-w$임을 의미한다.

4. 압력의 전달과 측정

▌4.1 압력의 전달

(1) 파스칼의 원리

Figure 2.4의 왼쪽 그림에서와 같이 실린더에 물을 채우면 실린더 벽에는 정수압이 작용하게 된다. 이후 실린더에 덮개를 막고 압력 P를 가하면 실린더 벽의 각 지점에서는 정수압과 $p_a (= P/A)$만큼의 응력이 더해진 압력이 작용하게 된다(여기서 A는 실린더 덮개의 단면적). 즉, 물에 가한 압력은 수심에 상관없이 모든 방향으로 일정하게 전달된다는 것으로 이를 파스칼의 원리라고 한다.

(2) 수압계의 원리

Figure 2.4의 오른 쪽 그림과 같은 평형상태의 장치에서 수압에 관한 기본 방정식은 아래와 같이 쓸 수 있다.

$$\frac{P_1}{A_1} = \frac{P_2}{A_2} + wh \tag{6}$$

단면적 A_1이 A_2보다 매우 작다고 가정하고 h를 무시할 수 있다면, $P_2 = (A_2/A_1)P_1$이 성립하여 매우 작은 힘을 가지고 큰 힘을 발생시킬 수 있다. 이와 같이 파스칼의 원리를 이용하는 계기가 수압계(hydraulic press)이다.

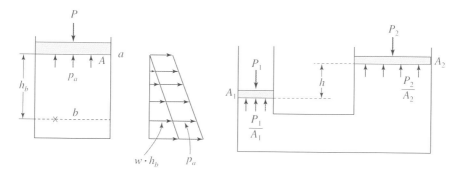

Figure 2.4 Pressure distribution under additional pressure at the surface (left) and hydraulic press (right)

▌4.2 압력의 측정

관에 유체가 흘러가고 있을 때, 관 내부의 압력을 알기 위해서 관 벽에 작은 구멍을 뚫어 긴 시험관을 수직 혹은 경사지게 연결하면 관 내부의 유체 압력으로 인하여 유체는 시험관을 따라 일정 높이까지 올라가게 된다. 이러한 원리를 이용하는 압력 계측 장치를 피에조미터(piezometer)라고 한다. 아래 왼쪽 그림에서 A점의 압력은 wh이므로 h를 측정하여 압력을 계산할 수 있다.

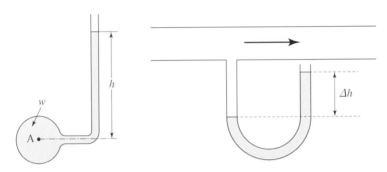

Figure 2.5 Piezometer and manometer

그러나 위의 오른쪽 그림에서와 같이 관 내부의 압력이 매우 큰 경우에는 사용해야 할 시험관의 길이가 불편하게 길게 되므로 비중이 큰 유체를 미리 채워둔 U자형 시험관을 쓰기도 한다. 이를 액주계(manometer)라고 하며, 이를 관에 연결하여 액주계의 상승높이를 읽어 압력을 산정한다.

(1) U자형 액주계
BC선상에서 압력의 평형을 고려하면 다음과 같은 식을 쓸 수 있다.

$$p_A + w_1 z_1 = p_{atm} + w_2 z_2$$

따라서 A점의 압력은 $(p_{atm}=0)$ 다음과 같다.

$$p_A = w_2 z_2 - w_1 z_1$$

(2) 시차(示差) 액주계
마찬가지로 B점을 통과하는 수평선에서 압력의 평형을 고려하자.

$$p_A + w_1 z_1 = p_D + w_2 z_2 + w_3 z_3$$

따라서 A와 D의 압력차는 다음과 같다.

$$p_A - p_D = w_2 z_2 + w_3 z_3 - w_1 z_1$$

(3) 역 U자형 시차 액주계

B점을 통과하는 수평선에서 압력의 평형을 고려하면 다음과 같은 관계식이 성립한다.

$$p_A - w_1 z_1 = p_D - w_2 z_2 - w_3 z_3$$

그러므로 A와 D의 압력차는 다음과 같다.

$$p_A - p_D = w_1 z_1 - w_2 z_2 - w_3 z_3$$

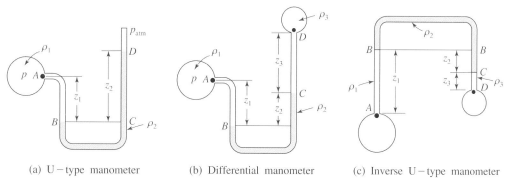

(a) U−type manometer   (b) Differential manometer   (c) Inverse U−type manometer

Figure 2.6 Different types of manometers

5. 평면에 작용하는 정수압

(1) 수평면에 작용하는 정수압

다음 그림에서와 같이 수평면에 작용하는 수압은 그 평면 위의 물의 무게와 같다. 따라서 전수압 P는 다음과 같고 전수압의 작용점은 그 평면의 도심이 된다.

$$P = whA \tag{7}$$

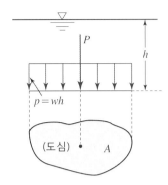

Figure 2.7 Hydrostatic force on a horizontal surface

(2) 경사평면에 작용하는 정수압

수심이 h인 경사평면의 미소면적 dA에 작용하는 전수압 dP는 다음과 같다.

$$dP = whdA = ws\sin\theta dA$$

위의 식에서 h는 수면에서 수직방향의 거리이고 s는 수면과 θ만큼 경사진 축을 따른 거리로서 $h = s\sin\theta$가 성립한다. 위의 식을 적분하면

$$P = w\sin\theta \int_A sdA = w\sin\theta s_g A$$

여기서 s_g는 s축 상에서 수면으로부터 도심까지의 거리로서 y축에 관한 단면 1차 모멘트를 단면적으로 나눈 것과 같다. 즉,

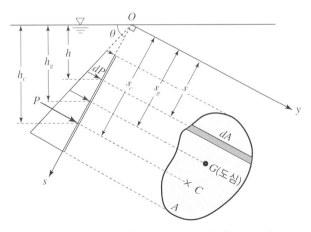

Figure 2.8 Hydrostatic force on an inclined surface

$$s_g \equiv \frac{1}{A} \int_A s\, dA$$

수면에서 도심까지의 수직거리(수심)가 h_g 이므로, 이를 이용하면 전수압은 다음과 같다.

$$P = w h_g A \tag{8}$$

위의 식으로부터 경사평면에 작용하는 전수압은 수면에서 그 평면의 도심까지 수직거리와 단면적에 의해 결정되며 경사각과는 무관함을 알 수 있다.

다음은 전수압의 작용점을 구하는 절차이다. O점에 대하여 모멘트를 취하기 위해 전수압의 작용점까지 경사 거리를 s_c 라 하면

$$P s_c = \int_A s\, dP = \int_A w \sin\theta \ s^2 dA = w \sin\theta I_y$$

여기서 I_y는 y축에 관한 단면 2차 모멘트로서 다음과 같이 정의된다.

$$I_y \equiv \int_A s^2 dA$$

y축과 평행하고 도심을 통과하는 축에 대한 단면 2차 모멘트를 I_o라고 하면, 다음과 같은 평행축정리(parallel axis theorem)가 성립한다.

$$I_y = I_o + A\ s_g^2$$

위의 관계를 이용하여 전수압의 O점에 대한 모멘트를 다시 쓰면

$$P s_c = w \sin\theta (I_o + A s_g^2)$$

그러므로 전수압의 작용점까지 경사 거리는 다음과 같다.

$$s_c = s_g + \frac{I_o}{s_g A} \tag{9}$$

수면에서 정수압의 작용점까지 수직 거리는 다음과 같다.

$$h_c = s_c \sin\theta = h_g + \frac{I_o}{h_g A} \sin^2\theta \tag{10}$$

(3) 연직평면에 작용하는 정수압

연직평면의 경우 $\theta = 90°$이므로, 전수압의 작용점은 다음과 같다.

$$h_c = h_g + \frac{I_o}{h_g A} \tag{11}$$

┃예제┃ 평면에 작용하는 정수압

(1) 아래 그림(a)와 같이 높이가 4 m이고 폭이 4 m인 수문이 수심 4m 아래에 수면과 직 각으로 설치되어 있다. 수문에 작용하는 정수압과 작용점을 구하라.

(2) 동일한 수문을 그림(b)와 같이 경사지게 설치한 경우 수문에 작용하는 정수압과 작용 점을 구하라.

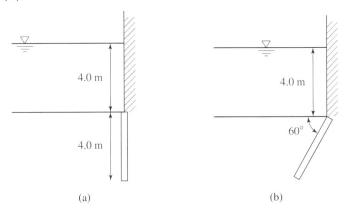

(a)   (b)

[풀이]

(1) 수면에 수직으로 놓인 수문에 작용하는 전수압은 다음과 같다.

$$P = w h_g A = 1.0 \times (4+2) \times (4 \times 4) = 96.0 \ \text{ton}$$

또한, 전수압의 작용점은 식(11)로부터 다음과 같이 구할 수 있다.

$$h_c = h_g + \frac{I_o}{h_g A} = 6 + \frac{\dfrac{4 \times 4^3}{12}}{6 \times 4 \times 4} = 6.22 \ \text{m}$$

즉, 수면 아래 6.22 m에 작용점이 위치한다.

(2) 수면에 경사지게 놓인 수문의 경우, 수면에서 도심까지 수직거리는 다음과 같이 구 한다.

$$h_g = 4 + 2 \times \sin 60° = 5.73 \ \text{m}$$

따라서 수문에 작용하는 전수압은 다음과 같다.

$$P = wh_g A = 1.0 \times h_g \times (4 \times 4) = 91.71 \ \text{ton}$$

경사진 수문의 경우 수문의 면적은 동일하나 도심까지의 거리가 줄어들어 전수압이 작아지는 것을 알 수 있다. 또한, 전수압의 작용점은 식(9)로부터 다음과 같이 구할 수 있다.

$$s_c = s_g + \frac{I_o}{s_g A} = 6.62 + \frac{4 \times 4^3}{12} \times \frac{1}{6.62 \times (4 \times 4)} = 6.82 \ \text{m}$$

$$h_g = s_g \times \sin 60^\circ = 5.90 \ \text{m}$$

따라서 수문을 수면에 경사지게 위치시킬 경우, 작용하는 전수압의 크기가 줄어들면서 작용점은 위로 이동하는 것을 알 수 있다.

6. 곡면에 작용하는 정수압

수중에서 곡면에 작용하는 전수압은 평면과는 달리 직접 구할 수 없으며 전수압의 수평 및 연직성분을 구한 후 합력을 구한다. Figure 2.9(a)는 곡면에 수직으로 분포하는 응력과 이의 수평분력(P_H) 및 연직분력(P_V)을 보여준다. Figure 2.9(b)는 Figure 2.9(a)에 대한 자

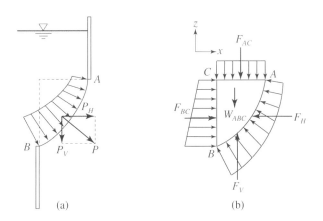

Figure 2.9 Hydrostatic force on a curved surface

유물체도(free body diagram)이다. 그림에서 수평과 연직방향으로 각각 다음의 관계가 성립한다.

$$F_H = F_{BC} \tag{12a}$$

$$F_V = F_{AC} + W_{ABC} \tag{12b}$$

여기서 F_{BC} 연직면 BC에 작용하는 정수압, F_{AC}는 수평면 AC에 작용하는 수직응력, 그리고 W_{ABC}는 원호 ABC의 물의 무게이다. 물에 의해 곡면에 가해지는 힘은 위의 힘과 크기가 같고 방향은 반대이다. 즉, $P_H = -F_H$, $P_V = -F_V$가 성립한다. 따라서 물에 의해 곡면 AB에 작용하는 수평분력은 연직면 BC에 작용하는 정수압과 같고 연직분력은 곡면 AB 위의 물의 무게와 같다. 따라서 두 분력 성분의 합력은 다음과 같다.

$$P = \sqrt{P_H^2 + P_V^2} \tag{13}$$

식(13)에 의한 합력이 통과하는 점은 적절한 축을 잡아 두 분력에 의한 모멘트가 영이 되는 조건으로부터 구할 수 있다(다음 예제 참조).

┃ 예제 ┃ 곡면에 작용하는 정수압

아래 그림과 같이 폭(b)이 10 m인 Tainter Gate에 작용하는 전수압과 작용점을 구하라. 경사각 θ는 30°이고 $r = 10$ m이다.

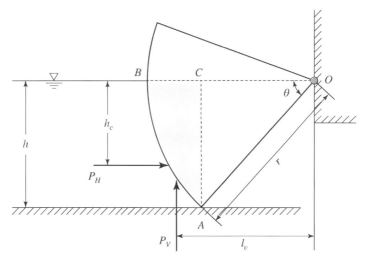

[풀이]

먼저 주어진 조건에 의해서

$$l(OC) = 10 \times \cos 30° = 8.66 \text{ m}$$

$$l(BC) = 10 - l(OC) = 1.34 \text{ m}$$

따라서 수평분력과 작용점은 다음과 같다.

$$P_H = wh_gA = 1 \times \frac{h}{2} \times h \times b = 125 \text{ ton}$$

$$h_c = \frac{2}{3}h = 3.33 \text{ m}$$

수문에 작용하는 연직분력은 색칠한 부분에 해당하는 물의 무게와 같으므로

$$\text{부채꼴 AOB의 면적} = \pi \times r^2 \times \frac{30}{360} = 26.18 \text{ m}^2$$

$$\text{삼각형 AOC의 면적} = \frac{1}{2} \times l(OC) \times h = 21.65 \text{ m}^2$$

따라서 연직분력은 다음과 같다.

$$P_V = w \times (26.18 - 21.65) \times b = 45.4 \text{ ton}$$

한편, 전수압 P는 곡면에 수직하므로 O점에 작용하는 모멘트는 영이다. 즉,

$$P_V \times l_v - P_H \times h_c = 0$$

$$l_v = 9.19 \text{ m}$$

그리고 전수압의 크기는 다음과 같다.

$$P = (P_H^2 + P_V^2)^{1/2} = 132.96 \text{ ton}$$

7. 부체

어떤 물체가 물에 잠겨 있을 때, 이 물체는 배수용적에 해당하는 물의 무게만큼 연직 상향으로 힘을 받는다. 이 힘을 부력(buoyancy)이라고 하며 부력의 작용선은 물체의 수중부분의 중심을 통과하는 연직 상향이다. 따라서 물속에 있는 물체는 부력만큼 가벼워지고 이를 아르키메데스의 원리(Archimedes' principle)라고 한다.

7.1 부력

아래 그림에서와 같이 높이 a, 폭 b, 길이가 L인 직사각형 실린더를 생각해 보자. 그리고 수면으로부터 윗면까지의 거리가 h라고 가정하자. 직사각형의 좌측면은 정수압이 작용하며 크기는 wh부터 $w(h+a)$의 값을 가지는 사다리꼴 형태의 분포를 보이게 된다. 마찬가지로 직사각형의 우측면은 좌측면과 크기는 동일하며 방향이 반대가 되고, 좌측면과 우측면의 정수압은 서로 상쇄된다. 직사각형의 윗면은 그 위의 물기둥의 무게만큼 아래로 작용하므로 단위폭당 힘은 wh가 된다. 직사각형의 아랫면에는 $w(h+a)$만큼의 단위폭당 힘이 연직상향으로 작용한다. 그러므로 직사각형 실린더에 작용하는 힘은 $[w(h+a)-wh]\times$

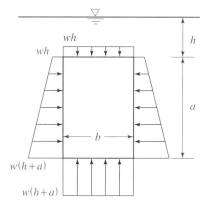

Figure 2.10 Buoyant force acting on a rectangular cylinder

$b \times L = wabL$이며 연직상향으로 작용한다. 따라서 수중에 잠겨있는 직사각형 실린더에 작용하는 힘은 실린더가 배제시킨 물의 무게만큼 연직상향으로 작용하게 된다.

▌예제 ▌

그림에서와 같이 지름이 0.04 m이고 길이가 0.25 m인 원통형 실린더가 물위에 떠있다. 아래 그림에서 $l = 0.2$ m일 때 실린더의 비중을 구하라.

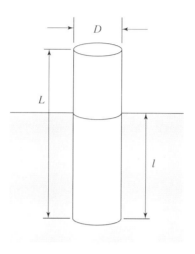

[풀이]

실린더 전체의 부피 V는 다음과 같다.

$$V = \frac{\pi D^2}{4} \times L = 3.14 \times 10^{-4} \ \text{m}^3$$

실린더의 물에 잠긴 부분의 부피 V_s는 다음과 같다.

$$V_s = \frac{\pi D^2}{4} \times 0.2 = 2.51 \times 10^{-4} \ \text{m}^3$$

실린더의 무게와 부력이 평형을 이루므로 다음 식이 성립한다.

$$\rho_c g V = w V_s$$

따라서 실린더의 밀도 $\rho_c = 799$ kg/m^{3}이고 비중은 0.799이다.

▌7.2 부체의 안정

아래 그림과 같이 좌우 대칭인 물체에 대한 부체의 안정을 살펴보자. 먼저, 물체의 전체의 무게중심인 도심 G와 잠긴 부분의 중심인 부심 B를 각각 구한다. 그리고 임의의 작은 각 $\Delta\theta$ 만큼 기울어질 때, 부양면(수면에 의해 물체에 형성되는 수평면)에 대한 새로운 부심 B'을 구한다. 이때 B'에서 연직선을 그어 물체의 대칭선과 만나는 점을 M이라 하고 이를 경심(metacenter)이라 한다. 기울어진 각도가 작은 경우 경심 M의 위치는 $\Delta\theta$에 무관하다. 만약 M이 G보다 위에 있는 경우(경심고 $\overline{MG}$가 양의 값인 경우) 복원력(restoring moment)이 작용하여 물체는 안정 상태이며 원래위치로 돌아간다. 그러나 M이 G보다 아래에 있는 경우(경심고 $\overline{MG}$가 음의 값인 경우) 물체는 불안정한 상태이며 전도된다. 물체의 안정도는 $\overline{MG}$가 증가할수록 증가한다. 경심고는 물체의 무게가 주어지는 경우 단면에 따라 결정되며 부체 안정의 판단 기준이 된다.

임의의 단면에 대한 부체의 안정을 평가하기 위하여 경심고 $\overline{MG}$에 대한 다음 식이 성립한다.

$$\overline{MG} = \frac{I_0}{V_s} - \overline{GB} \tag{14}$$

여기서 I_0는 부양면의 0점을 지나는 축에 대한 단면 2차모멘트이고 V_s는 물체의 잠긴 부분에 대한 체적이다. 부체의 안정을 위해서 $\overline{MG}$가 양이 되어야 한다. 안정된 부체의 설계

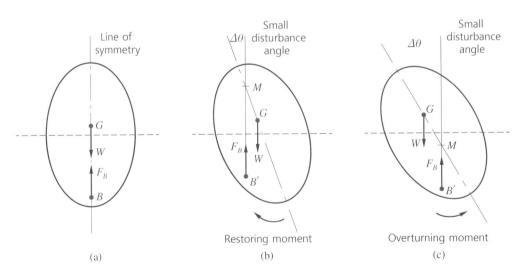

Figure 2.11 Calculation of metacenter M

를 위해서 부체의 도심 G와 부심 B를 각각 위치시키고, I_0와 V_s를 계산한 다음 $\overline{MG}$가 양의 값을 갖는지 검토한다.

▌예제 ▌

앞의 예제와 같이 지름이 $D=0.03$ m인 원통형 실린더가 물위에 떠있다. 실린더의 비중이 $\rho_c=0.67$일 때 다음 부체의 안정에 대해 검토하라.

(1) $L=0.20$ m

(2) $L=0.30$ m

[풀이]

앞 예제의 그림에서 부체가 물에 잠긴 부분의 길이 l을 흘수(吃水, draft)라고 하며 다음 식으로부터 구할 수 있다.

$$\rho_c V = \rho V_s$$

위의 식으로부터

$$\rho_c \frac{\pi D^2}{4} L = \rho \frac{\pi D^2}{4} l$$

따라서 원통형 실린더의 흘수는 다음과 같다.

$$l = s.g. \times L$$

도심과 부심의 거리 $\overline{GB}$는 다음과 같다.

$$\overline{GB} = \frac{L}{2} - \frac{l}{2}$$

그리고 실린더의 단면 2차모멘트는 다음과 같다.

$$I_0 = \frac{\pi D^4}{64} = 3.98 \times 10^{-4} \text{ m}^4$$

(1) $L=0.2$ m인 경우, $V=0.014$ m^3, $l=0.134$ m, 그리고 $V_s=0.0095$ m^{3}이므로 $\overline{GB} = 0.033$ m이고 $I_0/V_s = 0.042$ m이다. 따라서 $I_0/V_s > \overline{GB}$이므로 부체는 안정하다.

(2) $L=0.3$ m인 경우, $V=0.021$ m^3, $l=0.201$ m, 그리고 $V_s=0.0142$ m^{3}이므로 $\overline{GB} = 0.0495$ m이고 $I_0/V_s = 0.028$ m이다. 따라서 $I_0/V_s < \overline{GB}$이므로 부체는 불안정하다.

이상의 결과에 의하면 실린더의 길이가 짧을 때는 수면에 의한 단면이 원일 때 안정하지만 어느 이상 길어지면 전도되어 수면에 의한 단면이 직사각형일 때 안정하게 된다. ▪

8. 상대정지

(1) 수평가속도를 받는 경우

Figure 2.12(a)와 같이 물을 담은 탱크가 x 방향으로 가속도 a를 받으면 수면은 후미가 높아지면서 일정한 각도로 기울게 된다. 이와 같은 문제의 해결을 위해, 물이 반대 방향으로 같은 크기의 가속도를 받는다고 가정하면 탱크는 정지되어 있다고 가정할 수 있다. 이를 상대정지(relative equilibrium) 문제라고 한다. 이러한 경우 단위질량에 작용하는 외력의 세 방향 성분은

$$X = -a; \quad Y = 0; \quad Z = -g$$

따라서 자유수면을 나타내는 식(3)으로부터

$$-adx - gdz = 0$$

위의 식을 적분하면

$$-ax - gz = const$$

$x = 0$일 때 $z = 0$ 이므로 $const = 0$이 된다. 따라서

$$\frac{z}{x} = -\frac{a}{g} (= -\tan\theta) \tag{15}$$

(2) 연직 가속도를 받는 경우

Figure 2.12(b)와 같이 물을 담은 탱크가 연직상향(z 방향)으로 가속도 a를 받을 때, 단위질량에 작용하는 외력의 세 방향 성분은

$$X = 0; \quad Y = 0; \quad Z = -g - a$$

따라서 식(3)과 식(4)로부터

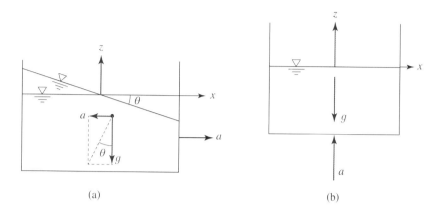

Figure 2.12 Relative equilibrium

$$\frac{dp}{dz} = -\rho(g + a)$$

$p(z = 0) = 0$이므로 위의 식을 적분하면

$$p = -\rho(g + a)z = -wz\left(1 + \frac{a}{g}\right) \tag{16}$$

따라서 연직상향으로 움직이는 탱크의 정수압은 중력가속도가 a/g만큼 증가한 것과 같은 효과가 생긴다. 반대로 연직 하향으로 운동할 경우에는 중력가속도가 a/g만큼 감소한 것과 같다.

참고문헌

- 최무영 (2008). 최무영 교수의 물리학 강의. 책갈피.
- Tokaty, G. A. (1971). *A History and Philosophy of Fluid Mechanics*. Dover Publication Inc., New York, NY.

1. 그림과 같이 수위가 상승히면 저절로 수문이 개방되는 장치를 만들고자 한다. 수문의 아래 점을 기준으로 수위가 2 m가 되면 수문이 개방되기 위한 pivot의 위치 y를 구하라.

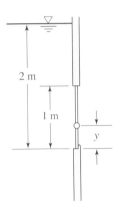

답 $y = 0.44$ m

2. 아래 그림과 같이 폭이 1 m인 직사각형 수문에 작용하는 힘과 작용점을 구하라.

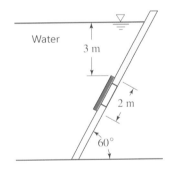

답 7.74 ton, $h_c = 3.96$ m

3. 원형 수문에 작용하는 정수압

(1) 원형 수문에 작용하는 힘의 수평(P_h)과 연직(P_v) 성분, 그리고 작용점을 구하라.

(2) 수문을 개방하는 데 필요한 힘 F를 구하라. 단, 수문의 자중은 무시한다.

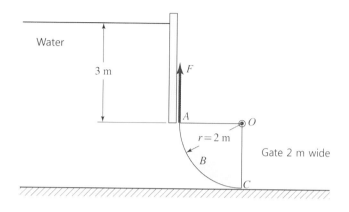

답 (1) $P_h = 16$ ton, $P_v = 18.28$ ton, $h_c = 4.08$ m, $l_v = 0.95$ m (p. 34 예제 참조) (2) $F = 0$ ton

4. 그림에서와 같이 폭이 5 m인 tainter gate에 작용하는 전수압과 작용점을 구하라. 수심은 5 m이고 수문의 반경은 10 m이다. (그림에서 점O와 B를 연결한 선은 수면과 일치한다.)

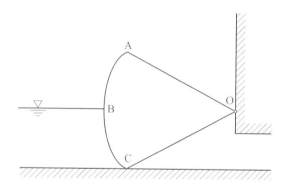

답 66.48 ton, $h_c = 3.33$ m, $l_c = 9.19$ m

5. 아래 그림에서와 같이 지름이 1 m인 원통형 고무댐이 물을 막고 있다. 댐의 단위 폭에 작용하는 수압과 작용점을 구하라. 또 이 댐의 폭이 100 m라고 하면 양쪽 단에 작용하는 인장력을 구하라.

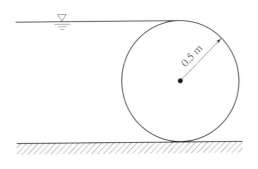

답 0.63 ton/m, $h_c = 0.67$ m, $l_v = 0.22$ m, 인장력 31.5 ton(양 단 각각)

6. 아래 그림과 같은 폭 10 m의 수조에서 c점은 힌지로 되어 있고 a점은 수평으로 연결봉 (tie-rod)으로 지지되고 있다. 벽면 bc가 반경 1 m의 4분원일 때, 연결봉이 받는 힘을 구하라.

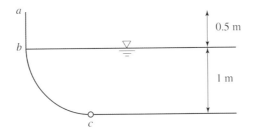

답 3.33 ton (압축력)

7. 그림과 같은 곡면의 수문에 작용하는 (단위 폭에 해당하는) 힘의 크기와 작용점을 구하라.

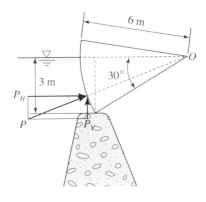

답 4.78 ton/m, $h_c = 2.0$ m, $l_v = 5.88$ m

8. 그림에서와 같이 원형 실린더가 힘의 평형상태를 유지하고 있다. 실린더에 의해 오른쪽 벽에 작용하는 힘을 구하라.

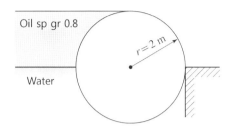

답 1.6 ton/m

9. 물을 실은 콘테이너가 아래로 $10°$만큼 경사진 도로를 $0.25\ g$의 가속도로 내려가고 있다. 수면의 기울기를 구하라.

답 경사각 $\theta = 24.24°$

10. 아래 그림과 같은 물탱크가 x 방향으로 g만큼 감속할 때 수면형을 스케치하라.

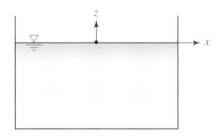

답 경사각 $45°$

부록 물질미분

임의의 물리량 f가 시간 t와 공간 좌표계(x, y, z)의 함수이다. 즉,

$$f = f(t, x, y, z)$$

f의 임의의 독립변수에 대한 편도함수(partial derivative)는 다른 독립변수가 고정되어 있다는 가정 하에 다음과 같이 극한을 이용하여 쓸 수 있다. 예를 들어,

$$\frac{\partial f(t, x, y, z)}{\partial t} = \lim_{\Delta t \to 0} \frac{f(t + \Delta t, z, y, z) - f(t, x, y, z)}{\Delta t}$$

마찬가지 방법으로 $\partial f / \partial x$ 등을 정의할 수 있다.

초기 물리량 f의 변화 전의 위치 좌표를 (x_0, y_0, z_0)라 하고 Lagrangian 식으로 생각하면 (x, y, z)를 독립변수가 아닌 t의 함수로 생각할 수 있다. 미소시간 δt 동안 변화된 물리량은 편도함수를 사용하여 다음과 같이 표현할 수 있다.

$$\delta f = \frac{\partial f}{\partial t} \delta t + \frac{\partial f}{\partial x} \delta x + \frac{\partial f}{\partial y} \delta y + \frac{\partial z}{\partial t} \delta z$$

위의 식을 δt로 나누면 다음 식을 얻을 수 있다.

$$\frac{\delta f}{\delta t} = \frac{\partial f}{\partial t} + \frac{\partial f}{\partial x} \frac{\delta x}{\delta t} + \frac{\partial f}{\partial y} \frac{\delta y}{\delta t} + \frac{\partial z}{\partial t} \frac{\delta z}{\delta t}$$

위의 식에서 좌변 항은 δt 동안 발생한 물리량 f의 전체적인 변화를 의미하며, $\delta t \to 0$ 인 경우 극한 값은 Lagrangian 시스템에서의 시간에 대한 도함수 (df/dt)가 되며 이를 전도함수(total derivative)라 한다. 이때 $\delta x / \delta t \to u$, $\delta y / \delta t \to v$, $\delta z / \delta t \to w$ 이므로 위의 식은 다음과 같이 된다.

$$\frac{df}{dt} = \frac{\partial f}{\partial t} + \frac{\partial f}{\partial x} u + \frac{\partial f}{\partial y} v + \frac{\partial f}{\partial z} w$$

위의 식에서 좌항을 Df/Dt로도 표기하며 물질미분(material derivative)이라고도 한다. 물질미분은 물리량 f와 함께 이동하며 관찰되는 전체변화를 의미한다(the total change in f as seen by observer who is following the fluid).

동수역학

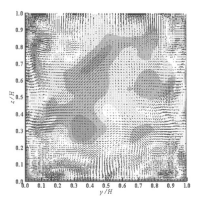 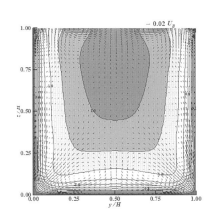

위의 그림은 정사각형 개수로에서 직접수치모의(Direct Numerical Simulation)를 이용하여 Navier-Stokes 방정식을 수치해석한 결과이다. 좌측의 그림은 순간속도를 나타내며 우측은 상당히 긴 시간동안 평균한 결과이다. 흐름의 레이놀즈수는 약 4,000에 불과하지만 순간속도는 매우 혼란스러운 것을 확인할 수 있다. 레이놀즈가 층류는 병사가 오와 열을 맞추어 행진하는 것이고 난류는 훈련되지 않은 군중이 서로 방해하며 몰려가는 것에 비유한 것이 충분히 납득되는 그림이다.
(그림 출처: Joung (2005))

1. 유체와 흐름의 분류

정수역학(hydrostatics)이 정지된 물에 관한 역학적인 사항이라면 동수역학(hydrody-namics)은 흐르는 물에 관한 내용이다. 일반적으로 동수역학에서는 다음의 세 가지 보존법칙에 의해 역학적인 이론을 전개한다.

- 질량 보존
- 운동량 보존
- 에너지 보존

질량보존의 법칙은 일반 물리계에서 반응을 통해 소멸되거나 생성되지 않는 한 질량이 보존된다는 것이다. 흐르는 유체에 대한 질량보존 법칙은 연속방정식으로 표현된다. 운동량 보존 법칙은 운동방정식이라고도 불리며, 유체역학에서는 Euler 방정식 혹은 Navier-Stokes 방정식으로 표현된다. 이 방정식들은 모두 Newton의 제2법칙으로부터 유도되는데 Euler 방정식은 비점성 유체에 관한 것이고 Navier-Stokes 방정식은 점성유체에 관한 운동량방정식이다. 따라서 Navier-Stokes 방정식에서 점성을 무시하면 Euler 방정식으로 된다. 유체역학에서 에너지 보존에 관한 법칙은 베르누이 방정식과 에너지방정식이 있다. 베르누이 방정식은 Euler 방정식을 적분하여 유도된다. 에너지방정식은 열역학 제1법칙으로부터 유도되며 에너지 손실을 고려할 수 있다(부록 3.2 참조).

▌1.1 이상유체와 실제유체

일반적으로 유체는 압축성(compressibility)과 점성(viscosity)을 동시에 보인다. 그러나 해석상의 편의를 위하여 비압축성/비점성 유체로 가정할 때가 종종 있는데 이를 이상유체(理想流體, ideal fluid)라고 한다. 이상유체로 가정하고 해석할 경우 큰 오차가 발생할 때는 압축성과 점성을 고려하는 실제유체(實際流體, real fluid)로 보아야 한다. 물과 같이 유체를 비압축성으로 보는 경우가 동수역학이며, 기체역학은 압축성 유체에 관한 이론이다.

▌1.2 흐름의 분류

- 정규직교 좌표계와 유속의 세 성분

3차원 공간에서 서로 직교하는 좌표계를 우리가 선택할 수 있으며, 이를 정규직교 좌표계(Cartesian coordinate system)라고 한다. 마찬가지로 정규직교 좌표계에서 유속벡터도 세 가지 성분으로 나누어지며 이를 벡터로 표현하면 다음과 같다.

$$\vec{V} = (u, v, w) = u\vec{i} + v\vec{j} + w\vec{k}$$

여기서 u, v, w는 각각 x, y, z 방향의 유속성분이며 $\vec{i}, \vec{j}, \vec{k}$는 각 방향으로의 단위벡터(unit vector)이다.

- 1차원 흐름, 2차원 흐름, 그리고 3차원 흐름

3가지 유속성분이 존재하고 이 성분들이 3방향 및 시간에 따라 변할 때 3차원 흐름이다. 즉,

$$\vec{V} = \vec{V}(x, y, z, t) = u\vec{i} + v\vec{j} + w\vec{k}$$

3차원 흐름에서 하나의 유속성분을 무시할 수 있을 때, 2차원 흐름이 된다. 천수흐름(shallow flow)은 수심이 얕아 수심방향(z)으로 유속이 균일한 경우이다. 천수흐름은 평면흐름으로 다음이 성립한다.

$$\vec{V} = \vec{V}(x, y, t) = u\vec{i} + v\vec{j}$$

또한, 수심방향(z) 및 횡방향(y)으로 유속의 변화를 무시할 수 있을 때 1차원 흐름이 된

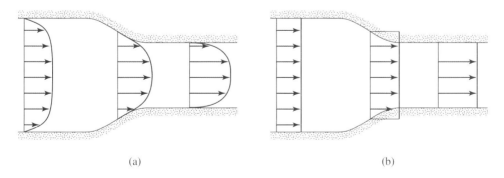

(a)   (b)

Figure 3.1   Real fluid flow and 1D flow

다. 즉,

$$\vec{V} = \vec{V}(x,\ t) = u\vec{i}$$

하천 흐름은 하천의 기하학적 특성으로 인하여 1차원 흐름으로 간주하는 것이 편리한 경우가 많다.

• 등류와 부등류

수리학에서 가장 중요한 수리량을 나열하면 유량(Q), 수심(y), 그리고 유속(V) 등을 들수 있다. 특정한 시점에서 수리량이 공간적으로 균일할 때 등류(等流, uniform flow)라고한다. 일반적으로 하천에서는 1차원 흐름 특성이 강하므로, 거리에 따른 수심 혹은 유속이일정할 때 등류가 되며, 그렇지 않을 때는 부등류(不等流, non−uniform flow)가 된다.

• 정상류와 부정류

특정한 위치의 수리량이 시간에 따라 변하지 않을 때 정상류(定常流, steady flow)라고하며, 시간에 따라 변할 때 부정류(不定流, unsteady flow)라고 한다. 일반적으로 하천의흐름은 정상류이며, 홍수 시에만 부정류의 특성이 강하다. 등류와 부등류는 모두 정상류이다.

• 층류와 난류

유속이 지나치게 느릴 때 유체는 마치 층을 형성하며 흐르는 것과 같은데, 이러한 흐름을 층류(層流, laminar flow)라고 한다. 유속이 증가되면 위아래 층이 없었던 것처럼 무질서하게 흐르는데 이를 난류(亂流, turbulent flow)라고 한다. 자연에서 관찰되는 대부분의지구물리학적 흐름(geophysical flows)은 난류이다. 층류와 난류를 나누는 기준으로서 레이놀즈수가 있는데, 관수로에서 레이놀즈수가 약 2,000보다 작으면 층류이고 이보다 크면난류가 된다.

• 상류와 사류

평상시 하천의 흐름은 상류(常流, subcritical flow)로서 비교적 적절한 수심에 유속도 빠르지 않고 적당하다(moderate). 그러나 댐에서 물이 방류될 때 여수로(spillway)에서 발생하는 흐름을 보면, 수심이 매우 작은데도 유속은 매우 빠르다. 이러한 흐름을 사류(射流, supercritical flow)라고 하며, 하류에서 발생한 파 혹은 교란(disturbance)이 상류로 전파되지 않는 특성을 가지고 있다. 상류와 사류를 구분하는 기준으로는 Froude수가 있으며 Froude수가 1보다 작으면 상류이고 크면 사류가 된다.

• 회전류와 비회전류

유체가 흘러가면서 유체 입자가 자체 축을 중심으로 회전할 때, 이를 회전류(回轉流, rotational flow)라 하고 그렇지 않은 때 비회전류(非回轉流, irrotational flow)가 된다. 지형상 굽이쳐 흐르는 순환 현상(circulation)과 회전류는 구분되어야 한다.

2. 레이놀즈 이송정리

2.1 레이놀즈 이송정리

우리는 종종 흐르는 유체에 물리 법칙을 적용해야 할 때가 있다. 이럴 때 레이놀즈 이송정리(Reynolds transport theorem)를 유용하게 사용할 수 있다. 질량, 온도, 운동량, 그리고 에너지와 같은 물리량을 N이라고 하자. 단위 질량당 물리량을 n으로 정의하면 다음 식이 성립한다.

$$N = mn \tag{1}$$

예를 들어, 질량(m), 운동량(mV), 그리고 에너지($mV^2/2$)의 경우 n은 각각 1, V, 그리고 $V^2/2$이 된다. 위의 식은 체적에 대한 적분을 이용하면 다음과 같이 쓸 수도 있다.

$$N = \int n\rho \ dv \tag{2}$$

여기서 dv는 유체의 미소체적이다. 미분을 이용하여 물리량 N과 단위 질량당 물리량 n의 관계를 표현하면 다음과 같다.

$$n = \frac{\partial N}{\partial m} \tag{3}$$

임의의 물리량 N에 대하여 일반적인 유체역학의 미분형태 혹은 적분형태의 지배방정식을 다음과 같은 레이놀즈 이송정리로부터 유도할 수 있다.

$$\frac{dN}{dt}\bigg|_S = \frac{\partial N}{\partial t}\bigg|_{CV} + \int_{CS} n\rho V_n dA \qquad (4)$$

여기서 S는 시스템, CV는 검사체적, 그리고 CS는 검사체적의 표면, V_n은 검사표면 밖으로 향하는 단위법선벡터를 나타낸다. 레이놀즈 이송정리에 의하면, 시스템 내부에서 N의 변화율 $(dN/dt|_S)$은 검사체적 내부에서 N의 시간에 따른 변화율 $(\partial N/\partial t|_{CV})$과 검사체적 밖으로 나가는 N의 순변화율 $(\int_{CS} n\rho V_n dA)$을 합한 것과 같다. 이상과 같이 레이놀즈 이송정리를 이용하면, 연속적인 시스템의 변화를 제한된 검사체적에서의 변화를 이용하여 계산할 수 있다.

시스템 및 검사체적

여기 3장에서 시스템은 변하지 않는 물리량의 더미(collection)라고 할 수 있다.
검사체적(control volume)이란 공학에서 질량보존법칙이나 에너지보존법칙을 설명하기 위해 설정해 놓은 가상적인 공간을 의미한다(한화택, 2017). 즉, 연속체의 거동 혹은 흐름에서 우리가 관심을 가지고 관찰하는 범위라고 할 수 있다. 검사체적은 검사표면(control surface)으로 이루어져 있고 검사표면을 통해 질량, 운동량, 에너지가 들어가거나 나온다.

2.2 레이놀즈 이송정리의 유도

아래 그림에서와 같이 임의의 물리량 N이 시간 t에서 시스템(S)으로 표시된 점선 안에 있다. 시간 $t+\delta t$에서는 물리량의 시스템이 실선으로 정의된 공간으로 이동하였다. 이때 검사체적(CV)은 시간 t에서 정의된 시스템과 동일하며 시간에 따라 변하지 않는다. 여기서 우리의 목표는 물리량 시스템의 변화를 검사체적을 이용하여 표현하는 것이다.

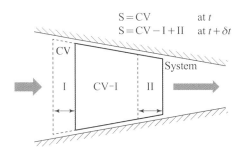

Figure 3.2 Fluid control volume for derivation of Reynolds transport theorem

시간 t에서 시스템과 CV는 일치하므로 다음과 같이 쓸 수 있다.

$$N_S(t) = N_{CV}(t)$$

시간 $t+\delta t$에서 물리량 시스템 N은

$$N_S(t+\delta t) = N_{CV}(t+\delta t) - N_I(t+\delta t) + N_{II}(t+\delta t)$$

따라서 시간에 따른 물리량 시스템 N의 변화율은 다음과 같다.

$$\frac{\delta N_S}{\delta t} = \frac{N_S(t+\delta t) - N_S(t)}{\delta t}$$

$$= \frac{N_{CV}(t+\delta t) - N_I(t+\delta t) + N_{II}(t+\delta t) - N_S(t)}{\delta t}$$

여기서 $N_S(t) = N_{CV}(t)$이므로

$$\frac{\delta N_S}{\delta t} = \frac{N_{CV}(t+\delta t) - N_{CV}(t)}{\delta t} - \frac{N_I(t+\delta t)}{\delta t} + \frac{N_{II}(t+\delta t)}{\delta t}$$

물리량 시스템 N에 대한 시간에 따른 도함수는 $dN_S/dt = \lim\limits_{\delta t \to 0} \delta N_S/\delta t$로 정의되므로 위의 식에서 우변의 각항은 다음과 같다.

$$\lim\limits_{\delta t \to 0} \frac{N_{CV}(t+\delta t) - N_{CV}(t)}{\delta t} = \frac{\partial N_{CV}}{\partial t}$$

$$\lim\limits_{\delta t \to 0} \frac{N_I(t+\delta t)}{\delta t} = \dot{N}_{in}$$

$$\lim\limits_{\delta t \to 0} \frac{N_{II}(t+\delta t)}{\delta t} = \dot{N}_{out}$$

따라서 다음 식이 성립한다.

$$\frac{dN_S}{dt} = \frac{\partial N_{CV}}{\partial t} + \dot{N}_{out} - \dot{N}_{in} \tag{5}$$

위의 식에 따르면, 물리량 시스템 N의 변화율(dN_S/dt)은 검사체적 내부에서 N의 시간에 따른 변화율($\partial N_{CV}/\partial t$)과 검사체적 밖으로 유출되는 N의 흐름률($\dot{N}_{out}$)에서 검사체적 안으로 유입되는 N의 흐름률($\dot{N}_{in}$)을 빼준 것과 같다. 위의 식을 적분을 이용하여 표현하면 다음과 같다.

$$\frac{d}{dt}\left(\int_S n\rho dv\right) = \frac{\partial}{\partial t}\left(\int_{CV} n\rho dv\right) + \int_{CS} n\rho V_n dA \tag{6}$$

흐름률(flux or flowrate)이란 어떤 물리량이 단면에 수직하게 흘러 들어가거나 나오는 속도(rate)를 의미한다. 따라서 질량 흐름률은 [M/T]의 차원을 가지며, 체적 흐름률 (volume flux)은 [L³/T]의 차원을 가져 유량과 같게 된다.

N이 질량과 같은 물리량인 경우, 물리량 시스템 N은 보존되므로 식(5) 혹은 식(6)의 좌변은 영이 된다. 따라서 다음 식이 성립한다.

$$\frac{\partial N_{CV}}{\partial t} = \dot{N}_{in} - \dot{N}_{out} \tag{7}$$

즉, 검사체적 안에서 N의 시간에 따른 변화율($\partial N_{CV}/\partial t$)은 검사체적 안으로 유입되는 N의 흐름률($\dot{N}_{in}$)에서 검사체적 밖으로 유출되는 N의 흐름률($\dot{N}_{out}$)을 빼준 것과 같다. 식(5)의 우변은 검사체적 안으로 유입되는 N의 순흐름률이 되어 다음과 같이 쓸 수 있다.

$$\frac{\partial N_{CV}}{\partial t} = \text{ net N flux in} \tag{8}$$

위의 식을 일반보존법칙(general conservation law)이라고 한다.

┃예제┃ 시스템 및 검사체적에서 시간에 따른 물리량의 변화율

아래 그림과 같은 스프레이에서 밀도가 ρ인 유체를 분사할 때 $dN/dt|_S$와 $dN/dt|_{CV}$에 대해서 논하라. 여기서 $N=m$으로 질량을 의미한다.

[풀이]

시스템 및 검사체적 내부 유체의 시간에 따른 변화율을 나타내면 각각 다음과 같다.

$$\frac{dN}{dt}\bigg|_S = \frac{dm}{dt}\bigg|_S = \frac{d}{dt}\left(\int_S \rho dv\right)$$

$$\frac{dN}{dt}\bigg|_{CV} = \frac{dm}{dt}\bigg|_{CV} = \frac{d}{dt}\left(\int_{CV} \rho dv\right)$$

스프레이에서 유체를 분사하기 전에 ($t=0$) 시스템은 스프레이 안에 들어있는 유체를 의미하며 검사체적은 스프레이 통을 의미한다. 스프레이의 방아쇠를 당기면 ($t>0$), 스프레이 통 내부에서 일부의 유체가 밖으로 분사되기 시작한다. 이러한 현상에 대해 레이놀즈 이송정리를 적용하면,

$$\frac{dm}{dt}\bigg|_S = \frac{dm}{dt}\bigg|_{CV} + \int_{CS} \rho V_n dA$$

질량보존법칙에 의해 유체의 질량 시스템이 보존되므로 다음이 성립한다.

$$\frac{dm}{dt}\bigg|_S = \frac{d}{dt}\left(\int_S \rho dv\right) = 0$$

$$\frac{dm}{dt}\bigg|_{CV} + \int_{CS} \rho V_n dA = 0$$

또한 스프레이 노즐의 단면적과 유체의 속도를 각각 A와 V라고 하면 다음 식이 성립한다.

$$\frac{dm}{dt}\bigg|_{CV} + \rho VA = 0$$

위의 식에서 $\rho VA > 0$이므로 다음 관계가 성립한다.

$$\frac{d}{dt}\left(\int_{CV} \rho dv\right) < 0$$

즉, 스프레이 통 혹은 검사체적 내부의 유체의 질량은 시간에 따라 줄어드는 것을 의미한다. 위의 예를 통해서 $dN/dt|_S$와 $dN/dt|_{CV}$의 의미가 확실히 다른 것을 알 수 있다.

∥예제∥ 레이놀즈 이송정리의 적용

집안에 사람 n명이 있다. 시간 T 동안 입구를 통해 a명이 들어가고 출구를 통해 b명이 나갔다. 레이놀즈 이송정리를 이용하여 집안의 사람 수의 변화에 대해 설명하라.

[풀이]

문제에서 임의의 물리량 N은 사람 수이다. 시스템의 물리량에 해당하는 사람 수는 임의로 생성되거나 소멸되지 않으므로 일반보존법칙이 성립한다. 제어체적에 해당하는 집 내부에서 시간에 따른 사람 수의 변화율은 다음과 같다.

$$\frac{dN}{dt}\Big|_{CV} = \frac{(n+a-b)-n}{T} = \frac{a-b}{T}$$

이것은 제어표면인 출입구를 통해 들어온 전체 사람 수의 시간에 따른 순증가율과 같다. 즉, 입구를 통해 들어온 사람 수의 시간에 따른 변화율에서 출구를 통해 나간 사람 수의 시간에 따른 변화율을 뺀 것과 같다. 즉,

$$\dot{N}_{in} - \dot{N}_{out} = \frac{a}{T} - \frac{b}{T}$$

따라서 다음 관계식이 성립하는 것을 알 수 있다.

$$\frac{dN}{dt}\Big|_{CV} = \dot{N}_{in} - \dot{N}_{out}$$

위의 식으로부터 집 (검사체적) 안에서 사람 수의 변화율은 출입구를 통해 들어온 사람 수의 순증가율과 같고 집에 있던 사람의 수와는 상관없음을 알 수 있다.

시간 T 동안
a 명이 들어가고

처음에 n 명이 집에 있었는데

시간 T 동안
b 명이 나갔다.

3. 미분형태의 지배방정식

▌3.1 1차원 연속방정식

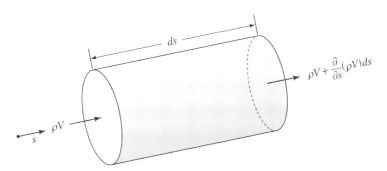

Figure 3.3 Mass conservation in a 1D flow

　유관(stream tube)을 따라 발생하는 1차원 흐름에 대해 레이놀즈 이송정리를 적용한다. 먼저 연속방정식은 질량 보존에 관한 법칙이므로, $N=m$이고 $n=1$이 된다. 식(8)을 다시 쓰면 다음과 같다.

$$\frac{\partial m_{CV}}{\partial t} = \text{net mass flux in} \tag{9}$$

위의 식에서 우변 "net mass flux in"은 검사체적으로의 "순유입 질량흐름률"이다.

　미분형태의 지배방정식을 유도하기 위해서는 레이놀즈 이송정리를 검사체적이 고정되고(non-moving) 변형하지 않는(non–deforming) 미소체적의 요소(infinitesimal element)에 적용한다. 1차원 유관에서 검사체적의 부피를 dv라고 하면, 검사체적 내 유체의 질량은 다음과 같다.

$$dm = \rho \, dv$$

따라서 식(7)의 좌변에 해당하는 검사체적 내부 유체 질량의 시간에 따른 변화율은 다음과 같다.

$$\left.\frac{\partial m}{\partial t}\right|_{CV} = \frac{\partial (\rho \, dv)}{\partial t} = dv \frac{\partial \rho}{\partial t} \tag{10}$$

3. 미분형태의 지배방정식 57

Figure 3.3의 미소체적의 유관에 대해서, 단위시간 및 단위면적에 유입되는 유체의 질량은 ρV이므로, δt 동안 왼쪽 면으로 유입되는 유체의 질량을 m_{in}이라 하고 오른쪽 면으로 유출되는 질량을 m_{out}이라 하면, 각각은 다음과 같이 쓸 수 있다.

$$m_{in} = \rho V A \, \delta t$$

$$m_{out} = \left(\rho V + \frac{\partial \rho V}{\partial s} ds \right) A \delta t$$

위의 식을 전개하고 증분에 대한 고차 항을 무시하면 식(7)의 우변에 해당하는 "순유입 질량흐름률"은 다음과 같게 된다.

$$\dot{m}_{in} - \dot{m}_{out} = - \frac{\partial}{\partial s} (\rho V A) ds \tag{11}$$

일반보존법칙에 의해 식(10)과 식(11)이 같으므로 검사체적 내부 질량보존에 대하여 다음 식이 성립한다.

$$dv \frac{\partial \rho}{\partial t} + \frac{\partial}{\partial s} (\rho V A) ds = 0$$

위의 식을 $dv (= A ds)$로 나누면 다음과 같이 된다.

$$\frac{\partial \rho}{\partial t} + \frac{1}{A} \frac{\partial}{\partial s} (\rho V A) = 0 \tag{12}$$

위의 식이 압축성 유체에 대한 1차원 연속방정식이다. 비압축성 유체의 경우 유체의 밀도는 일정하므로($\rho = $ constant) 연속방정식은 다음과 같이 된다.

$$\frac{\partial Q}{\partial s} = 0 \tag{13a}$$

혹은

$$Q = \text{constant} \tag{13b}$$

위의 식에 의하면 연속방정식을 만족시키기 위해서 검사체적의 유입부와 유출부에서 유량이 같아야 한다는 것이다.

🏠 Figure 3.3의 유입부에서 단면적을 A라고 하면 유출부에서의 단면적은 $A + \partial A / \partial s \times ds$ 이므로 위에서 $dv \approx 1/2(A + A + \partial A / \partial s \times ds) \times ds \approx A ds$ 이다. 즉, 미소체적의 유관에 대해서는 단면적의 변화를 무시할 수 있다.

▌3.2 1차원 운동량방정식

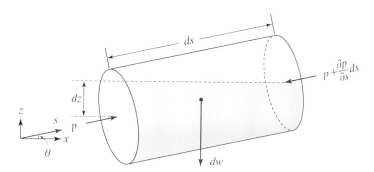

Figure 3.4 Momentum conservation in a 1D flow

질량 m인 물체가 속도 V로 움직일 때 물리량 mV를 운동량이라고 한다. 빠른 속도로 이동하는 무거운 물체는 운동량이 크다. 무거운 물체를 빠른 속도로 가속시키기 위해서는 큰 힘을 오랫동안 가해야 하고, 무거운 물체가 빠른 속도로 이동하다 충돌할 때 가해지는 힘 또한 크다.

레이놀즈 이송정리를 유관(stream tube)을 따른 1차원 흐름의 운동량 보존에 적용한다. 운동량의 경우, $N = mV$이고 $n = V$가 된다. 앞의 경우와 동일하게 검사체적이 고정되어 있고 변형하지 않는 미소체적이라고 가정하고, 운동량에 대해서 식(6)을 다시 쓰면 다음과 같다.

$$\frac{dmV}{dt}\bigg|s = \frac{\partial mV}{\partial t}\bigg|{CV} + \int_{CS} V\rho V_n dA \tag{14}$$

위의 식에서 좌변에 Newton의 제2법칙을 적용하면 다음과 같다.

$$\frac{dmV}{dt}\bigg|_s = \sum F \tag{15}$$

즉, 운동량 시스템의 시간에 따른 변화는 시스템에 작용하는 외력의 합이다. 위의 결과를 이용하여 식(14)를 다시 쓰면

$$\sum F = \frac{\partial mV}{\partial t}\bigg|_{CV} + \int_{CS} V\rho V_n dA \qquad (16)$$

위의 식에서 좌변은 제어체적에 작용하는 외력의 합이며, 엄밀히 말하면 시스템과 제어체적이 일치하는 순간에 적용할 수 있다. 미소체적의 유체흐름에 미분형태의 운동량방정식을 유도하기 위해서는 식(15)를 직접 미소체적에 적용하는 방법과 식(16)을 미소체적에 적용하는 방법이 있다. 두 가지 방법 모두 동일한 결과를 도출하지만, 여기서는 식(15)를 직접 적용하기로 한다.

질량이 dm인 미소체적의 유관에 s 방향으로 Newton의 제2법칙을 적용하면 다음과 같다(Figure 3.4 참조).

$$\sum F = dm\,a_s \qquad (17)$$

여기서 우변의 미소체적의 질량과 가속도는 각각 다음과 같다.

$$dm = \rho\ dv$$

$$a_s = \frac{\partial V}{\partial t} + V\frac{\partial V}{\partial s}$$

위의 식에서 우변의 첫 번째 항은 국부가속도(local acceleration)이고 두 번째 항은 이류가속도(convective acceleration)이다. 국부가속도는 유체입자의 위치가 변하지 않더라도 한 점에서 시간에 따른 속도 변화로 인하여 생기는 가속도를 의미한다. 이류가속도는 유동장이 시간에 따라 변하지 않는다고 하더라도 어떤 점의 유체입자가 다른 점으로 이동할 때 속도 벡터의 크기 및 방향이 다르기 때문에 발생하는 가속도이다.

정상류인 경우 첫 번째 항인 국부가속도항을 무시할 수 있으므로 식(17)의 우변은 다음과 같게 된다.

$$dma_s = \rho\,dv\,V\frac{\partial V}{\partial s}$$

한편, 식(17)의 좌변에서 시스템에 작용하는 외력은 표면력(surface force)과 체적력(body force)으로 구성되며 다음과 같다.

$$\Sigma F = pA - (p + dp)(A + dA) - dW\sin\theta$$

여기서

$$-dW\sin\theta = -\rho g\,dv\frac{dz}{ds}$$

외력을 전개하여 증분에 대한 고차항을 무시하면

$$\Sigma F = -d(pA) - \rho g\,dv\frac{dz}{ds}$$

위의 결과를 이용하여 식(17)을 다시 쓰면

$$\rho\,dvV\frac{dV}{ds} = -d(pA) - \rho g\,dv\frac{dz}{ds}$$

한편, $dv = Ads$ 이므로 다음과 같이 쓸 수 있다.

$$\frac{VdV}{g} + \frac{dp}{w} + dz = 0$$

비압축성 유체의 경우 위의 식은 다음과 같이 나타낼 수 있다.

$$d\left(\frac{p}{w} + \frac{V^2}{2g} + z\right) = 0 \tag{18}$$

위의 식이 1차원 운동량방정식(Euler 방정식)이다.

아이작 뉴턴(Isaac Newton, 1642-1727)

아이작 뉴턴은 청교도 혁명이 일어난 해인 1642년 영국의 Lincolnshire 태생이다. 아버지는 뉴턴이 태어나기 전에 죽었고 어머니는 뉴턴을 할머니에게 맡기고 재혼을 하였다. 후에 뉴턴은 어머니와 새아버지를 죽이고 싶을 정도로 미워했다고 감회를 밝힌 바 있다. 뉴턴의 재능을 알아본 사람은 외삼촌으로 어머니를 설득하여 University of Cambridge, Trinity College에 진학을 시켰는데 대학생 시절부터 초창기 과학자들의 저작물에 주석을 달 정도로 학문적 소양이 깊었던 것으로 알려져 있다. 뉴턴의 최대 업적은 고전역학의 정립에 있다고 할 수 있는데, 뉴턴의 제1법칙, 제2법칙, 그리고 제3법칙은 런던에 페스트가 만연하여 고향에 피신해 있던 시기에 구상을 한 결과이다. 뉴턴은 1688년 명예혁명때 대학 대표의 국회의원으로 선출되었고, 1691년에는 조폐국의 감사가 되었으며, 1699년에 조폐국 장관이 되었다. 1703년에는 왕립협회 회장으로 추대되었고 1705년에는 기사 작위를 수여받았다. 이렇듯 뉴턴은 명예운은 좋았으나 말년에 주식투자에 실패하여 엄청난 돈을 날린 것은 매우 유명한 일화이다.

┃ 예제 ┃ 1차원 운동량 방정식 유도

식(16)을 미소체적의 유관에 적용하여 1차원 운동량 방정식을 유도하라.

[풀이]

식(16)을 미소체적에 적용하면, 좌변은 검사체적에 작용하는 외력으로 앞에서 유도한 것과 동일하다. 즉,

$$\Sigma F = - d\,(pA) - \rho g\,dv\frac{dz}{ds}$$

식(16)의 우변에서 첫 번째 항은 다음과 같다.

$$\left.\frac{\partial mV}{\partial t}\right|_{CV} = \rho A\,ds\frac{\partial V}{\partial t} + VA\,ds\frac{\partial \rho}{\partial t}$$

식(16)의 우변에서 두 번째 항은

$$\int_{CS} V\rho V_n dA = \left[V\rho V + \frac{\partial}{\partial s}(V\rho V)\,ds\right]A - V\rho VA = V\,ds\,A\frac{\partial}{\partial s}(\rho v) + \rho V\,ds\,A\frac{\partial V}{\partial s}$$

정상류라고 가정하고 $(\partial V/\partial t = 0)$ 연속방정식을 이용하면 식(16)의 두 항의 합은 $\rho VAdV$ 이다. 따라서

$$d\,(pA) + \rho g\,dv\frac{dz}{ds} + \rho VA\,dV = 0$$

모든 항을 dv로 나눠주면

$$\frac{dp}{ds} + \rho g\frac{dz}{ds} + \rho\frac{VdV}{ds} = 0$$

혹은

$$d\left(\frac{p}{w} + \frac{V^2}{2g} + z\right) = 0$$

결과적으로, 식(18)과 동일한 결과를 얻을 수 있다.

▌3.3 3차원 연속방정식

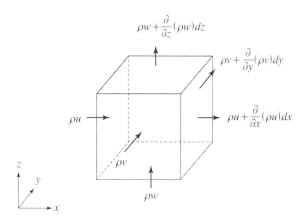

Figure 3.5 Mass flux in an infinitesimal cubic element

1차원 문제와 마찬가지로 위와 같이 고정되어 있고 변형하지 않는 직육면체 모양의 미소체적에 식(7)을 적용한다. x, y, 그리고 z 방향으로 검사체적의 길이를 각각 dx, dy, 그리고 dz라 하면, 검사체적의 부피는 $dv = dx \times dy \times dz$이다. 따라서 검사체적 내 유체의 질량은 다음과 같다.

$$dm = \rho\, dv = \rho \times dx\, dy\, dz$$

그러므로 식(7)의 좌변에 해당하는 검사체적 내 유체 질량의 시간에 따른 변화율은 다음과 같다.

$$\frac{\partial m}{\partial t}\bigg|_{CV} = \frac{\partial (\rho\, dx\, dy\, dz)}{\partial t} = \frac{\partial \rho}{\partial t} dx\, dy\, dz \tag{19}$$

한편, x 방향에서 검사체적으로 유입되는 질량흐름률은 다음과 같다.

$$\dot{m}_{x-in} = \rho u\, dy\, dz$$

마찬가지로, x 방향에서 검사체적 밖으로 유출되는 질량흐름률은 다음과 같다.

$$\dot{m}_{x-out} = \left(\rho u + \frac{\partial \rho u}{\partial x} dx \right) dy\, dz$$

따라서 x 방향으로 순유입 질량흐름률은 다음과 같게 된다.

$$\text{net mass flux in } (x\text{-방향}) = -\frac{\partial \rho u}{\partial x} dx\,dy\,dz$$

y 방향과 z 방향도 고려하면 검사체적으로의 순유입 질량흐름률은 다음과 같다.

$$\text{net mass flux in} = -\left(\frac{\partial \rho u}{\partial x} + \frac{\partial \rho v}{\partial y} + \frac{\partial \rho w}{\partial z} \right) dx\,dy\,dz \tag{20}$$

식(19)와 식(20)을 같게 놓고 정리하면 다음과 같다.

$$\frac{\partial \rho}{\partial t} + \frac{\partial}{\partial x}(\rho u) + \frac{\partial}{\partial y}(\rho v) + \frac{\partial}{\partial z}(\rho w) = 0 \tag{21}$$

비압축성 유체의 경우에 유체의 밀도는 일정하므로, 3차원 연속방정식은 다음과 같다.

$$\frac{\partial u}{\partial x} + \frac{\partial v}{\partial y} + \frac{\partial w}{\partial z} = 0 \tag{22a}$$

혹은

$$\nabla \cdot \vec{V} = 0 \tag{22b}$$

▌3.4 3차원 운동량방정식

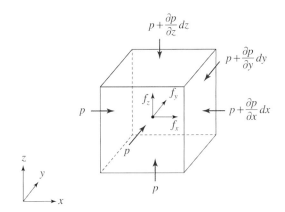

Figure 3.6 Forces on a fluid element without friction

위와 같이 동일한 직사각형 미소체적에 대하여 x 방향으로 식(15)를 적용하면 다음과 같다.

$$\sum F_x = dm\,a_x \tag{23}$$

여기서 $dm = \rho\,dv = \rho\,dx\,dy\,dz$이다. 따라서 식(23)의 우변은 다음과 같다.

$$dm\,a_x = \rho\,dx\,dy\,dz\,a_x$$

위의 식에서 a_x는 x 방향으로의 가속도를 의미한다.

일반적으로 유속성분 u는 시간(t)과 공간($x,\ y\ z$)의 함수이므로 du는 다음과 같이 나타낼 수 있다.

$$du = \frac{\partial u}{\partial t}dt + \frac{\partial u}{\partial x}dx + \frac{\partial u}{\partial y}dy + \frac{\partial u}{\partial z}dz \tag{24}$$

여기서 $dx \approx u\,dt,\ dy \approx v\,dt,$ 그리고 $dz \approx w\,dt$이다(Figure 3.7 참조). 이를 식(24)에 대입하여 x 방향의 가속도를 나타내면 다음과 같다.

$$a_x = \frac{du}{dt} = \frac{\partial u}{\partial t} + u\frac{\partial u}{\partial x} + v\frac{\partial u}{\partial y} + w\frac{\partial u}{\partial z} \tag{25}$$

위의 식은 유체와 함께 이동하는 입자의 x 방향 속도 변화율을 의미한다. a_x를 연산자 D/Dt를 사용하여 물질미분(material derivative) 혹은 전도함수(total derivative)로 표현하면,

$$a_x = \frac{Du}{Dt} \tag{26}$$

여기서

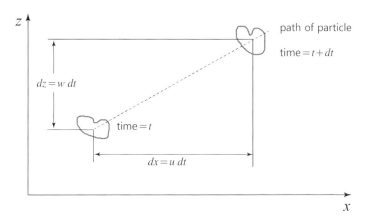

Figure 3.7 Trajectory of a fluid particle in 2D space

$$\frac{D}{Dt} = \frac{\partial}{\partial t} + u\frac{\partial}{\partial x} + v\frac{\partial}{\partial y} + w\frac{\partial}{\partial z} \tag{27}$$

따라서 식(23)의 우변은 다음과 같다.

$$dm\,a_x = \rho\,dx\,dy\,dz\,\frac{Du}{Dt} \tag{28}$$

가속도에 관한 일반식을 얻기 위하여, 임의의 속도 벡터 $\vec{V}$에 대한 물질미분을 구하면 다음과 같다.

$$\frac{D\vec{V}}{Dt} = \frac{\partial\vec{V}}{\partial t} + u\frac{\partial\vec{V}}{\partial x} + v\frac{\partial\vec{V}}{\partial y} + w\frac{\partial\vec{V}}{\partial z} \tag{29}$$

위의 식에서 우변의 첫 번째 항은 국부가속도이고 나머지 항들은 이류가속도이다.

다음으로, 직사각형의 미소체적에 Newton 제2법칙을 적용할 때 고려해야 할 외력은 압력에 의한 표면력과 유체요소 자체의 체적력이다. 중력은 체적력의 대표적인 예이다. 다음 그림과 같이 마찰을 무시한 유체 입자에 작용하는 외력을 고려하여 보자. 각 방향으로 단위질량당 체적력을 f_i라고 정의할 때, x 방향으로 식(23)의 좌변은 다음과 같이 나타낼 수 있다.

$$\Sigma F_x = -\frac{\partial p}{\partial x}dx\,dy\,dz + \rho f_x\,dx\,dy\,dz \tag{30}$$

따라서 식(28)과 식(30)으로부터 x 방향의 운동방정식을 다음과 같이 쓸 수 있다.

$$\frac{Du}{Dt} = -\frac{1}{\rho}\frac{\partial p}{\partial x} + f_x \tag{31a}$$

동일한 방법으로 y 방향과 z 방향에 대해서도 운동방정식을 유도하면 각각 다음과 같다.

$$\frac{Dv}{Dt} = -\frac{1}{\rho}\frac{\partial p}{\partial y} + f_y \tag{31b}$$

$$\frac{Dw}{Dt} = -\frac{1}{\rho}\frac{\partial p}{\partial z} + f_z \tag{31c}$$

식(31a)~식(31c)는 1755년에 Euler에 의하여 유도되었으며, Euler 방정식이라고 한다. 밀도에 대한 어떠한 가정사항도 적용하지 않았으므로, 이 방정식은 압축성 유체와 비압축성 유체 모두에 적용할 수 있다. 그러나 뉴턴의 제2법칙을 적용하면서 비점성유체로 가정하여 전단응력을 고려하지 않았음에 유의한다. Euler 방정식은 파동의 전파와 관련된 쌍곡선 형태의 편미분방정식(hyperbolic partial differential equations)으로 분류된다. 미지수(u, v, w, 그리고 p)의 수와 방정식의 수(Euler 방정식과 연속방정식)가 같으므로 수학적으로 해석가능하며, 적절한 수치기법을 이용하여 해를 구할 수 있다.

❚ 예제 ❚ 3차원 운동량 방정식 유도

식(16)을 3차원 직육면체 미소체적에 적용하여 3차원 운동량 방정식을 유도하라.

[풀이]

식(16)을 미소체적에 적용하면, 좌변은 검사체적에 작용하는 외력으로 앞에서 유도한 것과 동일하다. 즉, x 방향에 대해서 검사체적에 작용하는 외력의 합은 다음과 같다.

$$\Sigma F_x = -\frac{\partial p}{\partial x}dxdydz + \rho f_x\, dxdydz$$

x 방향에 대하여 식(16)의 우변에서 첫 번째 항은 다음과 같다.

$$\frac{\partial mu}{\partial t}\bigg|_{CV} = \frac{\partial}{\partial t}(\rho\, dxdydz\, u) = \frac{\partial(\rho u)}{\partial t}dxdydz$$

식(16)의 우변에서 두 번째 항은

$$\int_{CS} u\rho V_n dA = \left[u\rho u + \frac{\partial}{\partial x}(u\rho u)dx\right]dydz - u\rho u\, dydz$$
$$+ \left[v\rho u + \frac{\partial}{\partial y}(v\rho u)dy\right]dxdz - v\rho u\, dxdz$$
$$+ \left[w\rho u + \frac{\partial}{\partial z}(w\rho u)dz\right]dxdy - w\rho u\, dxdy$$
$$= \left(\frac{\partial u\rho u}{\partial x} + \frac{\partial v\rho u}{\partial y} + \frac{\partial w\rho u}{\partial z}\right)dxdydz$$

연속방정식을 사용하여 위의 식을 정리하면 다음과 같다.

$$\left(\frac{\partial \rho u}{\partial t} + u\frac{\partial \rho u}{\partial x} + v\frac{\partial \rho u}{\partial y} + w\frac{\partial \rho u}{\partial z}\right)dxdydz$$

따라서 x 방향의 운동량 방정식은 다음과 같다.

$$\frac{\partial \rho u}{\partial t} + u\frac{\partial \rho u}{\partial x} + v\frac{\partial \rho u}{\partial y} + w\frac{\partial \rho u}{\partial z} = -\frac{\partial p}{\partial x} + \rho f_x$$

마찬가지로 y와 z 방향의 운동량 방정식은 각각 다음과 같다.

$$\frac{\partial \rho v}{\partial t} + u\frac{\partial \rho v}{\partial x} + v\frac{\partial \rho v}{\partial y} + w\frac{\partial \rho v}{\partial z} = -\frac{\partial p}{\partial y} + \rho f_y$$

$$\frac{\partial \rho w}{\partial t} + u\frac{\partial \rho w}{\partial x} + v\frac{\partial \rho w}{\partial y} + w\frac{\partial \rho w}{\partial z} = -\frac{\partial p}{\partial z} + \rho f_z$$

결과적으로, 식(31)과 동일한 결과를 얻을 수 있다.

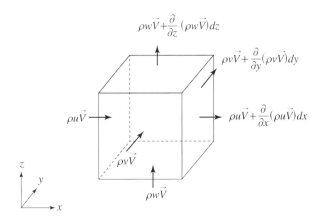

Momentum flux in an infinitesimal cubic element(White, 2003)

단위 부피에 해당하는 운동량 $\rho \vec{V}$는 벡터량이다. 따라서 운동량 흐름률은 흐름 방향에 따라 3가지 성분이 존재하여 텐서가 된다. 예를 들어 x 방향의 흐름률은 $\rho u \vec{V}$가 되며, x 성분 운동량(ρu)의 z 방향으로의 흐름률은 $\rho w u$가 된다.

┃ 예제 ┃ 1차원 운동량방정식

정규직교 좌표계에서 유도된 2차원의 Euler 방정식으로부터 유선을 따른 1차원 Euler 방정식, 식(18)을 유도하라.

[풀이]

다음과 같이 x와 z 방향의 2차원 운동량방정식을 생각하자.

$$u\frac{\partial u}{\partial x} + w\frac{\partial u}{\partial z} = -\frac{1}{\rho}\frac{\partial p}{\partial x} + g_x$$

$$u\frac{\partial w}{\partial x} + w\frac{\partial w}{\partial z} = -\frac{1}{\rho}\frac{\partial p}{\partial z} + g_z$$

여기서 z 방향은 연직상향(vertically upward direction)이다. 위의 식에 각각 dx와 dz를

곱하면 좌변의 이류가속도항의 합은 다음과 같다.

$$u\frac{\partial u}{\partial x}dx + w\frac{\partial u}{\partial z}dx + u\frac{\partial w}{\partial x}dz + w\frac{\partial w}{\partial z}dz$$

$$= \frac{1}{2}\frac{\partial u^2}{\partial x}dx + w\frac{\partial u}{\partial z}dx + u\frac{\partial w}{\partial x}dz + \frac{1}{2}\frac{\partial w^2}{\partial z}dz$$

여기서 유선방정식 $dx/u = dx/w$를 이용하여 위의 식에서 두 번째와 세 번째 항을 다시 쓰면 다음과 같다.

$$\frac{1}{2}\frac{\partial u^2}{\partial x}dx + u\frac{\partial u}{\partial z}dz + w\frac{\partial w}{\partial x}dx + \frac{1}{2}\frac{\partial w^2}{\partial z}dz$$

$$= \frac{1}{2}\frac{\partial u^2}{\partial x}dx + \frac{1}{2}\frac{\partial u^2}{\partial z}dz + \frac{1}{2}\frac{\partial w^2}{\partial x}dx + \frac{1}{2}\frac{\partial w^2}{\partial z}dz$$

$$= \frac{1}{2}\frac{\partial^2(u^2+w^2)}{\partial x}dx + \frac{1}{2}\frac{\partial(u^2+w^2)}{\partial z}dz$$

$$= \frac{1}{2}d(V^2)$$

위에서 $V^2 = u^2 + w^2$을 이용하였다. 그리고 (dx와 dz를 곱한) 운동량방정식에서 우변의 첫 번째 항의 합은 다음과 같다.

$$-\frac{1}{\rho}\frac{\partial p}{\partial x}dx - \frac{1}{\rho}\frac{\partial p}{\partial z}dz = -\frac{dp}{\rho}$$

앞에서 z 방향을 연직상향으로 정의하였으므로 $(g_x,\, g_z) = (0,\, -g)$이다. 따라서 운동량방정식에서 우변의 두 번째 항의 합은 다음과 같다.

$$g_x dx + g_z dz = -g dz$$

그러므로 운동량방정식에 dx와 dz를 곱하여 더한 것은 다음과 같게 된다.

$$\frac{d(V^2)}{2} + \frac{dp}{\rho} + g dz = 0$$

비압축성 유체라고 가정을 하면

$$d\left(\frac{V^2}{2} + \frac{p}{\rho} + gz\right) = 0$$

식(18)과 같은 1차원 운동량방정식이 된다.

운동량 보존(Momentum Conservation)

종교와 과하이 분리되지 않았던 시대에 데카르트(Rene Descartes)는 합리적인 철학자로 유명한데, 어떤 물체가 속한 계에서 운동량의 전체 합이 보존된다고 주장하였다. 운동량 보존에 대한 근거로 그가 내세운 것은 종교적인 것이었는데, 물체의 운동은 원래 신이 부여한 것이기 때문에 생성되지도 소멸되지도 않는다는 것이 운동량 보존의 근거라고 하였다(박민아 등, 2015).

레온하르트 오일러(Leonhard Euler, 1707~1783)

오일러는 정수론, 대수학, 기하학 등 수학의 모든 분야에서 탁월한 업적을 남긴 위대한 수학자이다. 그는 스위스에서 태어나 독일과 러시아를 주무대로 활동하였는데 수학 역사상 가장 많은 논문을 발표한 사람으로 알려져 있다. 말년에는 시력이 약해져서 한쪽 눈만으로 생활하다가 결국에는 양쪽 눈을 다 실명했는데 그럼에도 불구하고 비상한 기억력과 불굴의 의지로 연구 활동을 계속했다고 한다.

　동 프로이센의 수도 쾨니히스베르크(Konigsberg)의 프레골랴(Pregolya) 강 중간에 섬이 있고 다리가 7개가 놓여 도시를 네 부분으로 나누고 있었다. 수학자들 사이에 7개의 다리를 두 번 건너지 않고 한 번에 모두 건너는 방법에 대해 논란이 있었다. 수학자들은 '쾨니히스베르크의 다리' 문제를 들고 당대 최고의 수학자인 오일러를 찾아갔다. 오일러는 탁월한 직관으로 즉석에서 불가능하다고 판단했다고 한다(강석진, 2010).

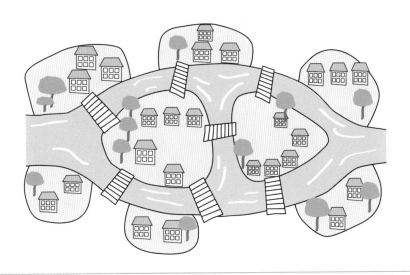

4. 베르누이 방정식

▌4.1 유체의 회전과 변형

　회전은 흐름 특성의 하나로 회전류는 유체입자가 흘러가면서 자체 축을 중심으로 회전할 때 발생한다. Figure 3.8(a)와 같이 유체 입자가 지점 1에서 지점 2로 이동할 때, 벽면에 가까운 윗면이 아랫면보다 유속이 작으므로 유체입자는 자체축을 중심으로 회전하게 된다. 그러나 Figure 3.8(b)의 경우는 속도차가 없으므로 회전하지 않는다. Figure 3.9의 경우도 비슷하다. 두 실린더 사이에 유체가 채워져 있는데 내측의 실린더만 회전하는 경우이다. 내측의 실린더와 가까운 지점에서 유속이 크므로 유체 입자는 Figure 3.9(a)와 같이 회전을 하게 되며, 유속이 균일하다고 가정하면 Figure 3.9(b)와 같이 유체입자는 회전을 하지 않게 된다.

　유체 요소의 회전에 대한 수학식을 유도하기 위하여 Figure 3.10을 살펴보자. δt 동안 C 점에 대한 측면 CA의 회전각은 다음과 같다.

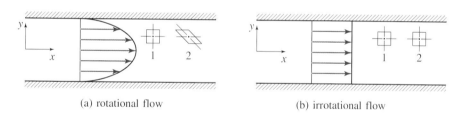

(a) rotational flow　　　　　　　　(b) irrotational flow

Figure 3.8　Rotational flow (a) and irrotational flow (b) between parallel plates

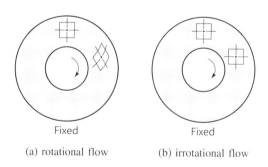

Fixed　　　　　　　　Fixed

(a) rotational flow　　　　　(b) irrotational flow

Figure 3.9　Rotational flow (a) and irrotational flow (b) between two circular cylinders with rotating inner cylinder

$$-\frac{(u+\frac{\partial u}{\partial y}dy)\delta t - u\delta t}{dy} = -\frac{\partial u}{\partial y}\delta t$$

위에서 반시계 방향을 양으로 하였다. 마찬가지로 δt 동안 C점에 대한 측면 CD의 회전각
은 다음과 같다.

$$\frac{(v+\frac{\partial v}{\partial x}dx)\delta t - v\delta t}{dx} = \frac{\partial v}{\partial x}\delta t$$

따라서 측면 CA의 각속도는 $-\partial u/\partial y$이고 측면 CD의 각속도는 $\partial v/\partial x$이다. z 성분의 회전
(rotation)을 z축에 수직인 평면에서 두 각속도의 평균이라고 정의하면 다음과 같다.

$$\omega_z = \frac{1}{2}\left(\frac{\partial v}{\partial x} - \frac{\partial u}{\partial y}\right) \tag{32a}$$

같은 방법으로 회전의 x와 y 성분도 각각 다음과 같이 정의할 수 있다.

$$\omega_x = \frac{1}{2}\left(\frac{\partial w}{\partial y} - \frac{\partial v}{\partial z}\right) \tag{32b}$$

$$\omega_y = \frac{1}{2}\left(\frac{\partial u}{\partial z} - \frac{\partial w}{\partial x}\right) \tag{32c}$$

위의 세 가지 성분 중 하나라도 영이 아니면 회전류이며, 모두 영일 때 비회전류가 된다.
특별히 $2\omega_x$, $2\omega_y$, 그리고 $2\omega_z$를 와도(vorticity)라고 한다. 자연에서 발생하는 흐름 중 회
전류의 대표적인 예가 tornado이다.

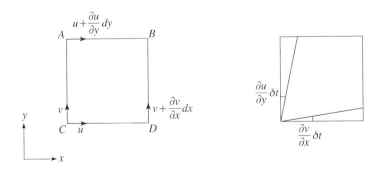

Figure 3.10 Rotation and deformation of a fluid element

▌4.2 유함수와 속도 포텐셜 함수

4.2.1 유함수

정상류와 부정류에 관계없이, 유선 방정식은 다음과 같다.

$$\frac{dx}{u} = \frac{dy}{v} = \frac{dz}{w} \tag{33}$$

여기서 dx, dy, 그리고 dz는 유선의 미소 길이로서 각 방향의 속도성분 u, v, 그리고 w와 평행하다.

한편, 유함수 ψ는 다음과 같이 음성적으로(implicitly) 정의된다.

$$u = \frac{\partial \psi}{\partial y}; \quad v = -\frac{\partial \psi}{\partial x} \tag{34}$$

여기서 유함수(stream function) ψ는 일반적으로 시간과 공간에 대한 함수이다. 유함수를 다음과 같은 2차원 비압축성 유체에 관한 연속방정식에 대입하면 다음과 같다.

$$\frac{\partial u}{\partial x} + \frac{\partial v}{\partial y} = \frac{\partial}{\partial x}\left(\frac{\partial \psi}{\partial y}\right) + \frac{\partial}{\partial y}\left(-\frac{\partial \psi}{\partial x}\right) = 0$$

유함수가 연속방정식을 자동적으로 만족시킴을 알 수 있다. 또한 정상류에 대하여 ψ의 전미분(total differential)은 다음과 같이 쓸 수 있다.

$$d\psi = \frac{\partial \psi}{\partial x}dx + \frac{\partial \psi}{\partial y}dy$$
$$= -v\,dx + u\,dy$$

그러므로 $d\psi = 0$으로부터 유선 방정식을 다시 얻을 수 있다. 즉, $d\psi = 0$ 혹은 $\psi = $ constant가 유선이 되는 것이다.

4.2.2 속도 포텐셜 함수

속도 포텐셜 함수(velocity potential function) ϕ도 유함수와 비슷하게 유속성분을 이용하여 다음과 같이 음성적으로 정의된다.

$$u = \frac{\partial \phi}{\partial x}; \quad v = \frac{\partial \phi}{\partial y} \tag{35}$$

여기서 속도 포텐셜 함수 ϕ는 시간과 공간에 대한 함수이다. 속도 포텐셜 함수를 다음과 같은 z축에 대한 비회전성에 대입하면

$$\omega_z = \frac{1}{2}\left(\frac{\partial v}{\partial x} - \frac{\partial u}{\partial y}\right) = \frac{1}{2}\left[\frac{\partial}{\partial x}\left(\frac{\partial \phi}{\partial y}\right) - \frac{\partial}{\partial y}\left(\frac{\partial \phi}{\partial x}\right)\right] = 0 \tag{36}$$

즉, 속도 포텐셜 함수가 비회전성을 자동적으로 만족시킴을 알 수 있다. 또한 ϕ의 전미분은 다음과 같이 쓸 수 있다.

$$d\phi = \frac{\partial \phi}{\partial x}dx + \frac{\partial \phi}{\partial y}dy$$
$$= u\,dx + v\,dy$$

그러므로 등(等) 포텐셜 선(equi-potential line)을 나타내는 방정식은 $d\phi = 0$ 이다. 이를 이용하여 등 포텐셜 선의 경사로 표현하면 다음과 같다.

$$\frac{dy}{dx}\Big|_\phi = -\frac{u}{v} \tag{37}$$

또한 4.2.1절에서, 임의의 점에서 유선의 경사는 다음과 같으므로

$$\frac{dy}{dx}\Big|_\psi = \frac{v}{u} \tag{38}$$

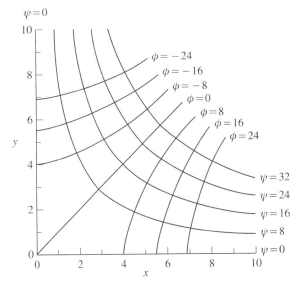

Figure 3.11 Stream function and velocity potential function for flow at 90° corner

등 포텐셜 선의 경사와 유선의 경사를 곱하면 -1이 된다. 즉,

$$\frac{dy}{dx}\Big|_{\phi} \cdot \frac{dy}{dx}\Big|_{\psi} = -1 \tag{39}$$

그러므로 흐름 영역에서 유선과 속도 포텐셜 선이 직교하게 된다. Figure 3.11은 직각의 모서리 부근에서 발생하는 흐름이다. 유선이 모든 지점에서 속도 포텐셜 선과 직교함을 알 수 있다.

Table 3.1 Comparison between velocity potential function and stream function

velocity potential fn. ϕ	stream fn. ψ
$u = \partial\phi/\partial x$; $v = \partial\phi/\partial y$	$u = \partial\psi/\partial y$; $v = -\partial\psi/\partial x$
자동으로 비회전성 만족 (Irrotationality)	자동으로 연속성 만족 (Continuity)
If continuity ($\nabla \cdot \vec{V} = 0$) is introduced, $\nabla^2\phi = 0$	If irrotationality ($\nabla \times \vec{V} = 0$) is introduced, $\nabla^2\psi = 0$

▌4.3 베르누이 방정식

베르누이 방정식을 유도하는 방법은 두 가지가 있다. 하나는 유선을 따라 유도한 1차원 Euler 방정식을 적분하는 것이고, 다른 하나는 정규직교 좌표계에서 유도된 Euler 방정식을 속도 포텐셜 함수를 이용하여 적분하는 것이다. 두 가지 방법에 의해 베르누이 방정식을 유도하고 각각의 유도된 식의 한계점을 파악하여 베르누이 방정식의 적용 특성을 이해할 수 있다.

(i) 유선을 따른 1차원 Euler 방정식으로부터 유도
비압축성 유체의 경우, 유선을 따라 유도된 1차원 Euler 방정식은 다음과 같다.

$$d\left(\frac{p}{w} + \frac{V^2}{2g} + z\right) = 0$$

위의 식을 유선 방향(s)으로 적분하면 다음과 같은 식을 얻을 수 있다.

$$\frac{p}{w} + \frac{V^2}{2g} + z = \text{constant} \tag{40a}$$

위의 식은 각항의 차원이 [L]로서, 각각 압력수두, 속도수두, 위치수두를 나타내며 각 수두의 합이 보존된다는 것을 의미한다. 위의 식에 중력가속도 g를 곱하여 다시 쓰면,

$$\frac{p}{\rho} + \frac{V^2}{2} + gz = \text{constant} \tag{40b}$$

위의 식에서 각 항은 단위 질량당 압력에너지, 운동에너지, 위치에너지를 나타내며, 각각의 에너지의 합이 보존된다는 것을 뜻한다. 식(40)을 유도하면서 비압축성 유체에 대한 가정을 제외하고는 어떠한 가정도 하지 않았으므로, 비압축성 유체에 대하여 유선상의 두 점에서 식(40)이 항상 성립한다고 할 수 있다.

(ii) 정규직교 좌표계의 Euler 방정식으로부터 유도

비압축성, 비점성 유체의 정상상태 흐름에 관한 2차원 Euler 방정식은 다음과 같다.

$$u\frac{\partial u}{\partial x} + w\frac{\partial u}{\partial z} = -\frac{1}{\rho}\frac{\partial p}{\partial x} + f_x \tag{41a}$$

$$u\frac{\partial w}{\partial x} + w\frac{\partial w}{\partial z} = -\frac{1}{\rho}\frac{\partial p}{\partial z} + f_z \tag{41b}$$

비회전류의 경우 속도 포텐셜 함수가 존재하며, 위의 식에서 각 속도 성분은 다음과 같은 속도 포텐셜 함수의 미분형태로 나타낼 수 있다.

$$u = \frac{\partial \phi}{\partial x}, \quad w = \frac{\partial \phi}{\partial z}$$

식(41a)와 식(41b)에 각각 dx와 dz를 곱하여 더하면 다음과 같은 식을 얻는다.

$$d\left(\frac{V^2}{2} + \frac{p}{\rho} - F\right) = 0 \tag{42}$$

여기서

$$V^2 = u^2 + w^2 = \left(\frac{\partial \phi}{\partial x}\right)^2 + \left(\frac{\partial \phi}{\partial z}\right)^2 \tag{43}$$

$$dF = f_x dx + f_z dz \tag{44}$$

위에서 체적력으로 중력만을 고려하면

$$f_i = (f_x, \ f_z) = (0, \ -g)$$

즉,

$$dF = 0 \cdot dx + (-g) \cdot dz$$

이상에서 다음과 같은 베르누이 방정식을 유도할 수 있다.

$$\frac{V^2}{2} + \frac{p}{\rho} + gz = \text{constant} \tag{45}$$

운동에너지의 변화가 없는 경우($dV^2 = 0$), 식(45)로부터 정수역학 방정식(hydrostatic equation)을 유도할 수 있다.

위에서 베르누이 방정식을 유도하면서 속도포텐셜 함수를 이용하였다. 따라서 식(45)는 비회전류에만 적용이 가능하다. 그러나 유선을 따라 유도된 일차원의 Euler 방정식을 적분하여도 식(45)와 동일한 형태의 베르누이 방정식을 유도할 수 있으므로 다음과 같이 정리할 수 있다.

<u>비회전류의 경우에 베르누이 방정식은 모든 흐름 영역에 대하여 적용할 수 있으며, 회전류에서는 동일 유선 위의 흐름에서만 베르누이 방정식을 적용할 수 있다.</u>

다니엘 베르누이(Daniel Bernoulli, 1700~1782)

유체역학은 몰라도 베르누이를 들어보지 않은 사람은 많지 않다. 다니엘 베르누이는 네덜란드의 Groningen 태생으로 아버지 Johann Bernoulli와 큰아버지 Jacob Bernoulli는 당대의 유명한 수학자였다. 다니엘은 어려서부터 수학에 재능을 보였는데, 아버지는 다니엘이 자기와 같은 수학자가 되는 것을 반대하여 의사가 되기를 바랐다. 다니엘은 개인교습 정도를 통해서 수학을 계속 접할 수 있었고, 결국 아버지의 뜻에 따라 의학교육을 받았다. 21세에 의학교육을 마친 다니엘은 대학의 해부학과 생물학 교수직에 지원했으나 실패하였고 (당시 교수 자리는 제비뽑기에 따라 결정되었음), 러시아 제국과학원의 수학교수로 초청을 받았다. 당시 의사들은 체내에 과도하게 피가 누적되면 병이 들었다고 생각하여 정맥을 절개하여 방혈하는 방법을 사용했다. 그러나 혈압을 측정할 방법이 없어 얼마나 방혈을 해야 하는 지 알 수가 없었다. 다니엘은 파이프에 작은 구멍을 뚫어 유리관을 붙여 물기둥의 높이와 파이프 내부의 압력이 비례하는 것을 확인하였다. 이렇게 관수로에서 압력 측정에 성공한 다음, 유속이 증가하면 압력이 감소하고 유속이 감소하면 압력이 증가하는 것을 발견하였다. 이는 유체역학에서 관수로흐름을 정량화하는 결정적인 발견이었다.

1903년은 역사상 처음으로 라이트 형제가 동력 비행기를 조종하여 지속적인 비행에 성공한 해이다. 이후에노 많은 사람들이 비행에 성공하였으나 비행기의 원리를 이론적으로 설명하지 못하였다. 1905년 러시아의 주코프스키는 비행기 날개에 양력이 발생하는 원리를 베르누이 법칙을 가지고 설명하였다.

▌4.4 유선의 법선방향에 대한 베르누이 방정식

Figure 3.12와 같이 폭이 dn이고 두께가 b인 유관의 단면적이 직사각형이라고 가정하자. 유선의 법선방향(n)으로 Newton의 제2법칙을 적용하면 다음과 같다.

$$\sum F_n = dm \frac{V^2}{R}$$

여기서 $dm(=\rho dv)$은 유관의 미소체적 dv에 해당하는 질량이고 R는 곡률반경(radius of curvature)이다. 한편, 위의 식에서 좌변은 외력의 합이며 유선방향의 방정식을 유도할 때와 마찬가지로 압력과 체적력을 고려한다. 위의 식에서 좌변인 외력의 합은 다음과 같다.

$$\sum F_n = -W\cos\theta - \frac{\partial p}{\partial n} dn\, ds\, b$$

$$= -\rho g\, dv\cos\theta - \frac{\partial p}{\partial n} dv$$

여기서 $\cos\theta = dz/dn$이다. 따라서 위의 식은 다음과 같다.

$$\rho dv \frac{V^2}{R} = -\rho g\, dv \frac{dz}{dn} - \frac{\partial p}{\partial n} dv$$

혹은

$$\rho \frac{V^2}{R} = -\rho g \frac{dz}{dn} - \frac{\partial p}{\partial n} \tag{46}$$

중력의 영향을 무시할 수 있는 경우, 위의 식은 다음과 같이 된다.

$$\rho \frac{V^2}{R} = -\frac{\partial p}{\partial n} \tag{47}$$

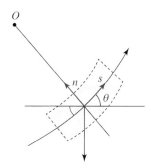

Figure 3.12   Bernoulli equation in the direction normal to the curved streamline

위에서 좌변은 항상 양이므로, 곡률의 중심에서 멀어질수록 압력이 증가함을 알 수 있다. 식(46)을 적분하면,

$$p + \rho \int \frac{V^2}{R} dn + wz = \text{constant} \tag{48}$$

위의 식이 유선의 법선방향으로의 베르누이 방정식이다.

▍예제▍ 유선의 법선방향 운동방정식

아래 그림과 같이 유속이 원점으로부터 거리에 비례하여 증가할 때 압력분포를 구하라. 즉, 유속은 다음 식과 같이 주어지고 $p(r = r_0) = p_0$이다.

$$V(r) = \frac{V_0}{r_0} r$$

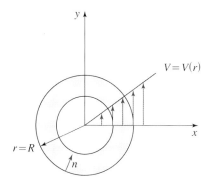

[풀이]

식(47)을 다시 쓰면 다음과 같다.

$$\rho \frac{V^2}{R} + \frac{\partial p}{\partial n} = 0$$

위에서 $\partial/\partial n = -\partial/\partial r$ 이므로

$$\frac{\partial p}{\partial r} = \rho \frac{V^2}{r} = \rho \left(\frac{V_0}{r_0} \right)^2 r$$

위의 식을 적분하면

$$p - p_0 = \frac{\rho V_0^2}{2} \left[\left(\frac{r}{r_0} \right)^2 - 1 \right]$$

위의 식에 의하면 $r = r_0$ 일 때 $p = p_0$ 이다(주어진 조건). $0 \leq r < r_0$ 일 때 $p < p_0$ 이고, $r_0 < r$ 일 때 $p > p_0$ 이며 p 는 r^2 에 비례하여 증가한다.

5. 적분형태의 지배방정식

미분형태의 지배방정식과 마찬가지로 적분형태의 지배방정식도 다음 식(4)와 같은 레이 놀즈 이송정리로부터 유도할 수 있다.

$$\frac{dN}{dt}\bigg|_S = \frac{\partial N}{\partial t}\bigg|_{CV} + \int_{CS} n\rho V_n dA \tag{4}$$

레이놀즈 이송정리에 따르면, 물리량 시스템 N의 변화율 $(dN/dt|_S)$은 검사체적 안에서 N 의 시간에 따른 변화율 $(\partial N/\partial t|_{CV})$과 검사체적 밖으로 나가는 N의 순흐름률$(\int_{CS} n\rho V_n dA)$ 을 합한 것과 같다.

▍5.1 연속방정식

질량 보존에 관한 관계식인 연속방정식을 유도하기 위해 $N = m$을 레이놀즈 이송정리에 대입한다. 정의에 의해 $n = 1$이며, 식(4)는 다음과 같이 된다.

$$\frac{dm}{dt}\bigg|_S = \frac{\partial m}{\partial t}\bigg|_{CV} + \int_{CS} \rho V_n dA \tag{49}$$

임의의 질량 시스템은 생성되거나 파괴되지 않으므로, $dm/dt|_S = 0$. 따라서 위의 식은

$$\frac{\partial m}{\partial t}\Big|_{CV} + \int_{CS} \rho V_n dA = 0 \tag{50}$$

비압축성 유체의 경우 검사체적 내부에서 시간에 따른 질량의 변화는 영이므로, 검사체적 안으로 들어가는 질량과 검사체적 밖으로 나가는 질량의 합은 영이 된다. 즉,

$$\rho \int_{CS} V_n dA = 0 \tag{51}$$

유량과 (단면) 평균유속을 다음과 같이 정의하면,

$$Q = \int_A V_n dA; \ V = \frac{Q}{A} \tag{52}$$

평균유속 V와 단면적 A의 곱으로 정의되는 유량 Q는 체적 흐름률(volume flow rate)을 나타내며, 여기에 밀도 ρ를 곱하면 질량흐름률(mass flow rate)이 된다. 따라서 식(51)은 다음과 같게 된다.

$$\rho AV|_{in} = \rho AV|_{out} \tag{53a}$$

혹은

$$\rho Q = \text{constant} \tag{53b}$$

즉, 임의의 두 단면에서 질량흐름률은 동일하다.

▌5.2 운동량방정식

운동량방정식을 유도하기 위해 운동량 $N = m\vec{V}$를 레이놀즈 이송정리에 대입하면, 정의에 의해 $n = \vec{V}$가 된다. 따라서 식(4)는 다음과 같다.

$$\frac{d}{dt}(m\vec{V})\Big|_S = \frac{\partial}{\partial t}(m\vec{V})\Big|_{CV} + \int_{CS} \vec{V}\rho V_n dA \tag{54}$$

Newton의 제2법칙에 의하면 위의 식에서 좌변은 외력의 총합과 같다. 즉,

$$\frac{d}{dt}(m\vec{V})\Big|_S = \Sigma\vec{F}$$

위의 식을 식(54)에 대입하면

$$\Sigma \vec{F} - \frac{\partial}{\partial t}(m\vec{V})\Big|_{CV} + \int_{CS} \vec{V}\rho V_n dA \tag{55}$$

위의 식을 3차원 성분으로 정리하여 다시 쓰면 다음과 같다.

$$\Sigma F_x = \frac{\partial}{\partial t}(mV)_x\Big|_{CV} + \int_{CS} V_x\rho V_n dA \tag{56a}$$

$$\Sigma F_y = \frac{\partial}{\partial t}(mV)_y\Big|_{CV} + \int_{CS} V_y\rho V_n dA \tag{56b}$$

$$\Sigma F_z = \frac{\partial}{\partial t}(mV)_z\Big|_{CV} + \int_{CS} V_z\rho V_n dA \tag{56c}$$

미분 형태의 지배방정식을 유도할 때와 마찬가지로, 위의 식에서 좌변의 외력은 검사체적에 작용하는 체적력과 표면력으로 구성된다. 1차원의 정상류에 대해서 두 단면에 위의 방정식을 적용하면, 우변은 다음과 같다.

$$\Sigma F_i = \int_{CS} V_i\rho V_n dA = V_{2i}\rho_2 A_2 V_2 - V_{1i}\rho_1 A_1 V_1 \tag{57}$$

비압축성 유체라고 가정하면 위의 식은 다음과 같다.

$$\Sigma F_i = \rho Q(V_{2i} - V_{1i}) \tag{58}$$

▎5.3 에너지방정식

임의의 물리 시스템의 총에너지는 다음과 같이 내부에너지(internal energy, U), 운동에너지(KE), 위치에너지(PE)의 합이다.

$$E = U + KE + PE \tag{59}$$

여기서 내부에너지란 물질의 분자 및 원자 운동과 관련된 에너지를 의미한다. 위의 에너지를 단위 질량에 해당하는 표현으로 바꾸어 쓰면,

$$e = \frac{E}{m} = u + \frac{V^2}{2} + gz \tag{60}$$

위의 에너지에 대해서 레이놀즈 이송정리를 적용하면 다음과 같다.

$$\frac{dE}{dt}\bigg|_S = \frac{\partial E}{\partial t}\bigg|_{CV} + \int_{CS} e\rho V_n dA \tag{61}$$

열역학 제1법칙에 의하면 유체의 시간에 따른 에너지 전달률(dE/dt: the net rate of energy transfer into fluid)은 유체 내부 열의 전달률(dH/dt: the rate at which heat is transferred into the fluid)에서 유체가 주변에 한 일률(dW^*/dt: the rate at which the fluid does work on surroundings)을 빼준 것과 같다. 즉,

$$\frac{dE}{dt} = \frac{dH}{dt} - \frac{dW^*}{dt} \tag{62}$$

여기서 H는 시스템에 가해진 열을 의미하며 W^*는 시스템이 한 일이다. 위의 식을 식(61)에 대입하면,

$$\frac{dH}{dt} - \frac{dW^*}{dt} = \frac{\partial E}{\partial t}\bigg|_{CV} + \int_{CS} e\rho V_n dA \tag{63}$$

위의 식에서 W^*는 축운동에 의한 일(shaft work), 전자기에 의한 일(electric and magnetic work), 점성 전단에 의한 일(viscous shear work), 그리고 유체 흐름에 의한 일(flow work)을 포함한다. 이 중 축운동에 의한 일을 제외하면 검사체적 내에 유체를 유입 혹은 유출시키는 과정에서 발생한 일로서 압력과 관련이 있으므로 두 일을 분리하면 다음과 같다.

$$\frac{dW^*}{dt} = \frac{dW}{dt} + \frac{dW_f}{dt} \tag{64}$$

여기서 W_f는 흐름에 의한 일을 나타내며 W는 축운동에 의한 일을 의미한다. 흐름에 의한 일은 유체가 검사체적에 유입/유출되어 발생하는 일로서 다음과 같다.

$$\frac{dW_f}{dt}\bigg|_S = \frac{p}{\rho}\rho V_n dA\bigg|_{out} - \frac{p}{\rho}\rho V_n dA\bigg|_{in} = \int_{CS} \frac{p}{\rho}\rho V_n dA \tag{65}$$

따라서 일차원 흐름의 경우 식(63)은 다음과 같다.

$$\frac{dH}{dt} - \frac{dW}{dt} = \int \left(\frac{p}{\rho} + u + \frac{V^2}{2} + gz\right)\rho V dA$$

압축성 유체의 경우 내부에너지 u는 중요하지만, 대부분의 비압축성 유체 흐름의 경우 $dH/dt = 0$이고 $u = 0$으로 볼 수 있다. 따라서

$$-\frac{dW}{dt} = \left(\frac{p}{\rho} + \frac{V^2}{2} + gz\right)_2 \rho A_2 V_2 - \left(\frac{p}{\rho} + \frac{V^2}{2} + gz\right)_1 \rho A_1 V_1 \qquad (66)$$

위에서 질량흐름률은 일정하므로 (즉, $\rho Q = dm/dt = \text{constant}$)

$$-\frac{dW}{dt} = \left[\left(\frac{p}{\rho} + \frac{V^2}{2} + gz\right)_2 - \left(\frac{p}{\rho} + \frac{V^2}{2} + gz\right)_1\right] \frac{dm}{dt} \qquad (67)$$

양변을 dm/dt로 나누면

$$-w = \left[\left(\frac{p}{\rho} + \frac{V^2}{2} + gz\right)_2 - \left(\frac{p}{\rho} + \frac{V^2}{2} + gz\right)_1\right] \qquad (68)$$

여기서 w는 단위질량에 해당하는 일($w = dW/dm$)이다.

6. 적분형태 지배방정식의 적용

▌6.1 관수로 흐름

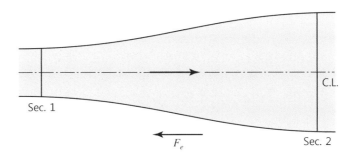

Figure 3.13 Flow in an expanding pipe

위의 그림과 같이 관의 단면적이 증가하는 관수로의 경우 물의 흐름을 생각해 보자. 연속방정식으로부터 다음의 관계식을 얻을 수 있다.

$$A_1 V_1 = A_2 V_2 \qquad (69)$$

위의 그림에서 관의 단면적이 증가하므로($A_1 < A_2$), $V_1 > V_2$임을 알 수 있다. 운동량방정식 식(58)의 좌변에서 ΣF는 압력과 관 확대로 인한 힘(F_e)을 포함하므로, 이를 적용하면 다음과 같다.

$$p_1 A_1 - p_2 A_2 - F_e = \rho Q (V_2 - V_1) \tag{70}$$

여기서 F_e는 단면 확대로 인해 관로가 받는 힘으로 방향은 그림의 화살표 방향으로 가정하였다. 마지막으로 두 단면에 에너지방정식을 적용하면 다음과 같다.

$$\frac{p_1}{w} + \frac{V_1^2}{2g} = \frac{p_2}{w} + \frac{V_2^2}{2g} + h_L \tag{71}$$

여기서 h_L은 단면 확대로 인한 에너지 손실을 의미한다. 위의 식에서 관로가 수평하므로 위치에너지에 대한 항은 무시하였으며, 운동량방정식 및 에너지방정식에서 압력항 p는 단면 전체에 균일하다고 가정한 결과이다.

위의 식에 의하면 관 확대 전의 변수(V_1, p_1)를 알고 확대 후의 변수를 구할 경우, 미지수는 V_2, p_2, F_e, h_L로서 4개이며 방정식의 수는 3개이므로 수학적으로 해석 불능이 된다. 그러나 F_e와 h_L 중에서 물리적으로 덜 중요한 미지수를 무시하여 문제를 해결할 수 있다.

▌예제▐ 굽은 관에 작용하는 힘

아래 평면도와 같이 관경이 반으로 줄면서 45° 굽은 관에 작용하는 힘을 구하라. 유량은 0.1 cms이며 유입부에서의 압력수두는 10 m이다. 단, 굽은 관에서 발생하는 에너지 손실은 무시한다.

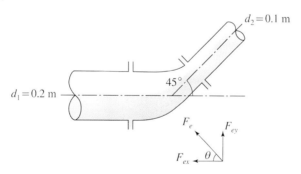

[풀이]

유입부와 유출부를 각각 단면 1과 2라고 하면, 각각의 단면적과 유속은 다음과 같다.

$$A_1 = \frac{\pi d_1^2}{4} = 0.031 \text{ m}^2 : V_1 = 3.23 \text{ m/s}$$

$$A_2 = \frac{\pi d_2^2}{4} = 0.008 \text{ m}^2 : V_2 = 12.66 \text{ m/s}$$

두 단면에 에너지방정식을 적용하면

$$\frac{p_1}{w} + \frac{V_1^2}{2g} = \frac{p_2}{w} + \frac{V_2^2}{2g}$$

따라서 유출부에서의 압력수두는 다음과 같다.

$$\frac{p_2}{w} = \frac{p_1}{w} + \frac{1}{2g}\left(V_1^2 - V_2^2\right) = 2.35 \text{ m}$$

굽은 관에 작용하는 힘을 F_e라 하면 각 방향의 분력은 F_{ex}와 F_{ey}이다. 이제 각 방향에 운동량방정식을 적용한다. x 방향의 운동량방정식은 다음과 같다.

$$\sum F_x = p_1 A_1 - p_2 A_2 \cos 45° - F_{ex} = \rho Q(V_2 \cos 45° - V_1)$$

따라서

$$F_{ex} = (p_1 A_1 - p_2 A_2 \cos 45°) - \rho Q(V_2 \cos 45° - V_1)$$
$$= 0.297 - 0.058 = 0.239 \text{ ton}$$

마찬가지로 y 방향에 대해 적용하면 다음과 같다.

$$F_{ey} = p_2 A_2 \sin 45° + \rho Q V_2 \sin 45° = 0.013 + 0.091 = 0.104 \text{ ton}$$

그러므로 합력 F와 힘의 방향 θ는 다음과 같다.

$$F_e = \sqrt{F_{ex}^2 + F_{ey}^2} = 0.261 \text{ ton}$$
$$\theta = \tan^{-1}(F_{ey}/F_{ex}) = 23.5°$$

┃예제┃ 고정된 날개에 작용하는 힘

그림과 같이 노즐로 부터 물이 분사되어 고정된 날개(vane)에 부딪치며 방향을 $\theta = 45°$ 바꾸고 있다. 유속이 방향을 변한 후에도 크기는 일정하며 날개에 작용하는 마찰력은 무시할 수 있을 때 날개에 작용하는 힘을 구하라.

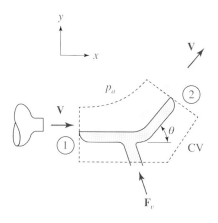

[풀이]

날개에 작용하는 힘을 F_v라 하고, x와 y 방향 성분을 각각 F_{vx}와 F_{vy}라 하자. x와 y 방향의 운동량방정식은 각각 다음과 같다.

$$F_{vx} = \rho Q(V_{2x} - V_{1x})$$
$$F_{vy} = \rho Q(V_{2y} - V_{1y})$$

유속의 방향을 고려하여 위의 식을 다시 쓰면 다음과 같다.

$$F_{vx} = \rho Q(V\cos\theta - V) = -\rho QV(1 - \cos\theta)$$
$$F_{vy} = \rho Q(V\sin\theta - 0) = \rho QV\sin\theta$$

위의 식은 각각 날개에 작용하는 힘의 x와 y 방향 성분을 나타낸다. 식(58)이 벡터식이므로 아래 그림과 같이 운동량 흐름률의 방향을 고려하면 날개에 작용하는 힘을 쉽게 구할 수도 있다.

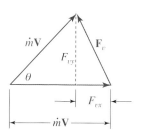

▌6.2 개수로 흐름

Figure 3.14와 같이 하류로 가면서 수심이 증가하는 개수로 흐름에서 두 단면에 지배방

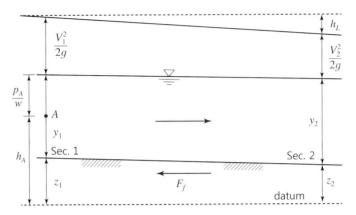

Figure 3.14 Open-channel flow with increased flow depth in the streamwise direction

정식을 적용해 보자. 먼저, 개수로의 폭(B)이 일정하다고 하면, 다음과 같은 연속방정식이 성립한다.

$$y_1 V_1 = y_2 V_2 \tag{72}$$

하류로 갈수록 수심이 증가한다면($y_1 < y_2$), 하류로 갈수록 평균유속은 줄어드는 것을 알 수 있다($V_1 > V_2$). 마찬가지로 두 단면에 운동량 방정식을 적용하면 다음과 같다.

$$\varSigma F = \rho Q (V_2 - V_1)$$

운동량 방정식의 좌변은 검사체적에 작용하는 외력으로 정수압과 바닥 마찰력(F_f)을 들 수 있다. 즉,

$$\varSigma F = \frac{1}{2} w y_1^2 B - \frac{1}{2} w y_2^2 B - F_f$$

따라서 운동량 방정식은 다음과 같다.

$$\frac{1}{2} w y_1^2 - \frac{1}{2} w y_2^2 - F_f / B = \rho q (V_2 - V_1) \tag{73}$$

여기서 q는 단위폭당 유량이다.

개수로 흐름의 경우 각 단면에서 유속은 균일하다고 볼 수 있으나 압력은 수심에 따라 변한다. 두 단면에 에너지방정식을 적용하면 다음과 같다.

$$\left(\frac{p}{w}+\frac{V^2}{2g}+h\right)_1-\left(\frac{p}{w}+\frac{V^2}{2g}+h\right)_2=h_L \tag{74}$$

여기서 $p=p(h)$. 압력이 정수압법칙을 따른다고 가정하면 전 수심에 걸쳐 압력수두와 위치수두의 합은 거의 일정하다(Liggett, 1994). 즉, 전체 수심에 걸쳐 다음 관계가 성립한다.

$$\frac{p}{w}+h=y+z$$

이를 두 단면에 적용하고, $z_1\approx z_2$인 경우 식(74)는 다음과 같다.

$$y_1+\frac{V_1^2}{2g}=y_2+\frac{V_2^2}{2g}+h_L \tag{75}$$

여기서 h_L은 단면 확대로 인한 에너지 손실을 의미한다.

개수로 흐름에서도 단면 2에서의 변수를 구할 경우, 미지수는 V_2, y_2, F_f, h_L로서 4개, 그리고 방정식의 수는 3개이므로 수학적으로 불능이 된다. 따라서 F_f와 h_L 중에서 물리적으로 덜 중요한 미지수를 무시하여 문제를 해결할 수 있다.

┃ 예제 ┃ 수문에 작용하는 힘

아래 그림과 같은 직사각형 수로에서 수문에 작용하는 힘을 구하라. 그림에서 유량 $Q=14$ cms, 폭 $B=5$ m, $y_1=2$ m, 그리고 $y_2=0.5$ m이다.

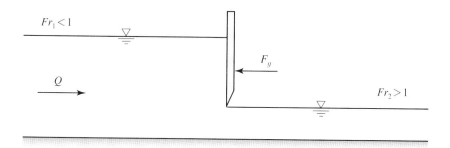

[풀이]

수문 상·하류 지점에 연속방정식, 운동량방정식, 그리고 에너지방정식을 적용하면 다음과 같다.

$$y_1V_1=y_2V_2$$

$$\frac{1}{2}wy_1^2 - \frac{1}{2}wy_2^2 - \frac{F_g}{B} = \rho q(V_2 - V_1)$$

$$y_1 + \frac{V_1^2}{2g} = y_2 + \frac{V_2^2}{2g} + h_L$$

연속방정식으로부터 수문 상·하류의 유속을 계산할 수 있다.

$$V_1 = 1.4 \ m/s \ ; \ V_2 = 5.6 \ m/s$$

운동량방정식으로부터

$$F_g = \frac{1}{2}wy_1^2 B - \frac{1}{2}wy_2^2 B - \rho Q(V_2 - V_1)$$

$$= \frac{1}{2} \times 1000 \times 5 \times (2^2 - 0.5^2) - \frac{1000}{9.8} \times 14 \times (5.6 - 1.4)$$

$$= 3.375 \ ton$$

위의 결과를 에너지방정식에 대입하면 $h_L = 0$이 되어 에너지 손실을 무시할 수 있음을 알 수 있다. ■

✏️ 그림에 제시된 수면형은 엄격히 말하자면 옳지 않다. 경사가 없는 수로에서 상류(常流)에 해당하는 수면형은 H2형으로 수심이 하류로 갈수록 줄어들며 사류(射流)에 해당하는 수면형은 H3형으로 수심이 증가해야 한다.

┃ 예제 ┃ 도수

아래 그림과 같은 1차원 도수 문제에서 도수 전의 수심과 유속을 아는 경우 도수 후의 수심과 유속, 그리고 에너지 손실량을 구하라.

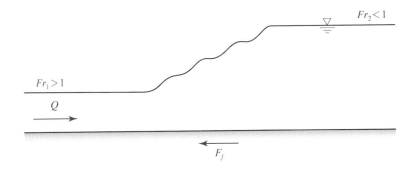

도수 전후의 단면에 연속방정식, 운동량방정식, 그리고 에너지방정식을 적용하면 각각 다음과 같다.

$$y_1 V_1 = y_2 V_2$$

$$\frac{1}{2} w y_1^2 - \frac{1}{2} w y_2^2 - \frac{F_f}{B} = \rho q (V_2 - V_1)$$

$$y_1 + \frac{V_1^2}{2g} = y_2 + \frac{V_2^2}{2g} + h_L$$

여기서 F_f는 도수의 롤러 저면의 마찰력을 나타낸다. 운동량방정식 적용 시 검사체적에 작용하는 외력을 정수압으로 가정하였으므로, 도수의 롤러에서 정수압 법칙이 성립할 만큼 멀리 떨어진 단면을 선택해야 한다. 위의 세 방정식은 앞서 설명한 바와 같이 미지수의 수가 4개이므로 하나의 미지수를 생략해야 한다. 도수에서는 롤러 저면의 마찰력이 에너지 손실에 비해 덜 중요하므로 F_f를 무시한다. 따라서 연속방정식과 운동량방정식으로부터 도수 후의 수심을 구할 수 있는데, 이는 다음과 같다.

$$y_2 = -\frac{y_1}{2} + \frac{y_1}{2} \sqrt{1 + 8 \mathrm{Fr}_1^2}$$

혹은

$$\frac{y_2}{y_1} = \frac{1}{2} \left(\sqrt{1 + 8 \mathrm{Fr}_1^2} - 1 \right)$$

위의 식을 이용하면 도수 전의 수심으로부터 도수 후의 수심을 구할 수 있다. 위의 결과를 에너지방정식에 대입하면 에너지 손실을 구할 수 있으며 이는 다음과 같다.

$$h_L = \frac{(y_2 - y_1)^3}{4 y_1 y_2}$$

참고문헌

- 강석진 (2010). 수학의 유혹. 문학동네.
- 박민아, 선유정, 정원 (2015). 과학, 인문으로 탐구하다. 한국문학사.
- 조용식 (1999). Bernoulli 방정식과 에너지방정식. 한국수자원학회지, 32권, 4호, 61−63.
- 한화택 (2017). 공대생도 잘 모르는 재미있는 공학이야기. 플루토.
- Joung, Y. (2005). Direct Numerical Simulation of Turbulent Flows in Open Channels, Ph. D. Dissertation, Department of Civil and Environmental Engineering. Yonsei University, Seoul, Korea.
- Liggett, J. A. (1994). *Fluid Mechanics*. McGraw-Hill, New York, NY.
- White, F. M. (2003). *Fluid Mechanics* (5th Ed.). McGraw-Hill, New York, NY.

연습문제

1. 다음과 같은 유속 벡터가 비압축성 유체의 연속방정식을 만족시키기 위한 조건은 무엇인가?

$$\vec{V} = (a_1 x + b_1 y + c_1 z)\vec{i} + (a_2 x + b_2 y + c_3 z)\vec{j} + (a_3 x + b_3 y + c_3 z)\vec{k}$$

답 $a_1 + b_2 + c_3 = 0$

2. 운동량 방정식의 이류가속도(convective acceleration)에 관한 다음의 수학적 표현에서 좌·우변이 동일함을 보여라.

$$(\vec{V} \cdot \nabla)\vec{V} = u\frac{\partial \vec{V}}{\partial x} + v\frac{\partial \vec{V}}{\partial y} + w\frac{\partial \vec{V}}{\partial z}$$

3. 운동량 방정식에서 유속의 물질미분(전도함수)은 다음과 같이 전개할 수 있다.

$$\frac{D\vec{V}}{Dt} \equiv \frac{\partial \vec{V}}{\partial t} + (\vec{V} \cdot \nabla)\vec{V}$$

위의 식에서 이류항에 관한 다음 등식이 성립함을 보여라.

$$(\vec{V} \cdot \nabla)\vec{V} = \frac{1}{2}\nabla(\vec{V} \cdot \vec{V}) - \vec{V} \times (\nabla \times \vec{V})$$

답 위의 등식을 이용하여 비회전류의 경우 운동량 방정식에서 유속의 물질미분 항을 간략히 $\frac{\partial \vec{V}}{\partial t} + \frac{1}{2}\nabla(\vec{V} \cdot \vec{V})$로 쓸 수 있다.

4. Navier-Stokes 방정식은 다음과 같다(부록 3.1 참조). 유체가 비압축성이고 비회전류인 경우 아래 식에서 우변의 두 번째 항이 영이 되어 Euler 방정식이 됨을 보여라.

$$\rho\frac{D\vec{V}}{Dt} = -\nabla(p + \rho g z) + \mu\nabla^2\vec{V}$$

답 위의 식에서 $\nabla^2\vec{V} = \text{grad div } \vec{V} - \text{curl curl } \vec{V}$이 성립함을 보인다.

5. 다음은 비점성 유체에 관한 2차원 운동량 방정식이다(아래에서 z는 연직상향).

$$\frac{du}{dt} = -\frac{1}{\rho}\frac{\partial p}{\partial x} + f_x ; \quad \frac{dw}{dt} = -\frac{1}{\rho}\frac{\partial p}{\partial z} + f_z$$

(1) 물질미분(전도함수)을 국부가속도와 이류가속도로 나타내라.
(2) 정상류 조건에서 유선의 방정식을 이용하여 베르누이 방정식을 유도하라.
(3) 베르누이 식으로부터 정수역학 방정식을 유도하라.

답 위의 문제는 4.3절의 (i) 유선을 따른 1차원 Euler 방정식으로부터 유도를 2차원으로 확장한 것으로 위의 방식에 의해 유도된 베르누이 방정식은 아무런 조건 없이 유선 상에 적용하면 성립하게 된다.

6. 그림에서와 같이 폭 1 m인 물막이 보에 작용하는 수평력을 구하라. 깊이에 따른 유속은 균일한 것으로 가정하며 점성에 의한 효과는 무시한다.

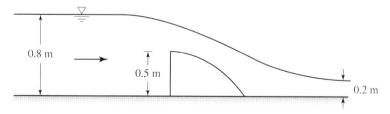

답 0.108 ton

7. 아래와 같은 주름진 ramp에서 유량이 $Q = 5.4$ cms일 때, 수류에 의해 ramp에 작용하는

수평력을 구하라.

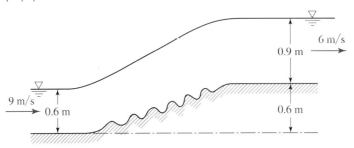

답   1.428 ton (←)

8. 아래 그림과 같이 유체 흐름이 굽은 관을 통과하면서 방향이 바뀌었다. 양 단면에서 단면적은 동일하며 유속의 변화가 없고 압력의 영향을 고려하지 않을 때, 흐름의 방향을 바꾸기 위해 필요한 힘을 구하라.

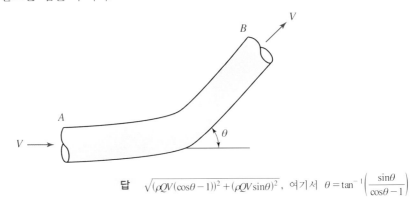

답 $\sqrt{(\rho QV(\cos\theta - 1))^2 + (\rho QV\sin\theta)^2}$, 여기서 $\theta = \tan^{-1}\left(\dfrac{\sin\theta}{\cos\theta - 1}\right)$

9. 그림의 고정날개에 작용하는 힘을 구하라. 분류의 직경은 0.05 m이고 유속은 10 m/s이다.

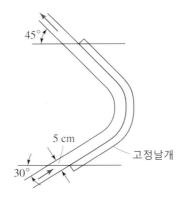

답   311 N

10. 아래 그림에서와 같이 물이 유속 3 m/s와 2 m의 수심으로 흐르다 폭이 변하는 contracting chute를 지나 수심이 1 m가 되었다. 이때 유속을 구하라. 그림에서 $y = 3.5$ m이고 마찰력은 무시한다.

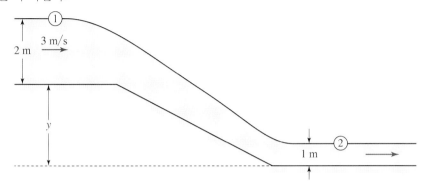

답   9.86 m/s

11. 유속벡터가 $\vec{V} = 0\ \vec{i} + 3xy\ \vec{j} + 0\ \vec{k}$로 주어질 때 회전류 여부를 결정하고 베르누이 정리의 적용방법에 대해서 언급하라.

12. 유선(streamline)과 유함수(stream function)

(1) 유선의 방정식을 유도하라.

(2) 유함수의 정의를 쓰고 유선 방정식과 유함수와의 관계를 기술하라.

13. 유함수

(1) 아래 그림과 같이 개수로 흐름에서 유선이 수평하게 형성되었다. 이것이 의미하는 바는 무엇인가?

(2) 유선의 간격이 a일 때 단면 평균유속을 구하라.

$$\psi_6 = 5a$$
$$\psi_5 = 4a$$
$$\psi_4 = 3a$$
$$\psi_3 = 2a$$
$$\psi_2 = a$$
$$\psi_1 = 0$$

답 $1/a$

14. 다음과 같은 유속 성분에 대하여 질문에 답하라.

$$u = (2x - y)t; \qquad v = -(x + 2y)t$$

(1) 2차원 흐름이 가능한가?

(2) 포텐셜 함수가 존재하는가? 만약 그렇다면 포텐셜 함수를 유도하라.

(3) 베르누이 정리의 적용방법에 대해서 언급하라.

답 가능, $\Phi = (x^2 - y^2)t - xyt$

15. 그림과 같은 벤튜리 미터에서 액주계의 수은주 차가 50 cm이다. A와 B점 사이에서 모든 손실을 무시한다면 유량은 얼마인가?

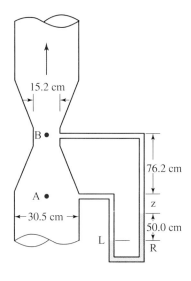

답 0.205 cms

16. 승용차에서 안전벨트를 착용하는 것은 사고 시 생명을 보전하는 데 도움이 된다. 그러나 기차에서는 안전벨트를 착용할 필요가 없는데 그 이유를 운동량 보존 원리를 이용하여 설명하라.

▎부록 3.1: Navier – Stokes 방정식의 유도

점성 유체에 대한 운동량 방정식은 Navier-Stokes 방정식이라 한다. Navier-Stokes 방정식은 1827년 프랑스의 Navier와 1845년 영국의 Stokes에 의해 각각 독립적으로 유도되었다. 유체의 점성을 무시하지 않고 운동량 방정식을 유도하기 위해서는 면에 작용하는 전단응력을 고려해야 한다. 아래와 같은 직육면체의 유체 요소에 Newton의 제2법칙을 적용하면 다음과 같다.

$$\left[(\sigma_x + \frac{\partial \sigma_x}{\partial x}\delta x) - \sigma_x\right]\delta y \delta z + \left[(\tau_{yx} + \frac{\partial \tau_{yx}}{\partial y}\delta y) - \tau_{yx}\right]\delta x \delta z$$
$$+ \left[(\tau_{zx} + \frac{\partial \tau_{zx}}{\partial z}\delta z) - \tau_{zx}\right]\delta y \delta z + f_x \rho \delta x \delta y \delta z \ = \ \rho \delta x \delta y \delta z \frac{du}{dt} \tag{1}$$

여기서 f_i는 i 방향으로의 단위 질량당 체적력을 의미한다. 괄호안의 항들을 정리하고 3차원으로 확장하여 식을 다시 쓰면 다음과 같다.

$$\rho\frac{du}{dt} = \frac{\partial \sigma_x}{\partial x} + \frac{\partial \tau_{yx}}{\partial y} + \frac{\partial \tau_{zx}}{\partial z} + \rho g_x \tag{2a}$$

$$\rho\frac{dv}{dt} = \frac{\partial \tau_{xy}}{\partial x} + \frac{\partial \sigma_y}{\partial y} + \frac{\partial \tau_{zy}}{\partial z} + \rho g_y \tag{2b}$$

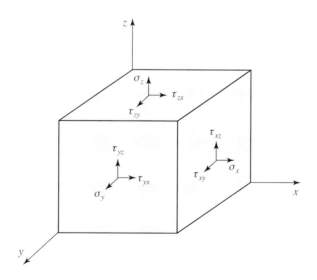

$$\rho \frac{dw}{dt} = \frac{\partial \tau_{xz}}{\partial x} + \frac{\partial \tau_{yz}}{\partial y} + \frac{\partial \sigma_z}{\partial z} + \rho g_z \tag{2c}$$

직육면체 중심에 대한 모멘트가 영이라는 사실로부터 다음의 관계를 얻을 수 있다.

$$\tau_{xy} = \tau_{yx}; \ \tau_{xz} = \tau_{zx}; \ \tau_{yz} = \tau_{zy}$$

위의 식(2)에서 유체를 Newton 유체라고 가정할 경우 전단응력은 다음과 같이 주어진다.

$$\tau_{xy} = \mu \left(\frac{\partial u}{\partial y} + \frac{\partial v}{\partial x} \right) \tag{3a}$$

$$\tau_{xz} = \mu \left(\frac{\partial u}{\partial z} + \frac{\partial w}{\partial x} \right) \tag{3b}$$

$$\tau_{yz} = \mu \left(\frac{\partial v}{\partial z} + \frac{\partial w}{\partial y} \right) \tag{3c}$$

또한 유체가 등방성이라고 가정하면 (isotropic fluids) 수직응력은 다음과 같이 표현된다.

$$\sigma_x = -p + 2\mu \frac{\partial u}{\partial x} + \lambda \left(\frac{\partial u}{\partial x} + \frac{\partial v}{\partial y} + \frac{\partial w}{\partial z} \right) \tag{4a}$$

$$\sigma_y = -p + 2\mu \frac{\partial v}{\partial y} + \lambda \left(\frac{\partial u}{\partial x} + \frac{\partial v}{\partial y} + \frac{\partial w}{\partial z} \right) \tag{4b}$$

$$\sigma_z = -p + 2\mu \frac{\partial w}{\partial z} + \lambda \left(\frac{\partial u}{\partial x} + \frac{\partial v}{\partial y} + \frac{\partial w}{\partial z} \right) \tag{4c}$$

여기서 λ는 2차 점성계수(second coefficient of viscosity)로서 Stokes의 가정에 의해 다음과 같이 쓸 수 있다.

$$\lambda = -\frac{2}{3}\mu \tag{5}$$

위의 식(4a)~식(4c)를 더하면 다음의 관계를 얻을 수 있는데, 수직응력의 총합은 압력의 세 배가 되며 부호가 반대임을 알 수 있다.

$$-\frac{1}{3}(\sigma_s + \sigma_y + \sigma_z) = p$$

식(3)과 식(4)를 식(2)에 대입하여 정리하면 다음과 같은 비압축성 유체의 운동량 방정식인 Navier-Stokes 방정식을 얻는다.

$$\rho \frac{du}{dt} = -\frac{\partial p}{\partial x} + \rho g_x + \mu \left(\frac{\partial^2 u}{\partial x^2} + \frac{\partial^2 u}{\partial y^2} + \frac{\partial^2 u}{\partial z^2} \right)$$

$$\rho \frac{dv}{dt} = -\frac{\partial p}{\partial y} + \rho g_y + \mu \left(\frac{\partial^2 v}{\partial x^2} + \frac{\partial^2 v}{\partial y^2} + \frac{\partial^2 v}{\partial z^2} \right)$$

$$\rho \frac{dw}{dt} = -\frac{\partial p}{\partial z} + \rho g_z + \mu \left(\frac{\partial^2 w}{\partial x^2} + \frac{\partial^2 w}{\partial y^2} + \frac{\partial^2 w}{\partial z^2} \right)$$

위의 식에서 유체의 점성을 영으로 하면 비점성 유체에 관한 운동량 방정식인 Euler 방정식이 된다.

▍부록 3.2: 베르누이 방정식과 에너지방정식(조용식, 1999)

	베르누이 방정식	에너지방정식
출처	Euler 방정식 적분	열역학 제1법칙으로부터 유도
적용	임의의 점	임의의 단면
수두손실	고려할 수 없음	고려할 수 있음
에너지보정계수	적용할 수 없음	적용할 수 있음
회전류	회전류의 경우 유선을 따라서 적용 가능	특별한 제약 없음

▍부록 3.3: 다이버전스와 컬

연산자 ∇ 다음에 스칼라 양이 오면 그레디언트(gradient)이고 벡터 량이 오면 다이버전스(divergence) 혹은 컬(curl)이 된다. 다이버전스와 컬을 2차원 유속 벡터 $\vec{V} = ui + vj$를 가지고 설명할 수 있다. 다음 그림과 같이 x와 y방향으로 각각 길이가 dx와 dy인 직사각형 검사체적을 고려하자. 유속 벡터의 내적은 다음과 같다.

$$\nabla \cdot \vec{V} = 0$$

위의 식을 전개하면

$$\frac{\partial u}{\partial x} + \frac{\partial v}{\partial y} = 0$$

앞에서 살펴 본 바와 같이 위의 식에서 $\partial u / \partial x$는 단위 체적당 x 방향으로 순수하게 빠져나가는 유량(순유출량)을 의미한다. 위의 식이 성립하기 위해 좌변의 첫 번째 항이 양의 값이면 두 번째 항이 음의 값이 되어 검사체적은 점선과 같이 변화하고 이는 질량 보존을 의미하게 된다. 만약에 우변이 영이 아니고 양의 값이라면 팽창, 음의 값이라면 수축을 의미한다.

마찬가지로 유속 벡터의 외적은 다음과 같다.

$$\nabla \times \vec{V} = 0$$

위의 식을 전개하면

$$\frac{\partial v}{\partial x} - \frac{\partial u}{\partial y} = 0$$

위의 식에서 좌변의 첫 번째 항 $\partial v / \partial x$이 양의 값을 갖는다면 원점을 중심으로 검사체적이 반시계 방향으로 회전하게 된 것을 의미한다. 또 두 번째 항인 $\partial u / \partial y$이 양의 값을 가지면 시계 방향으로의 회전을 의미하므로, $-\partial u / \partial y$는 반시계 방향으로의 회전을 의미하게 된다. 반시계 방향으로의 회전을 양으로 정의하면 위의 식에서 좌변의 항들은 검사체적이 반시계 방향으로 회전한 양의 합을 의미한다.

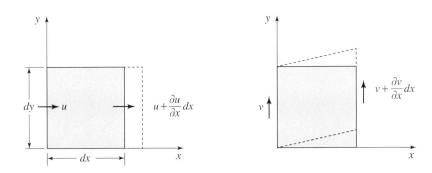

관수로 흐름

리비아의 대수로 공사는 사막에 물을 공급하는 인류 최대 역사(役事) 중의 하나이다. 1단계 공사는 리비아 동부지역의 1,874 km를 송수하여 하루 200만 톤의 물을 공급하며, 2단계 공사는 서부지역으로 1,728 km를 연결해 하루 250만 톤을 공급한다. 중력에 의한 자연 유하식과 펌프를 이용해 송수하며, 관은 프리스트레스 콘크리트 실린더로 직경이 4 m에 달한다.

(사진출처: 연합뉴스 2004년 12월 27일)

1. 개설

수리학에서 흐름은 자유수면 (free surface)의 유무에 따라 개수로 흐름과 관수로 흐름으로 구분한다. 개수로 흐름은 자유수면이 있으며 중력에 의해 유동이 발생하지만, 관수로 흐름은 자유수면이 없고 압력 차이에 의해 유동이 발생한다. 일반적으로 하수관거에서의 흐름은 자유수면이 있어 개수로 흐름이지만 관이 차서 흐르는 경우에는 관수로 흐름이 된다. 또한 관수로 단면적의 80% 이상 차서 흐르는 경우에는 공기의 영향을 고려해야 한다.

관수로에서는 물이 압력이 높은 곳에서 낮은 곳으로 흐른다. 그러므로 높은 지대에 물을 공급하기 위해서는 펌프를 이용하여 낮은 곳의 압력을 높여주어야 한다. 펌프를 이용하여 낮은 곳에서 높은 곳으로 물을 공급하기 위해서는 기본적으로 높이차에 해당하는 위치에너지만큼 동력이 필요하다. 또한, 관수로 흐름에서 에너지 손실이 수반되는데, 이는 주로 관 마찰과 이를 제외한 미소손실(minor loss)에 의한 것이다. 필요한 에너지를 길이로 환산한 것을 손실수두(head loss)라고 하는데, 펌프의 용량이 손실수두보다 커야 물을 통수할 수 있다.

아래 그림은 수평한 관수로에서 물이 흐르는 원리를 설명하고 있다. 그림에서 물은 왼쪽에서 오른쪽으로 흐르는데 이는 위치수두와 압력수두의 합인 피조미터 수두가 왼쪽에서 오른쪽으로 떨어지는 것을 보면 알 수 있다. 물이 흐르는 방향으로 에너지 손실이 발생하게 되어 두 지점에서 손실수두는 h_L이 된다. 관의 직경이 일정하다고 하면 연속방정식에

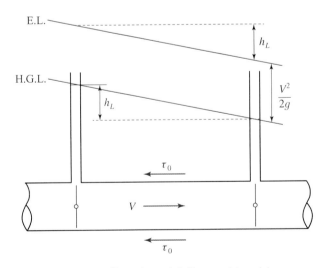

Figure 4.1 Closed-conduit flow and head loss

의해 두 지점의 유속은 일정하며, 따라서 에너지선(EL, Energy Line)과 동수경사선(HGL, Hydraulic Grade Line)은 평행하게 된다. 관로에서 압력차에 의한 관성력으로 인해 흐름이 가속하게 하는데 관벽의 전단응력과 평형을 이루어 관로안의 흐름은 정상상태를 유지하게 된다.

2. 관수로의 층류와 난류

Reynolds는 1883년 다음의 실험장치를 가지고 흐름상태를 층류(laminar flow)와 난류(turbulent flow)로 구분하였다. 즉, 유속이 작을 때에 흐름은 마치 층을 이루며 흐르는데, 이는 관에 주입된 색소가 퍼지지 않고 흘러가는 것으로부터 확인할 수 있었다. 층류 상태에서 점차 유속을 증가시키자, 색소가 위·아래로 퍼져 층의 구분이 없는 혼돈상태(chaos)로 흐름이 변화되었다. 이와 같은 상태의 흐름을 난류라고 한다.

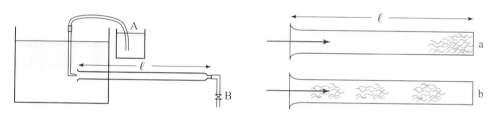

Figure 4.2 Reynolds' 1883 Experiment

층류 혹은 난류를 구분하는 중요한 무차원량은 다음과 같이 정의되는 레이놀즈수이다.

$$Re = \frac{VL}{v} \tag{1}$$

여기서 V와 L은 각각 특성속도와 특성길이를 나타낸다. 식(1)에서 정의된 레이놀즈수는 흐름에서 작용하는 관성력과 점성력의 상대적인 크기를 나타낸다. 예를 들어 동일한 실험장치에서 실험A가 실험B보다 레이놀즈수가 크다고 하면, 실험A에서 발생한 흐름이 실험B보다 관성력이 상대적으로 크게 작용함을 알 수 있다. Reynolds는 특성속도와 특성길이로 각각 평균유속과 관의 지름을 사용하여 다음의 무차원 수가 약 2,000에서 층류가 난류로 변화됨을 발견하였다.

$$Re = \frac{VD}{v} \tag{2}$$

층류와 난류의 경계가 되는 2,000을 한계 레이놀즈수(critical Reynolds number)라 하는데, 이 값이 정확히 난류로 변환되는 경계값을 의미하지 않는다. 실제로는 레이놀즈수가 약 4,000 이후에나 완전히 난류로 변화되어 $Re = 2,000\text{-}4,000$의 구간을 천이(遷移, transition) 구간이라고 한다.

> 📖 Reynolds는 1884년 On the two manners of motion of water라는 논문에서, 층류는 잘 훈련된 군대가 오와 열이 정연한 상태로 행진하는 것으로, 난류는 전혀 훈련되지 않은 군중이 서로 방해하며 몰려가는 것에 비유하여 설명하였다. 이를 통하여 그의 강연에 참석했던 사람들이 그 당시 비교적 새로운 개념이었던 층류와 난류에 대해 어렵지 않게 이해할 수 있었다고 한다(이승준, 1999).

❚ 예제 ❚ 한계 레이놀즈수

층류에서 난류로 천이가 발생하는 한계 레이놀즈수를 2,300 이라고 하자. 직경이 0.1 m인 관수로가 20℃의 물을 통수하고 있다. 천이가 발생할 때의 유속을 구하라.

[풀이]

20℃ 물의 동점성계수는 $v = 1.004 \times 10^{-6}$ m^2/s이다. 한계 레이놀즈수가 2,300이므로 유속은 다음과 같다.

$$V = 2,300 \times v/D$$
$$= 0.023 \ \text{m/s}$$

관의 직경이 0.1 m인 관수로 흐름에서 한계 레이놀즈수에 의해 계산된 유속이 매우 작음을 알 수 있다. 따라서 대부분의 관수로에서 물의 흐름은 난류이다. 그러나 윤활유나 글리세린 같이 점성이 큰 물질의 경우 층류도 가능하다.

3. 관수로 흐름 기본방정식

다음 그림과 같은 관수로 흐름에서 두 단면에 에너지방정식을 적용하면 다음과 같이 쓸 수 있다.

$$\alpha_1 \frac{V_1^2}{2g} + \frac{p_1}{w} + z_1 = \alpha_2 \frac{V_2^2}{2g} + \frac{p_2}{w} + z_2 + h_L \tag{3}$$

여기서 h_L는 손실수두이며 α는 에너지 보정계수로서 다음과 같이 정의된다.

$$\alpha = \frac{\int_A u^3 dA}{V^3 A} \tag{4}$$

전단면에 걸쳐 유속이 균일하다고 가정하면 $\alpha_1 = \alpha_2 = 1$이다. 또한 관의 직경이 일정하여 두 단면에서 유속이 동일하다고 가정하면(즉, $V_1 = V_2$), 손실수두는 다음과 같다.

$$h_L = \frac{1}{w}(p_1 - p_2) + (z_1 - z_2) \tag{5}$$

위의 식에서 우변은 동수경사선의 차이를 나타내며 두 단면에 피조미터를 설치하였을 때 수두차와 동일하다.

한편, 두 단면에 힘의 평형조건을 적용하면 다음과 같은 관계식을 얻을 수 있다.

$$p_1 A - p_2 A + wlA\sin\theta - \tau_o Pl = 0 \tag{6}$$

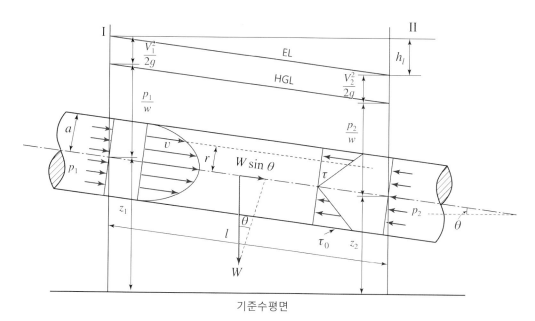

Figure 4.3 Velocity and shear stress distributions in the closed-conduit flow

여기서 τ_o는 윤변 P를 통해 작용하는 평균전단응력이다. $sin\theta = (z_1 - z_2)/l$을 이용해서 위의 식을 다시 쓰면

$$\frac{p_1}{w} - \frac{p_2}{w} + z_1 - z_2 = \tau_o \frac{Pl}{wA} \tag{7}$$

식(5)와 식(7)을 이용하면 손실수두에 관한 다음 식을 얻는다.

$$h_L = \tau_o \frac{l}{R_h w} \tag{8}$$

여기서 $R_h(= A/P)$는 동수반경이다. 위의 식에 의하면 관수로 흐름의 에너지손실은 전단응력, 관의 길이, 그리고 관의 단면형상과 관련 있음을 알 수 있다. 위의 식에서 $h_L/l = S$ 라고 하면 S는 에너지선과 동수경사선의 경사로 모두 동일하다.

Darcy-Weisbach는 손실수두에 관한 다음과 같은 공식을 제시하였다.

$$h_L = f \frac{l}{D} \frac{V^2}{2g} \tag{9}$$

위의 식에 의하면 손실수두는 마찰손실계수 (f)와 관로의 길이 (l), 그리고 속도수두에 비례하며 관의 직경 (D)에는 반비례함을 알 수 있다.

마찰계수(friction factor)는 일반적으로 다음과 같이 레이놀즈수 ($Re = VD/\nu$)와 상대조도 (ε/D)의 함수이다.

$$f = fn\left(Re, \frac{\varepsilon}{D}\right) \tag{10}$$

여기서 ε은 유효조도높이(effective roughness height)이다. 유효조도높이란 Nikuradse의 실험에서와 같이 벽면의 거칠기를 균일한 모래 입자의 직경으로 환산한 것을 의미한다(개수로 수리학에서는 유효조도높이로 k_s를 사용한다).

Nikuradse는 균일 입자의 모래를 관벽에 붙여서 실험을 한 결과 위의 관계를 확인하였고, Figure 4.4와 같이 마찰손실계수를 레이놀즈수와 상대조도높이로 산정할 수 있게 하였다. 그러나 실질적으로 관벽의 거칠기는 균일하지도 않고 미시적인 평균값을 의미하지도 않는다. 실제 오랫동안 사용된 상수관로를 살펴보면 부식 혹은 스케일에 의해 단면의 상당부분이 잠식되어 있는 것을 확인할 수 있다.

이후 L. F. Moody는 상업용 관로에 적용할 수 있도록 Nikuradse의 실험자료를 활용하

여 Figure 4.5(Moody 도표)를 제시하였다. 그림에 의하면 층류 조건 ($Re < 2,000$)에서 마찰계수는 Re만의 함수이며 다음과 같이 주어진다.

$$f = \frac{64}{Re} \tag{11}$$

또한, 완전히 발달한 난류조건에서 마찰계수는 상대조도만의 함수가 된다. 즉,

$$f = fn\left(\frac{\varepsilon}{D}\right) \tag{12}$$

Moody 도표에 의하면 $2,100 < Re < 4,000$ 구간에서 마찰계수 f의 값은 주어지지 않는데 이는 흐름이 층류에서 난류로 천이하기 때문이다. 또한, 관로의 유효조도높이가 영인 경우에도 마찰계수가 영이 아님에 유의하여야 한다. 이는 $\varepsilon = 0$인 경우에도 관로의 마찰손실이 있으며 이는 관수로 흐름에서 유속의 비활조건 때문이다. 또한, Figure 4.5에서 마찰계수 산정을 위한 Re의 범위가 매우 넓음을 알 수 있다. 즉, 난류의 경우 $4 \times 10^3 < Re < 10^8$이다. 그러나 실제 현장에서 특정 규격의 관로에 흐르는 유량의 범위는 상대적으로 매우 좁다.

다음은 관로의 마찰계수 산정을 위한 Colebrook 공식으로 난류에 적용 가능한 방정식이다.

$$\frac{1}{\sqrt{f}} = -2.0 \log\left(\frac{\varepsilon/D}{3.7} + \frac{2.51}{Re\sqrt{f}}\right) \tag{13}$$

사실 Moody 도표를 이용하여 위의 식이 만들어 진 것이 아니고 Moody 도표가 위의 공식을 그림으로 나타낸 것이다. 상대조도와 마찰계수를 알 때, 위의 식을 이용하려면 마찰계수 f를 직접 산정할 수 없고 반복법을 써야 한다. 이는 좌변의 마찰계수를 산정하기 위하여 우변에 이를 가정해야 하기 때문이다. 약간의 부정확한 것을 감수한다면 다음과 같은 Halland(1983) 공식을 사용하여 마찰계수를 반복적이 아닌 직접 산정할 수 있다.

$$\frac{1}{\sqrt{f}} = -1.8 \log\left[\left(\frac{\varepsilon/D}{3.7}\right)^{1.11} + \frac{6.9}{Re}\right] \tag{14}$$

또한, Moody 도표 대신에 다음과 같은 Swamee와 Jain(1976)의 공식을 사용할 수 있다.

$$f = \frac{0.25}{\left[\log_{10}\left(\frac{\varepsilon}{3.7D} + \frac{5.74}{Re^{0.9}}\right)\right]^2} \tag{15}$$

일반적으로 힘을 무차원으로 표현하기 위해서 관성력인 $\rho A V^2/2$으로 나눈다. 따라서 전단력과 관성력의 비를 C_f라 하면 $C_f = \tau_o/(\rho V^2/2)$이다. 이것을 식(8)에 대입하여 다시 쓰면 다음과 같다.

$$h_L = C_f \frac{l}{R_h} \frac{V^2}{2g}$$

위의 식을 Darcy-Weisbach 공식과 비교하면 $f = 4C_f$임을 알 수 있다.

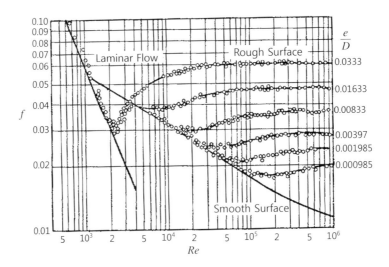

Figure 4.4 Friction factor as a function of Reynolds number and relative roughness(Nikuradse experiments)

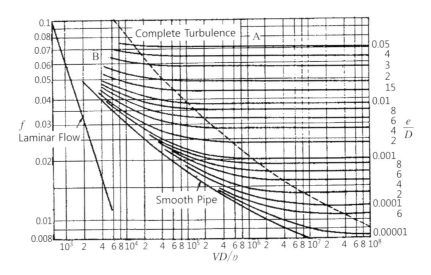

Figure 4.5 Moody diagram

레이놀즈(Osborne Reynolds, 1842~1912) 현대 유체역학의 아버지

레이놀즈는 3대째 성직자의 자리를 이어오며 교육자인 아버지로부터 지속적인 관심과 지도하에 청소년기를 보냈다. 그는 고등학교 교육을 이수한 후 곧바로 대학에 진학하지 않고, 기술회사에서 수습사원으로 경험을 쌓았다. 이후 Cambridge 대학에서 수학을 공부하였고, 26살의 젊은 나이에 맨체스터 대학에서 최초의 공학교수가 되었다. 이는 영국에서도 두 번째의 공학교수가 된 것인데, 레이놀즈의 공학에 대한 흥미는 아버지의 영향이 컸다.

최초로 레이놀즈수가 사용된 것은 1883년의 "평행한 수로안의 물의 운동을 결정짓는 조건과 평행한 수로 안에서의 저항 법칙에 대한 실험적 연구"라는 논문에서였다. 이는 관로 내부를 흐르는 유체의 흐름 상태를 규정할 수 있는 레이놀즈수와 유체 운동의 상사법칙에 대한 발견으로 레이놀즈의 가장 유명한 업적이라 할 수 있다.

레이놀즈는 강의할 때 주제에서 벗어나 곤경에 빠질 때가 종종 있었다. 그가 곤경에서 벗어나는 방법에 대한 몇 가지 우스운 이야기도 전해지고 있다. 한번은 계산자에 대하여 학생들에게 설명하고 있었다. 그는 계산자를 손에 들고서 곱셈을 하는데 필요한 상세한 과정을 설명하였다. "3곱하기 4를 간단한 예로 들어 봅시다." 이렇게 말한 그는 적절한 사용법을 설명한 뒤에 말했다. "이제 결과가 나왔습니다. 3곱하기 4는 11.8이군요." 학생들은 웃었다. "이정도면 상당히 근사치군요." 레이놀즈의 결론이었다.

4. 관수로의 유속분포

▌4.1 층류의 전단응력과 유속분포

그림에서와 같이 관수로 안의 실린더 모양의 미소체적에 작용하는 힘의 평형조건은 다음과 같다.

$$-dp\,\pi r^2 = 2\pi r\,\tau\,dx$$

관벽에서 $(r = R)$ 위의 식은 다음과 같이 된다.

$$-dp\,\pi R^2 = 2\pi R\,\tau_o\,dx$$

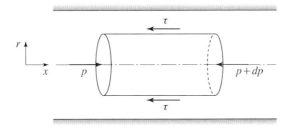

Figure 4.6 Force equilibrium of a rectangular fluid element inside a closed conduit

위의 두 식으로부터 전단응력에 관한 다음의 식을 얻을 수 있다.

$$\tau(r) = \frac{r}{R}\tau_o \tag{16}$$

즉, 관의 중앙에서 ($r=0$) 전단응력은 영이 되고 벽으로 갈수록 선형적으로 증가하여 벽면에서 $\tau = \tau_o$가 된다. 한편, Newton 유체의 경우 전단응력과 속도경사 사이에는 다음의 관계가 성립한다.

$$\tau = -\mu\frac{du}{dr} \tag{17}$$

이상의 식으로부터

$$\frac{du}{dr} = \frac{r}{2\mu}\frac{dp}{dx}$$

위의 식을 적분하면 다음과 같이 유속분포에 관한 식을 얻을 수 있다.

$$u(r) = -\left(\frac{dp}{dx}\right)\frac{R^2}{4\mu}\left(1 - \frac{r^2}{R^2}\right)$$

위에서 dp/dx가 음의 값을 가지므로 유속은 양이 된다. 위의 식을 적분하여 유량과 단면 평균유속을 구하면 각각 다음과 같다.

$$Q = \frac{\pi R^4}{8\mu}\left(-\frac{dp}{dx}\right) \tag{18}$$

$$V = \frac{R^2}{8\mu}\left(-\frac{dp}{dx}\right) \tag{19}$$

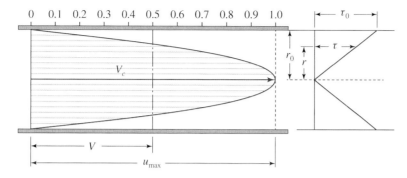

Figure 4.7 Distributions of velocity and shear stress of laminar flow in a closed conduit

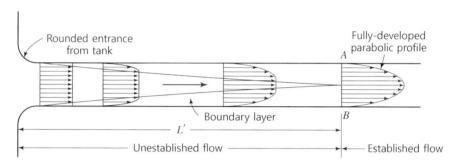

Figure 4.8 Velocity profiles of a laminar flow along a closed conduit

식(18)에 따르면 관의 지름(혹은 반지름)이 2배 증가하면 유량은 16배 늘어나게 되어 관의 크기에 매우 민감함을 알 수 있다. 이러한 흐름은 1839년 G. Hagen과 1840년 J. Poiseuille 에 의해 각각 실험적으로 연구되어 Hagen-Poiseuille 흐름이라고 한다.

Figure 4.7은 관수로 층류의 유속 및 전단응력 분포를 보여준다. 유속은 관벽에서 비활 조건에 의해 영이며 관 중앙에서 최댓값을 보이는 포물선 분포를 보인다. 그리고 식(19)에 의한 단면 평균유속은 중앙의 최대유속의 절반임을 확인할 수 있다. 또한, 유체 내부 전단 응력은 관벽에서 최댓값을 보이며 관의 중앙에서 영인 선형 분포를 보인다.

Figure 4.8은 수조에 연결된 관수로에서 흐름의 발달을 보여준다. 곡선으로 처리된 유입 부를 따라 유속이 발달하는데, 왼쪽 첫 번째 유속분포는 경계층이 시작되는 지점의 유속 으로 벽의 영향이 없는 것을 알 수 있다. 이후에 경계층이 발달하며, 양쪽 벽의 영향이 관의 중앙에서 만나는 지점부터 발달된 흐름(fully developed flow or established flow)이 된다.

┃예제┃ Hagen-Poiseuille 흐름

직경이 $D = 0.06$ m이고 길이 $l = 10$ m인 수평하게 놓인 관수로에 밀도 $\rho = 900$ kg/m^3

이고 동점성계수 $v = 0.0004 \ \mathrm{m^2/s}$ 인 유체가 흐르고 있다.

(1) 단면 (1)과 (2)에서 압력이 각각 $p_1 = 350 \ \mathrm{KPa}$과 $p_2 = 250 \ \mathrm{KPa}$일 때 손실수두를 구하라.

(2) 관수로 흐름이 층류라고 가정하고 유량 및 평균유속을 구하라.

(3) 계산결과에 따르면 층류 가정이 타당한지 확인하라.

[풀이]

(1) 관로가 수평하게 놓여 있으므로 손실수두는 다음과 같다.

$$h_L = \frac{p_1}{w} - \frac{p_2}{w} = (350 - 250) \times 10^3 / (9.8 \times 900)$$
$$= 11.34 \ \mathrm{m}$$

(2) Hagen-Poiseuille 흐름이므로 유량은 다음 공식으로 구한다.

$$Q = \frac{\pi R^4}{8\mu}\left(-\frac{dp}{dx}\right) = \frac{\pi R^4 \Delta p}{8\mu l}$$

여기서 $\Delta p = w h_L$ 이므로

$$Q = \frac{\pi R^4 w h_L}{8\mu l} = \frac{\pi \times 0.03^4 \times 9.8 \times 900 \times 11.34}{8 \times 900 \times 0.0004 \times 10}$$
$$= 0.0088 \ \mathrm{m^3/s}$$

마찬가지로 평균유속은 다음과 같다.

$$V = \frac{R^2 w h_L}{8\mu l} = \frac{0.03^2 \times 9.8 \times 900 \times 11.34}{8 \times 900 \times 0.0004 \times 10}$$
$$= 3.13 \ \mathrm{m/s}$$

(3) 위의 계산 결과를 가지고 레이놀즈수를 구하면 다음과 같다.

$$Re = \frac{VD}{v}$$
$$= 470$$

위의 결과로부터 층류 가정이 타당함을 알 수 있다. ∎

┃ 예제 ┃ 혈관의 팽창률

우리가 계단을 올라가면 심장박동수가 증가한다. 이것은 갑작스러운 체내의 산소요구량을 충족시키기 위해서 심장이 혈관을 통해 흘러가는 피의 양을 늘렸기 때문이다. 우리 몸은 이러한 기작을 통해 우리 근육에 더 많은 산소를 공급하게 된다. 혈관을 통한 피의 양이 늘어나면 혈압을 낮추기 위해 혈관이 팽창되는데, 혈류량 증가에 따른 혈관 팽창률을 구하라(Fernandez, 2014).

[풀이]

앞서 설명한 바와 같이 반지름이 R인 혈관의 혈류량은 다음과 같다.

$$Q = \left(-\frac{dp}{dx}\right)\frac{\pi R^4}{8\mu} = kR^4$$

즉, 혈관을 흐르는 혈류량은 혈관의 반지름의 4승에 비례한다. 위의 식에서

$$k = \left(-\frac{dp}{dx}\right)\frac{\pi}{8\mu}$$

위의 Q에 관한 식을 $R = a$에 대하여 Taylor 급수 전개를 하면 다음과 같다.

$$Q(R) \approx Q(a) + Q'(a)(R - a)$$

위의 식을 정리하면

$$\Delta Q \approx Q'(a)\Delta R$$

위의 근사식을 미분으로 나타내면

$$dQ = Q'(a)dR$$
$$= 4ka^3 dR$$

위의 식의 양변을 Q로 나누면

$$\frac{dQ}{Q} = 4\frac{dR}{a}$$

위의 식에 따르면 혈관의 반지름은 혈류량 변화의 1/4만큼 변하는 것을 알 수 있다. 즉, 혈류량이 4% 증가하면 혈관의 반지름은 1% 변화한다. 이상의 결과는 외부 환경에 대응하는 우리 몸이 얼마나 효율적으로 변화하는 지를 설명해 준다. ▨

▮ 4.2 난류의 유속분포

난류의 유속분포는 독일의 Gottingen Fluid Mechanics Laboratory 소속의 선구적인 과학자들에 의해 연구되었다. 즉, Ludwig Prandtl(1875-1953), Theodor von Karman(1881-1963), Johnann Nikurades(1894-1979)가 그들이다. 난류상태 관수로 흐름의 일반적인 유속분포는 아래의 그림과 같이 경계 (벽) 부근에서 속도경사가 크며 그 이외의 구간에서 유속은 비교적 균일하다. 이는 포물선형인 층류 상태의 유속분포와 구별되는 특징이다.

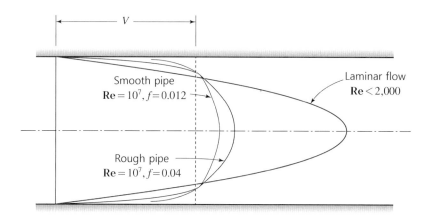

Figure 4.9 Velocity profiles of laminar and turbulent flows for equal flow rates

관수로 안의 흐름이 난류상태인 경우에는 벽에서 매우 가까운 영역에만 유체의 점성이 영향을 미치며 그 이외 대부분의 영역에서는 난류에 의한 점성이 중요한 역할을 한다. 따라서 식(17)과 같이 단순하게 Newton의 점성법칙을 적용하여 유속분포를 구할 수 없으며, 다음과 같이 유체점성과 난류에 의한 점성효과를 함께 고려해야 한다.

$$\tau = -\left(\mu + \mu_t\right)\frac{du}{dr} \tag{20}$$

여기서 μ_t는 난류점성계수(turbulent viscosity) 혹은 와점성계수(eddy viscosity)로서 흐름상태에 따라 변하는 변수이며 일반적인 난류흐름에서 난류에 의한 점성이 유체점성보다 훨씬 크다($\mu_t \gg \mu$).

관수로뿐만 아니라 일반 개수로에서도 적용할 수 있는 유속분포를 알아보기 위해 위 식의 r을 z(벽으로부터의 수직거리)로 바꾸고 유체점성을 무시한 후 식을 다시 쓰면 다음과 같다.

$$\tau = \mu_t \frac{du}{dz} \tag{21}$$

또한 전단응력은 관의 중앙 혹은 자유수면에서 영이고 벽에서 최대이며 선형분포를 보인다는 사실로부터 다음과 같이 표현할 수 있다.

$$\tau = \tau_0 \left(1 - \frac{z}{h}\right) \tag{22}$$

여기서 h는 수심(혹은 관수로의 경우 반지름에 해당)이다. 관에서의 전단응력을 전단속도를 이용해 표현하면 다음과 같다.

$$\tau_0 = \rho u_*^2$$

따라서 식(21)과 식(22)로부터 다음의 관계식을 얻는다.

$$\rho u_*^2 \left(1 - \frac{z}{h}\right) = \mu_t \frac{du}{dz} \tag{23}$$

Prandtl은 혼합거리 이론(mixing length theory)에 착안하여 난류점성계수를 다음과 같이 제안하였다.

$$\mu_t = \rho l^2 \left(\frac{du}{dz}\right) \tag{24}$$

여기서 l은 혼합거리로서 다음과 같이 주어진다.

$$l = \kappa z \tag{25}$$

여기서 κ는 von Karman 상수($=0.41$)이다. 벽 근처에서는 식(23)에서 $z/h \approx 0$이므로 다음과 같이 쓸 수 있다.

$$\rho u_*^2 = \mu_t \frac{du}{dz}$$

여기에 식(24)와 식(25)의 결과를 대입하면 다음과 같다.

$$\rho u_*^2 = \rho \kappa^2 z^2 \left(\frac{du}{dz}\right)^2$$

위의 식을 적분하면 다음의 log형 유속분포를 얻을 수 있다.

$$\frac{u}{u_*} = \frac{1}{\kappa} \ln z + \text{constant} \tag{26a}$$

log 함수의 특성상 바닥에서의 시작점은 $z=0$이 아니고 $z=z_0$로 하여 다음과 같이 쓸 수 있다.

$$\frac{u}{u_*} = \frac{1}{\kappa} \ln\left(\frac{z}{z_0}\right) \tag{26b}$$

4.2.1 수리학적으로 매끈한 벽면 위에서의 유속분포

수리학적으로 매끈한 벽(hydraulically-smooth wall)이란 유효조도높이가 점성저층의 두께보다 훨씬 작은 경우이다. 점성저층의 두께는 흐름상태에 따라 변하므로, 벽면의 거칠기가 일정하여도 흐름상태에 따라 수리학적으로 매끈한 벽이 될 수도 있고 거친 벽이 될 수도 있음에 유의해야 한다.

식(26a)의 우변에서 괄호 안의 z를 무차원화시켜 나타내면 다음과 같다.

$$\frac{u}{u_*} = \frac{1}{\kappa} \ln\left(\frac{u_* z}{\nu}\right) + \text{constant} \tag{27a}$$

Nikurades는 실험을 통하여 위의 상수값이 5.5임을 밝혔다. 즉,

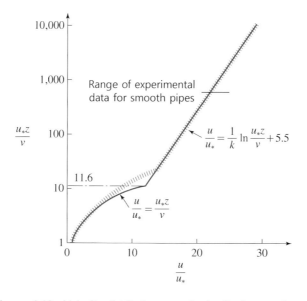

Figure 4.10   Velocity distribution over hydraulically-smooth wall

$$\frac{u}{u_*} = \frac{1}{\kappa} \ln\left(\frac{u_* z}{\nu}\right) + 5.5 \tag{27b}$$

벽면에서 아주 가까운 영역은 벽의 영향으로 난류의 영향에 비해 점성력이 지배적인데 이 구간에서 유속 분포는 수직거리에 비례한다. 이 영역을 점성저층(viscous sublayer) 또는 층류저층(laminar sublayer)이라고 하며, 유속분포는 다음과 같이 주어진다.

$$\frac{u}{u_*} = \frac{u_*}{\nu} z \tag{28a}$$

혹은

$$u^+ = z^+ \tag{28b}$$

여기서 $u^+(=u/u_*)$이고 $z^+(=u_* z/\nu)$로서 이를 벽 단위(wall units)라고 한다. 점성저층의 상부에서는 유속이 log 분포임을 감안하면, 점성저층의 두께는 다음과 같음을 알 수 있다.

$$\delta_v = 10\frac{\nu}{u_*} \tag{29}$$

위의 식으로부터 점성저층의 두께는 흐름 상태에 따라 변함을 알 수 있다.

4.2.2 수리학적으로 거친 벽면 위에서의 유속분포

수리학적으로 거친 벽면 위 흐름에서는 유효조도높이가 점성저층의 높이보다 크게 되어 ($k_s > \delta_v$), 점성저층은 존재하지 않는다. 이때의 유속분포는 식(26b)로부터 다음과 같이 쓸 수 있다.

$$\frac{u}{u_*} = \frac{1}{\kappa} \ln\left(\frac{z}{\varepsilon}\right) + \text{constant} \tag{30}$$

Nikurades는 실험을 통하여 수리학적으로 거친 흐름에서 윗 식의 상수값이 8.5임을 밝혔다. 즉,

$$\frac{u}{u_*} = \frac{1}{\kappa} \ln\left(\frac{z}{\varepsilon}\right) + 8.5 \tag{31}$$

4.2.3 멱급수 형태의 유속분포

난류의 경우 실험을 통해서 유속분포를 얻을 수 있으며, Prandtl은 다음과 같은 식을 제시하였다.

$$\frac{u}{u_*} = 8.74 \left(\frac{u_* z}{\nu} \right)^{1/7} \tag{32}$$

위의 식은 경계층 높이에서 접근유속 U를 회복하므로, 즉 $u(z = \delta) = U$이므로

$$\frac{U}{u_*} = 8.74 \left(\frac{u_* \delta}{\nu} \right)^{1/7} \tag{33}$$

식(32)를 식(33)으로 나누면 다음 식을 얻는다.

$$\frac{u}{U} = \left(\frac{z}{\delta} \right)^{1/7} \tag{34}$$

이를 난류 유속분포에 관한 7승근 법칙(seventh-root law)이라고 한다.

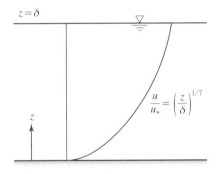

Figure 4.11 Seventh-root law for turbulent flow

❙예제❙ 난류의 유속분포 1

관의 직경(D)이 0.2 m인 관로에 유량(Q) 0.2 m^3/s가 흐르고 있다. 에너지선의 경사(S)가 0.03 m/m이고 유효조도높이(ε)가 0.045 mm라고 할 때 다음 물음에 답하라.

(1) 관벽에 작용하는 전단응력과 마찰속도를 구하라.

(2) 수리학적으로 매끈한 벽면과 거친 벽면에서의 유속분포를 그려라.

(3) 수리학적으로 매끈한 벽면과 7승근 법칙을 이용한 유속분포를 그려라.

[풀이]

(1) 정상상태에서 관벽에 작용하는 전단응력은 다음과 같다.

$$\tau_0 = \rho g R_h S = 1000 \times 9.8 \times \frac{0.2}{4} \times 0.03 = 14.70 \ \text{N/m}^2$$

$$u_* = \sqrt{\frac{\tau_0}{\rho}} = 0.121 \ \text{m/s}$$

(2) 수리학적으로 매끈한 관에서의 유속분포는 식(27)로부터 다음과 같이 쓸 수 있다.

$$\frac{u}{u_*} = \frac{1}{0.4} \ln\left(\frac{0.121}{1.003 \times 10^{-6}} z\right) + 5.5$$

또한 수리학적으로 거친 벽면에서의 유속분포는 식(31)로부터 다음과 같다.

$$\frac{u}{u_*} = \frac{1}{0.4} \ln\left(\frac{z}{0.045}\right) + 8.5$$

위의 식을 그리면 아래 그림 (a)와 같다.

(3) 식(34)에 의한 7승근 법칙과 수리학적으로 매끈한 벽면에서의 유속분포를 비교한 것이 그림 (b)이다. 두 유속 분포가 비슷한 것을 알 수 있다.

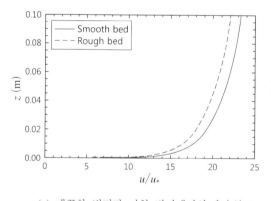

(a) 매끈한 벽면과 거친 벽면에서의 유속분포

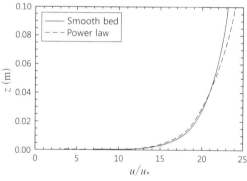

(b) 7승근 법칙과의 비교

▌예제▐ 난류의 유속분포 2

직경이 0.14 m인 관수로에 20℃의 공기가 흐르고 있다. 관로 중앙에서의 유속이 5.0 m/s라고 하면, 전단속도와 관벽에서의 전단응력을 구하라. 단, 수리적으로 매끈한 관수로 흐름으로 가정한다.

[풀이]

20℃ 공기의 밀도 $\rho = 1.204$ kg/m^3, 동점성계수 $\nu = 1.51$ x 10^{-5} m^2/s이므로 log 법칙은 다음과 같다.

$$\frac{u(z)}{u_*} = \frac{1}{\kappa} \ln\left(\frac{u_* z}{\nu}\right) + 5.5$$

관로 중앙에서 유속이 5 m/s 이므로

$$\frac{5.0}{u_*} = \frac{1}{0.41} \ln\left(\frac{u_* \times 0.07}{1.51 \times 10^{-5}}\right) + 5.5$$

위의 식 양변에 u_*가 있으므로 반복법을 사용하여 u_*를 구할 수 있다. 즉,

$$u_* = 0.169 \text{ m/s}$$

또한, 관벽에서의 전단응력은 다음과 같다.

$$\tau_b = \rho u_*^2$$
$$= 0.034 \text{ Pa}$$

5. 관수로의 손실수두

▌5.1 마찰손실수두

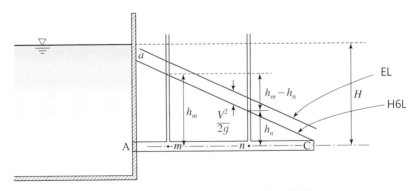

Figure 4.12 Head loss due to pipe friction

Figure 4.12에서와 같이 길이 l인 관을 통해 수조에서 대기 중으로 물을 방출시킬 때, 관로에 의한 마찰손실이 없다고 가정하면 유출부에서의 유속은 오리피스와 같이 $V = \sqrt{2gH}$이다(관경이 일정하다고 하면 연속방정식에 의해 전 관로에 걸쳐 유속은 일정하게 된다). 그러나 그림에서와 같이 임의의 점에 피조미터를 설치하여 수두를 살펴보면 거리에 따라 액주계의 높이가 감소하는데, 이것이 관의 마찰에 의한 에너지 손실 때문이다. Darcy-Weisbach 공식에 의하면 손실수두는 다음과 같다.

$$h_L = f \frac{l}{D} \frac{V^2}{2g}$$

5.2 미소손실

관수로 흐름에는 관로 자체에 의한 마찰손실 이외에도, 유입부(inlet), 유출부(outlet), 곡선부(bend), 그리고 단면의 급축소 및 확대 등에 의한 손실이 있으며 이를 미소손실(minor loss)이라고 한다. 이와 같은 미소손실은 부가적인 난류 유동을 발생시키며 이는 다시 열에너지로의 변환이 이루어져 에너지 손실이 발생된다. 미소손실에 의한 손실수두는 다음과 같다.

$$h_L = K \frac{V^2}{2g} \tag{35}$$

위에서 K는 손실계수(loss coefficient)로서 다양한 경우의 손실계수 값이 Table 4.1에 제시되어 있다.

Figure 4.13은 90° 굽은 관수로에서의 유동현상을 보여주고 있다. 굽은 관로에서 미소손실은 단면적이 변하지 않음에도 불구하고 상당히 크다. 이것은 그림에 제시된 것처럼 횡단면상에 발생하는 이차류(secondary currents) 때문이다. 일반적으로 굽은 관의 내측에서 유속이 외측보다 빠르므로 외측의 압력이 더 크다. 따라서 압력이 큰 영역에서 작은 영역으로 이차류가 발생하고 에너지 손실을 유발하게 된다. 또한, 유체가 굽은 구간에 들어서면서 유선의 박리현상(separation)이 발생하고 일정한 거리가 지난 후에 재부착(re-attachment)이 발생한다. 이 또한 에너지 손실을 유발하며 미소손실 계수에 반영된다.

Table 4.1 Loss coefficients for various transitions and fittings

Description	Sketch	Additional Data	K	
Pipe entrance $h_L = K_e V^2/2g$		r/d 0.0 0.1 >0.2	K_e 0.50 0.12 0.03 1.00	
Contraction $h_L = K_C V_2^2/2g$		D_2/D_1 0.0 0.20 0.40 0.60 0.80 0.90	K_C $\theta = 60°$ 0.08 0.08 0.07 0.06 0.05 0.04	K_C $\theta = 180°$ 0.50 0.49 0.42 0.32 0.18 0.10
Expansion $h_L = K_E V_1^2/2g$		D_1/D_2 0.0 0.20 0.40 0.60 0.80	K_E $\theta = 10°$ 0.13 0.11 0.06 0.03	K_E $\theta = 180°$ 1.00 0.92 0.72 0.42 0.16
90° miter bend		Without vanes	$K_b = 1.1$	
		With vanes	$K_b = 0.2$	
Smooth bend		r/d 1 2 4 6	K_b $\theta = 45°$ 0.10 0.09 0.10 0.12	K_b $\theta = 90°$ 0.35 0.19 0.16 0.21
Threaded pipe fittings	Globe valve-wide open Angle valve-wide open Gate valve-wide open gate valve-half open Return bend Tee 90° elbow 45° elbow		$K_v = 10.0$ $K_v = 5.0$ $K_v = 0.2$ $K_v = 5.6$ $K_b = 2.2$ $K_t = 1.8$ $K_b = 0.9$ $K_b = 0.4$	

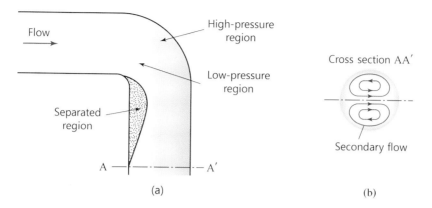

Figure 4.13   Separation and reattachment in an elbow

6.   관수로의 평균유속 공식

▌6.1 Darcy – Weisbach 공식

Darcy-Weisbach의 손실수두 공식을 유속에 대해 정리하면 다음과 같다.

$$V = \sqrt{\frac{8g}{f} R_h S} \tag{36}$$

여기서 $R_h = D/4$이며 $S = h_L/l$로서 에너지선 혹은 동수경사선의 경사를 나타낸다. 위의 식을 일반적인 형태로 다시 쓰면 다음과 같다.

$$V = C' R_h^m S^n \tag{37}$$

즉, Darcy-Weisbach 공식에서 $C' = \sqrt{8g/f}$이며 $m = n = 1/2$이 된다.

▌6.2 Hazen – Williams 공식

Hazen-Williams 공식은 관수로에서 일반적으로 가장 많이 사용되는 공식으로 다음과 같다.

Table 4.2 C values of Hazen-Williams formula

재료		C
보통 코울타르 도장한 주철관	신품	130~135
보통 코울타르 도장한 주철관	통수 5년	120
보통 코울타르 도장한 주철관	10년	110
보통 코울타르 도장한 주철관	15년	105
보통 코울타르 도장한 주철관	20년	95
보통 코울타르 도장한 주철관	30년	85
보통 코울타르 도장한 주철관	40년	80
보통 주철관	(중고)	100
연철관		110~120
놋쇠관, 유리관		140~150
내면고무도장한 소화용 호스		110~140
흄관 100~600 mm		150
흄관 100 mm 이하		120~140
보통 콘크리트관		120~140

$$V = 0.8494\, C R_h^{0.63} S^{0.54} \ \ (\mathrm{m/s}) \tag{38a}$$

$$V = 1.318\, C R_h^{0.63} S^{0.54} \ \ (\mathrm{ft/s}) \tag{38b}$$

▌6.3 Manning의 평균유속 공식

주로 개수로에 많이 사용되는 Manning의 평균유속 공식은 다음과 같다.

$$V = \frac{1}{n} R_h^{2/3} S^{1/2} \ \ (\mathrm{m/s}) \tag{39a}$$

$$V = \frac{1.486}{n} R_h^{2/3} S^{1/2} \ \ (\mathrm{ft/s}) \tag{39b}$$

여기서 n은 Manning의 조도계수이다. Manning의 평균유속 공식과 Darcy-Weisbach의 공식을 서로 비교하여 n과 f의 관계식을 유도하면 다음과 같다.

$$f = \frac{124.6 n^2}{D^{1/3}} \tag{40}$$

Darcy-Weisbach 공식의 마찰계수 f가 n과 D의 함수로 표시되는 것은 n이 차원을 갖기 때문이며 n은 $[\mathrm{L}^{1/6}]$의 차원임을 알 수 있다. 원래 Manning 공식은 개수로에 사용되는 공식으로 관수로의 조도계수의 값은 다음 표가 제시하는 Ganguillet-Kutter 공식의 n 값을 사용한다.

Table 4.3 n values of Ganguillet-Kutter formula

재료 및 윤변의 상태	n	n의 평균치
놋쇠관, 유리관	0.009~0.012	0.011
용접강철관	0.010~0.013	0.012
도장한 주철관	0.010~0.013	0.012
도장하지 않은 주철관(新)	0.012~0.014	0.013
도장하지 않은 주철관(古)	0.014~0.018	–
시장 연철관	0.012~0.014	0.013
도금한 시장 연철관	0.013~0.015	0.014
600 cm 이상의 대철관	–	0.012
보통 콘크리트관	0.012~0.016	0.014
흄 관	0.011~0.014	0.012

7. 단일관수로와 복합관수로

▌7.1 대기 중으로 방출되는 관수로

다음 그림과 같은 저수지의 자유수면과 유출부 단면에 에너지방정식을 적용하면 다음과 같다.

$$\frac{V_1^2}{2g} + \frac{p_1}{w} + z_1 = \frac{V_2^2}{2g} + \frac{p_2}{w} + z_2 + h_L \tag{41}$$

여기서 $V_1 \cong 0$, $p_1 = p_2 = 0$, 그리고 $z_1 - z_2 = H$이다. 그러므로

$$H = \frac{V_2^2}{2g} + h_L$$

위의 식에서 손실수두는 유입부에 의한 손실수두와 관의 마찰에 의한 손실수두의 합이다. 즉,

$$H = \frac{V_2^2}{2g} + f_e \frac{V_2^2}{2g} + f \frac{l}{D} \frac{V_2^2}{2g} \tag{42}$$

따라서

Figure 4.14 A single pipeline from a reservoir

$$V_2 = \sqrt{\frac{2gH}{1 + f_e + f\,l/D}} \tag{43}$$

만약 유출부에 지름이 D_0인 노즐이 연결되어 있어 유속을 증가시킨다면, 손실수두에 단면 점축소에 의한 손실수두 $h_{gc}\,(= f_{gc}V_0^2/(2g))$가 포함되어야 한다. 즉,

$$H = f_e \frac{V_2^2}{2g} + f\frac{l}{D}\frac{V_2^2}{2g} + f_{gc}\frac{V_0^2}{2g} + \frac{V_0^2}{2g} \tag{44}$$

연속방정식에 의해 V_2와 V_0의 관계식을 얻을 수 있고($V_0 = V_2\,(D/D_0)^2$), 이를 정리하면 관 내의 유속은 다음과 같다.

$$V_2 = \sqrt{\frac{2gH}{(D/D_0)^4\,(1 + f_{gc}) + f_e + f\,l/D}} \tag{45}$$

위의 식을 이용하여 노즐에서의 유출속도 V_0도 구할 수 있다.

▌7.2 수조를 연결하는 단일관로

다음 그림과 같은 두 수조에서 수면에 에너지방정식을 적용하면 다음과 같다.

$$z_1 = z_2 + h_L \tag{46}$$

두 수조의 수위차를 H라 하고, 유입 및 유출 그리고 관마찰에 의한 손실을 고려하면

$$H = \left(f_e + f\frac{l}{D} + f_o\right)\frac{V^2}{2g} \tag{47}$$

위의 식을 유속에 대해서 정리하면

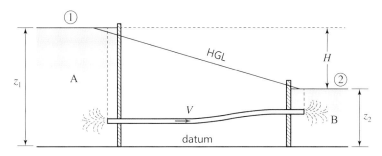

Figure 4.15   A pipeline connecting two reservoirs

$$V = \sqrt{\frac{2gH}{1.5 + f\,l/D}} \qquad (48)$$

여기서 $f_e = 0.5$ 그리고 $f_o = 1.0$을 각각 사용하였다.

7.3 직렬 관수로

다음 그림과 같이 두 수조에 관경이 다른 관수로가 직렬로 연결된 경우를 생각해 보자. 두 수조의 수위차가 H일 때, 두 수면에 에너지방정식을 적용한 결과는 다음과 같다.

$$H = h_e + h_{L1} + h_{ac} + h_{L2} + h_o \qquad (49)$$

여기서 h_e, h_{ac}, h_o는 각각 유입, 급축소, 유출에 의한 미소손실계수이고 h_{L1}과 h_{L2}는 각각 관로 1과 2의 마찰손실계수를 나타낸다. 관로가 길 경우 (l/D가 클 때) 미소손실은 마찰손실에 비해 작으므로 무시할 수 있다. 따라서 위의 식은 다음과 같이 된다.

$$H = f_1 \frac{l_1}{D_1} \frac{V_1^2}{2g} + f_2 \frac{l_2}{D_2} \frac{V_2^2}{2g} \qquad (50)$$

연속방정식에 의하면 $V_1 = V_2 (D_2/D_1)^2$이므로 관수로 2에서의 유속은 다음과 같다.

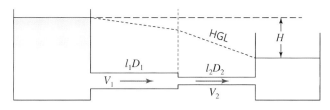

Figure 4.16   Series piping

$$V_2 = \sqrt{\frac{2gH}{f_1 l_1 / D_1 (D_2/D_1)^4 + f_2 l_2 / D_2}} \tag{51}$$

▌예제 ▌ 직렬 관수로

그림과 같은 직렬 관수로에서 A와 B점의 압력차는 $\varDelta p (= p_A - p_B) = 150$ KPa이다. 관로 안에 물($v = 1.02 \times 10^{-6}$ m³/s)이 흐를 때 유량을 구하라.

Pipe	l(m)	d(cm)	ε(mm)	ε/d
1	100	8	0.24	0.003
2	150	6	0.12	0.002

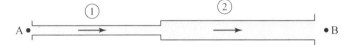

[풀이]

주어진 조건에서 손실수두는 다음과 같다.

$$h_L = \frac{p_A - p_B}{w} = \frac{150 \times 1,000}{9.8 \times 1,000}$$

$$= 15.3 \text{ m}$$

연속방정식으로부터

$$V_2 = \frac{D_1^2}{D_2^2} V_1 = \frac{16}{9} V_1$$

$$Re_2 = \frac{V_2 D_2}{V_1 D_1} Re_1 = \frac{4}{3} Re_1$$

따라서 손실수두에 관한 식은 다음과 같다.

$$h_L = f_1 \frac{l_1}{D_1} \frac{V_1^2}{2g} + f_2 \frac{l_2}{D_2} \frac{V_2^2}{2g} = \frac{V_1^2}{2g} \left[f_1 \frac{l_1}{D_1} + f_2 \frac{l_2}{D_1} \times \left(\frac{16}{9} \right)^2 \right]$$

(i) $V_1 = 1.0$ m/s라 가정하면, $Re_1 = 80,000$, $f_1 = 0.028$이다. 그리고 $V_2 = 1.78$ m/s이고, $Re_2 = 106,700$, $f_2 = 0.025$이다. 이상의 결과를 가지고 손실수두 관계식으로부터 V_1 을 역산하면 $V_1 = 1.13$ m/s를 얻는다.

(ii) $V_1 = 1.13$ m/s인 경우, $Re_1 = 90,400$, $f_1 = 0.028$이다. 그리고 $V_2 = 2.0$ m/s이고, Re_2

$=120,500$, $f_2 = 0.025$이다. 이상의 결과를 가지고 손실수두 관계식으로부터 V_1을 역산하면 $V_1 = 1.13 \text{ m/s}$를 얻는다.

계산된 유속으로부터 유량은 $Q = 0.0057 \text{ m}^3/\text{s}$이다.

7.4 병렬 관수로

다음 그림과 같이 병렬로 연결된 관수로를 생각해 보자. 각 관수로가 통수하는 유량의 합이 전체 유량이 되고, 각 분기관에서 손실수두는 H로 동일하다. 이를 식으로 표현하면 다음과 같다.

$$Q = Q_1 + Q_2 + Q_3 \tag{52}$$

$$H = h_{L1} = h_{L2} = h_{L3} \tag{53}$$

여기서 미소손실을 무시하고 각 관의 손실수두를 표현하면

$$h_{Li} = f_i \frac{l_i}{D_i} \frac{V_i^2}{2g} (= H) \tag{54}$$

이상의 식을 연립하여 해석하면 병렬 관수로 문제를 해결할 수 있다.

일반적으로 병렬 관수로 문제는 다음과 같은 두 가지 형태로 분류된다.

(i) H가 주어지고 Q를 구하는 문제

(ii) Q가 주어지고 Q_i를 구하는 문제

첫 번째 문제는 손실수두 공식을 이용해 각 분기관의 유속을 구한 후 각 유량을 합하여 전체 유량을 결정할 수 있다. 두 번째 문제는 첫 번째 문제보다 복잡하며, 다음과 같은 반복절차를 따른다.

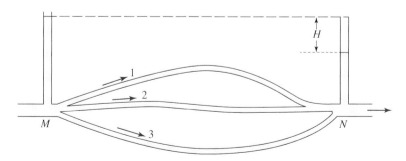

Figure 4.17 Parallel piping

① 관수로 1의 Q_1^*를 가정한다.

② Q_1^*를 가지고 h_{L1}^*를 구한다.

③ h_{L1}^*를 이용하면 나머지 Q_2^*와 Q_3^*를 구할 수 있다.

④ 계산 결과를 이용해 각 분기관의 유량을 재분배한다.

$$Q_i = \frac{Q_i^*}{\sum_i Q_i^*} Q \tag{55}$$

⑤ 계산된 Q_i를 이용해 h_{Li}를 계산하여 정확도를 검토한다.

📝 앞의 병렬 관수로에서 M과 N점과 사이에 손실수두는 액주계에서의 수두차와 같다고 보는 것은 관로에서 에너지 손실은 압력강하로 표현되기 때문이다(즉, $h_L = \Delta p/w$). 그러나 좀 더 엄밀하게 살펴보기 위하여, 두 단면에 에너지방정식을 적용하면

$$\frac{p_M}{w} + \frac{V_M^2}{2g} + z_M = \frac{p_N}{w} + \frac{V_N^2}{2g} + z_N + h_L$$

여기서 액주계의 수두차는 다음과 같이 표현되므로

$$H = \left(\frac{p_M}{w} + z_M\right) - \left(\frac{p_N}{w} + z_N\right)$$

그러므로 액주계의 수두차(H)가 손실수두(h_L)가 되기 위해서는 두 단면에서 속도수두가 같아야 한다는 사실을 알 수 있다.

▌예제▐ 병렬 관수로

아래 그림과 같은 병렬관수로에서 전체 손실수두가 10.0 m일 때 유량을 구하라. 각 관수로의 제원은 앞의 예제와 같다.

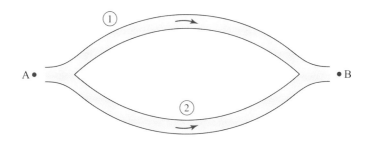

[풀이]

손실수두에 관한 관계식은 다음과 같다.

$$h_L = f_1 \frac{l_1}{d_1} \frac{V_1^2}{2g} = f_2 \frac{l_2}{d_2} \frac{V_2^2}{2g}$$

혹은

$$10 = 1250 f_1 \frac{V_1^2}{2g} = 2500 f_2 \frac{V_2^2}{2g}$$

(i) $V_1 = 1.0$ m/s라 가정하면, $Re_1 = 80,000$, $f_1 = 0.028$이다. 손실수두 관계식으로부터 유속을 역산하면, $V_1 = 2.37$ m/s를 얻는다.

(ii) $V_1 = 2.37$ m/s이면, $Re_1 = 189,600$, $f_1 = 0.027$이다. 손실수두 관계식으로부터 유속을 역산하면, $V_1 = 2.41$ m/s를 얻는다.

(iii) $V_1 = 2.41$ m/s이면, $Re_1 = 192,800$, $f_1 = 0.027$이다. 손실수두 관계식으로부터 유속을 역산하면, $V_1 = 2.41$ m/s를 얻는다. 계산결과가 가정값과 일치하므로 $Q_1 = 0.0121$ m^3/s이다.

마찬가지로 ②번 관로에 대해서도 반복법으로 유속을 구하면 $V_2 = 1.77$ m/s이고 $Q_2 = 0.005$ m^3/s이다. 따라서 병렬관의 유량은 $Q = Q_1 + Q_2 = 0.0171$ m^3/s이다. ■

7.5 분기관수로

다음 그림에서와 같이 수조 A에서 분기관에 의해 수조 C 및 D로 송수하는 경우를 생각하자. 분기점 B에서의 손실수두를 H_0, 그리고 수조 A와 수조 C 및 D의 수위차를 각각 H_1 그리고 H_2라고 하면, 다음 식이 성립한다.

$$H_0 = \left(f_e + f \frac{l}{D} \right) \frac{V^2}{2g} = kQ^2 \tag{56a}$$

$$H_1 - H_0 = \left(f_0 + f_{br} + f_1 \frac{l_1}{D_1} \right) \frac{V_1^2}{2g} = k_1 Q_1^2 \tag{56b}$$

$$H_2 - H_0 = \left(f_0 + f_{br}{'} + f_2 \frac{l_2}{D_2} \right) \frac{V_2^2}{2g} = k_2 Q_2^2 \tag{56c}$$

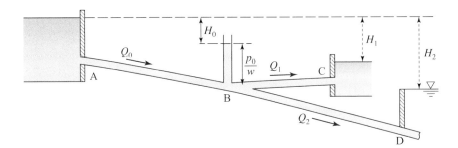

Figure 4.18 Branch piping

여기서 f_e와 f_o는 각각 관로 유입 및 유출에 따른 미소손실계수이고 f_{br}과 f_{br}'은 분기에 따른 미소손실계수를 나타낸다. 위의 식에서

$$k = \left(f_e + f\frac{l}{D} \right) \frac{1}{2g} \left(\frac{4}{\pi D^2} \right)^2$$

$$k_1 = \left(1 + f_{br} + f_1\frac{l_1}{D_1} \right) \frac{1}{2g} \left(\frac{4}{\pi D_1^2} \right)^2$$

$$k_2 = \left(1 + f_{br}' + f_2\frac{l_2}{D_2} \right) \frac{1}{2g} \left(\frac{4}{\pi D_2^2} \right)^2$$

B점에서 수두를 가정하고 위의 식을 연립하여 해석하면 분기관을 통해 배분되는 유량을 구할 수 있다.

🔖 수조 A의 수면과 단면 B에 에너지방정식을 적용하면 다음과 같다.

$$z_s = \frac{p_o}{w} + \frac{V^2}{2g} + z_B + h_L$$

여기서 단면 B의 손실수두는 $H_o = z_s - (p_o/w + z_B)$이므로 위의 식은 다음과 같다.

$$H_o = \frac{V^2}{2g} + h_L = \left(1 + f_e + f\frac{l}{D} \right) \frac{V^2}{2g}$$

따라서 앞의 절차에서 속도수두가 무시되었음을 알 수 있으며 이는 관로의 마찰 손실량에 비해 작으므로 타당하다.

▌예제 ▌ 분기 관수로

아래와 같은 분기 관수로에서 수면의 높이가 각각 $z_1 = 5$ m, $z_2 = 20$ m, 그리고 $z_3 = 13$ m 일 때 각 관로에서의 유량을 구하라. 단, 마찰계수는 일정하고 미소손실은 무시한다.

pipe	l(m)	D(m)	f
1	500	0.10	0.025
2	750	0.15	0.020
3	1,000	0.13	0.018

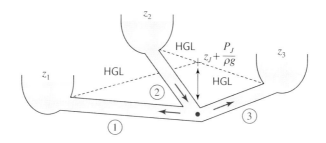

[풀이]

분기점에서 수두를 H_j라 하고 각 관로에서 흐름 방향을 화살표와 같이 가정하면, 각 관로의 손실수두에 관한 식은 다음과 같다.

$$H_j - 5 = f_1 \frac{l_1}{D_1} \frac{V_1^2}{2g}$$

$$20 - H_j = f_2 \frac{l_2}{D_2} \frac{V_2^2}{2g}$$

$$H_j - 13 = f_3 \frac{l_3}{D_3} \frac{V_3^2}{2g}$$

(i) 분기점에서의 수두를 $H_j = 15$ m로 가정하고 위의 식을 해석하면 각 관로에서 다음과 같은 유속과 유량을 얻는다.

$$V_1 = 1.252 \text{ m/s}, \ Q_1 = 0.0098 \text{ m}^3/\text{s}$$

$$V_2 = 0.990 \text{ m/s}, \ Q_2 = 0.0175 \text{ m}^3/\text{s}$$

$$V_3 = 0.532 \text{ m/s}, \ Q_3 = 0.0071 \text{ m}^3/\text{s}$$

분기점에서 유량을 검토하면 다음과 같다.

$$\Sigma Q_j = -Q_1 + Q_2 - Q_3 = 0.0006 \ \mathrm{m^3/s}$$

분기점으로 들어오는 유량이 더 많다는 것을 의미하므로 H_j를 증가시킨다.

(ii) 분기점에서의 수두를 $H_j = 16$ m로 가정하고 다시 해석하면 다음과 같은 유속과 유량을 얻는다.

$$V_1 = 1.313 \ \mathrm{m/s}, \ Q_1 = 0.0103 \ \mathrm{m^3/s}$$
$$V_2 = 0.885 \ \mathrm{m/s}, \ Q_2 = 0.0156 \ \mathrm{m^3/s}$$
$$V_3 = 0.652 \ \mathrm{m/s}, \ Q_3 = 0.0087 \ \mathrm{m^3/s}$$

분기점에서 유량을 검토하면 다음과 같다.

$$\Sigma Q_j = -Q_1 + Q_2 - Q_3 = -0.0034 \ \mathrm{m^3/s}$$

분기점에서 유량의 총합이 음이므로 수두의 가정값이 크다는 것을 의미한다.

(iii) 위의 결과를 가지고 분기점에서 유량의 총합이 영이 되도록 선형보간을 하면 $H_j = 15.15$ m를 얻는다. 이 값을 가지고 다시 해석하면 다음과 같은 유속과 유량을 얻는다.

$$V_1 = 1.262 \ \mathrm{m/s}, \ Q_1 = 0.0099 \ \mathrm{m^3/s}$$
$$V_2 = 0.975 \ \mathrm{m/s}, \ Q_2 = 0.0172 \ \mathrm{m^3/s}$$
$$V_3 = 0.552 \ \mathrm{m/s}, \ Q_3 = 0.0073 \ \mathrm{m^3/s}$$

분기점에서 유량의 총합은 영으로 충분히 정확한 결과임을 확인할 수 있다. ▪

8. 관망해석

상수도 급수관과 같이 여러 관이 서로 연결되어 이루는 관수로를 관망(pipe network)이라고 하며, 각 관로에 흐르는 유량 및 압력을 구하는 것을 관망해석이라고 한다. 관망해석을 위해서는 여러 가지 방법이 있으나 일반적으로 Hardy Cross 방법이 많이 사용된다.

다음 그림과 같은 관망에서 절점의 수(n')가 6개이고 폐합관의 수(m)가 2개인 관망을 생각해 보자. 각 절점에 대해서 다음과 같은 n'개의 연속방정식이 성립한다.

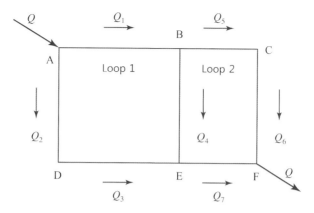

Figure 4.19 Pipe network

$$\sum_A Q = Q - Q_1 - Q_2 = 0 \tag{57a}$$

$$\sum_B Q = Q_1 - Q_4 - Q_5 = 0 \tag{57b}$$

$$\sum_C Q = Q_5 - Q_6 = 0 \tag{57c}$$

$$\sum_D Q = Q_2 - Q_3 = 0 \tag{57d}$$

$$\sum_E Q = Q_3 + Q_4 - Q_7 = 0 \tag{57e}$$

$$\sum_F Q = Q_6 + Q_7 - Q = 0 \tag{57f}$$

또한 폐합관에서 손실수두를 시계방향의 경우 양(+), 반시계 방향의 경우를 음(−)으로 정하면, 두 개의 폐합관에 대해 다음과 같은 에너지방정식이 성립한다.

$$\sum_1 h_L = k_1 Q_1^2 + k_4 Q_4^2 - k_3 Q_3^2 - k_2 Q_2^2 = 0 \tag{58a}$$

$$\sum_2 h_L = k_5 Q_5^2 + k_6 Q_6^2 - k_7 Q_7^2 - k_4 Q_4^2 = 0 \tag{58b}$$

여기서 n개의 관에 대한 손실수두는 다음 식으로 주어진다.

$$h_{Li} = f_i \frac{l_i}{D_i} \frac{V_i^2}{2g} = f_i \frac{l_i}{D_i} \frac{1}{2g} \left(\frac{4Q_i}{\pi D_i^2} \right)^2 = k_i Q_i^2 \ \text{ for } \ i = 1, \ 2, \ \cdots, \ n \tag{59}$$

Hardy Cross 방법의 핵심은 각 관로의 유량을 연속방정식 식(57)이 만족되도록 가정한 다음 각 폐합관에서 에너지방정식 식(58)을 만족시키도록 계산을 반복하는 것이다. 따라서 n개의 유량을 구하기 위하여 m개의 방정식만을 반복법으로 해석하면 된다. 유량의 초기 가정값을 Q_0 그리고 보정값을 ΔQ라고 하면 새로운 유량은 다음과 같다.

$$Q = Q_0 + \Delta Q \tag{60}$$

새로운 유량에 의한 손실수두는

$$h_L = kQ^2 = k\,(Q_0 + \Delta Q)^2 = k\,(Q_0^2 + 2Q_0 \Delta Q + \Delta Q^2) \tag{61}$$

위의 식에서 마지막의 제곱항은 무시할 수 있으므로 다음과 같이 쓸 수 있다.

$$h_L \approx k\,(Q_0^2 + 2Q_0 \Delta Q) \tag{62}$$

위의 식을 이용하여 하나의 폐합관로에서 손실수두의 합을 표현하면 다음과 같다.

$$\sum h_L = \sum kQ|Q| = \sum kQ_0|Q_0| + \Delta Q \sum 2k\,|Q_0| = 0 \tag{63}$$

위의 식에서 절대유량에 절댓값의 부호가 사용된 것은 폐합관에서 흐름의 방향을 고려하기 위함이며, ΔQ가 합의 기호($\sum$) 밖으로 나온 것은 보정값이 모든 관로에서 동일하기 때문이다. 따라서 식(63)으로부터

$$\Delta Q = -\frac{\sum kQ_0|Q_0|}{\sum 2k\,|Q_0|} \tag{64}$$

위의 식에 의한 각 관로의 보정유량 ΔQ를 구해서 가정 유량에 더한 후 $\sum h_L = 0$을 만족할 때까지 계산을 반복한다.

▌예제 ▌ 관망해석

그림과 같은 관망에서 각 관에 대한 유량을 구하라. 단, 각 관의 마찰계수는 $f = 0.03$으로 일정하다.

pipe	l(m)	D(m)	f
1	500	0.35	0.03
2	400	0.35	0.03
3	500	0.30	0.03
4	300	0.30	0.03

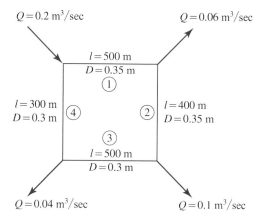

[풀이]

식(59)의 k_i는 다음 식으로부터 구할 수 있다.

$$k_i = f_i \frac{l_i}{D_i} \frac{8}{g\pi^2 D_i^4}$$

위의 식을 이용하여, 각 관에 대해서 k값을 구하면 다음과 같다.

$$k_1 = 0.03 \times \frac{500}{0.35} \times \frac{8}{9.8 \times \pi^2 0.35^4} = 236.2$$

마찬가지로

$$k_2 = 189.0, \quad k_3 = 510.6, \quad k_4 = 306.3$$

아래 그림 (a)와 같이 유량을 가정하여 각 관에 대한 손실수두를 계산하면 아래 표와 같다.

	관로	k	Q'	$k\lvert Q'\rvert$	$kQ'\lvert Q'\rvert$
계산1	1	236.2	$+0.100$	$+23.62$	$+2.362$
	2	189.0	$+0.040$	$+7.56$	$+0.302$
	3	510.6	-0.060	$+30.64$	-1.838
	4	306.3	-0.100	$+30.63$	-3.063
				92.45	-2.237

$$\triangle Q = -\frac{\sum kQ'\lvert Q'\rvert}{2\sum k\lvert Q'\rvert} = \frac{2.237}{2 \times 92.45} = 0.012$$

	관로	k	Q'	$k|Q'|$	$kQ'|Q'|$
계산2	1	236.2	+0.112	+26.45	+2.962
	2	189.0	+0.052	+9.83	+0.511
	3	510.6	−0.048	+24.51	−1.176
	4	306.3	−0.088	+26.95	−2.372
				87.74	−0.075

$$\triangle Q = -\frac{\sum kQ'|Q'|}{2\sum k|Q'|} = \frac{0.075}{2 \times 87.74} = 0.0004$$

새롭게 계산된 $\triangle Q$가 충분히 작으므로 $Q_1 = 0.112$, $Q_2 = 0.052$, $Q_3 = -0.048$, $Q_4 = -0.088$ m^3/s가 된다.

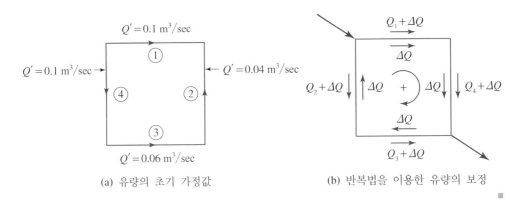

(a) 유량의 초기 가정값   (b) 반복법을 이용한 유량의 보정

9. 사이폰

사이폰(siphon)의 원리를 이용하면 위치가 낮은 곳에서 높은 곳으로 관로를 통해 물이 흐르게 할 수 있다. 이때 관로가 동수경사선 보다 위에 위치하면 부압이 발생하며 관로의 높이가 높을수록 부압은 증가한다. 사이폰은 그리스의 수학자이자 발명가인 Ctesibius(BC 285-222)가 처음 발명한 것으로 알려져 있지만, 이보다 훨씬 이전인 BC 15세기 이집트 벽화에도 항아리에 들어 있는 물을 옮기는 모습이 그려져 있다고 한다(한화택, 2017).

사이폰의 원리는 기본적으로 에너지방정식에 근거하고 있다. Figure 4.20의 사이폰의 예를 들면 다음과 같다. 먼저, 두 수조의 수면에 에너지방정식을 적용하여 관수로의 유속 및

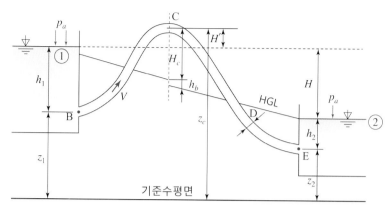

Figure 4.20　Siphon

유량을 결정할 수 있다. 그리고 왼쪽 수조의 수면과 C점에 에너지방정식을 적용하여 최고점의 부압을 점검하고 통수여부를 판단한다. 최고점의 압력이 절대압력 영보다 낮아질 수 없으므로 부압의 한계값은 대기압의 크기로 $-p_a$ 이다.

먼저, 위의 그림에서 두 수조의 수면에 에너지방정식을 적용하면 다음 식을 얻는다.

$$H = \left(f_e + f_o + f_b + f\frac{l_1 + l_2}{D} \right) \frac{V^2}{2g} \tag{65}$$

따라서 관로 안의 유속은 다음과 같다.

$$V = \sqrt{\frac{2gH}{f_e + f_o + f_b + f\dfrac{l_1 + l_2}{D}}} \tag{66}$$

다음으로, 최고점의 압력을 검토하기 위해 왼쪽 수조의 수면과 단면 C에 에너지방정식을 적용하면 다음과 같다.

$$0 = \frac{V^2}{2g} + \frac{p_c}{w} + H' + \left(f_e + f_b + f\frac{l_1}{D} \right) \frac{V^2}{2g}$$

혹은

$$\frac{p_c}{w} = -H' - \left(1 + f_e + f_b + f\frac{l_1}{D} \right) \frac{V^2}{2g}$$

위의 식으로부터 단면 C의 압력은 음의 값을 갖으며, H'과 관내의 유속(V)이 증가할수록 부압이 증가함을 알 수 있다. 최고점의 압력 p_c를 수두 H_c로 표현하면 $H_c = p_c/w$이므로

$$H_c - \frac{p_c}{w} - -H' - \left(1 + f_e + f_b + f\frac{l_1}{D}\right)\frac{V^2}{2g}$$

혹은

$$H_c = -H' - \frac{1 + f_e + f_b + f\dfrac{l_1}{D}}{f_0 + f_e + f_b + f\dfrac{l_1 + l_2}{D}}H \tag{67}$$

C점의 압력은 절대 영 이하로 될 수 없으므로 대기압을 p_a라 하면

$$H_c = -p_a/w \approx -10 \ m \tag{68}$$

식(67)에 의하면 H_c는 H에 의해서 결정되므로, H의 최댓값은 다음과 같다.

$$H_{\max} = \frac{f_0 + f_e + f_b + f\dfrac{l_1 + l_2}{D}}{1 + f_e + f_b + f\dfrac{l_1}{D}}\left(-H' + \frac{p_a}{w}\right) \tag{69}$$

C점이 상류수조의 수면보다 아래에 있는 경우 H'의 부호는 음이며 위에 있는 경우에는 양이다. 또한 C점이 상류수조보다 위에 있는 경우 H가 $H_{\max}$보다 크면 물이 흐르지 않으며, 상류수조의 수면보다 아래에 있으면서 H가 $H_{\max}$보다 크면 물은 간헐적으로 흐르고 완전한 사이폰의 작용을 못하게 된다.

> 🏠 절대압력 영
>
> 우리가 사용하는 상대압력은 대기압이 영이 되도록 조정이 되어 있는 단위계이다. 이를 절대압력으로 바꾸려면 단순히 대기압을 더해주면 된다. 따라서 절대압력 영(absolute zero pressure)은 상대압력으로 다음과 같다.
>
> $$-\frac{p_a}{w} = -\frac{1.013 \times 10^5 \ \text{N/m}^2}{9,800 \ \text{N/m}^3} = -10.339 \ \text{m}$$

조선시대 사이폰식 도수관공법

조선시대에도 물의 흐름에 관한 기본개념은 가지고 있었던 것 같다. 정조실록(1798년)

을 살펴보면 현재의 사이폰식 도수관공법에 관한 설명이 등장한다(선우중호, 1983).

　　일반적으로 물이란 높은 곳에서 낮은 곳으로 흐르는 것이 본성이나 비록 농지가 물 아래 있을지라도 그 사이에 구릉지나 깊은 계곡이 있으면 물이 넘어가지 못하므로 비록 넓은 들이 있다 할지라도 아무 쓸모없는 것입니다. 신의 이른바 설통공법(設筒工法)은 질그릇으로 중통외원(中通外圓)의 통을 구어서 가락지를 만들어 접속하여 땅 속에 묻고, 통 안으로 물을 보내는데, 중간에서 만약 천학(川壑)에 부딪히면 지형에 따라서 땅 속으로 건너가게 하여 대안에서 다시 지세를 따라 수통을 세워 물을 올리는 것이니, 이치는 다름이 아니라 수류가 통 안에 들어가서 그 압력으로 배출되는 까닭에 높은 곳을 넘어갈 수 있는 것입니다. 이렇게 하면 원근고저에 불구하고 관개를 할 수 있는 것이므로, 어찌 방보축제(防洑築堤)의 이익에 미치지 못하오리까.

❙예제❙ 사이폰

아래 그림과 같이 탱크에 담긴 물을 사이폰을 이용하여 빼내려고 한다. 단, 관의 마찰과 미소손실은 모두 무시한다.

(1) 사이폰의 작동 여부를 판단하고 유출부 C점에서의 유속을 구하라.

(2) B점에서의 한계수두를 $p_B/w = -8$ m라고 하면 B점의 최고 높이는 얼마인가?

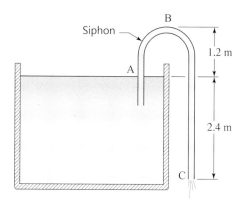

[풀이]

(1) 먼저 A와 C면에 에너지방정식을 적용하면 다음과 같다.

$$\frac{p_A}{w} + \frac{V_A^2}{2g} + z_A = \frac{p_C}{w} + \frac{V_C^2}{2g} + z_C$$

위의 식에서 $p_A/w = V_A/2g = p_C/w = 0$이고 $z_A - z_B = 2.4$ m이므로

$$2.4 = \frac{V_C^2}{2g}$$

따라서 $V_C = 6.86$ m/s이다. 이제 A와 B에 에너지방정식을 적용하면 다음과 같다.

$$0 = \frac{p_B}{w} + \frac{V_B^2}{2g} + 1.2$$

따라서

$$\frac{p_B}{w} = -\frac{V_B^2}{2g} - 1.2 = -3.6 \ \text{m}$$

최고점의 압력이 절대압력 영(-10.339 m)보다 절댓값이 작으므로 사이폰은 작동한다.

(2) B점에서의 한계수두를 $p_B/w = -8$ m라고 하면, A와 B점 사이에 에너지방정식을 다음과 같이 쓸 수 있다.

$$0 = \frac{p_B}{w} + \frac{V_B^2}{2g} + z_B$$

위의 식에서 $p_B/w = -8$ m이고 $V_B^2/2g = 2.4$ m이므로 $z_B = 5.6$ m이다. 즉, 사이폰의 최고점을 5.6 m까지 높일 수 있다.

10. 관로에 의한 유수의 동력

다음 그림과 같이 관로에 수차를 설치해 물의 위치에너지를 기계적 에너지로 전환할 수 있다. 낙차 H에 의해 관로에 유량 Q가 흐를 때, 물은 일을 하게 되는데 단위시간당 일이 동력이다. 이때 손실을 제외한 에너지 수두가 유효낙차이며, 이는 $H_e = H - \sum h_L$이 된다.

$$P = \dot{m}gh = \rho QgH_e = 1000QH_e \tag{70}$$

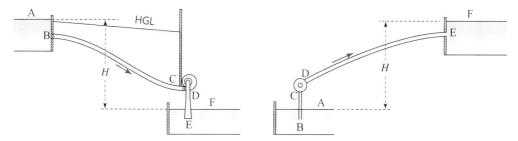

Figure 4.21 Hydropower generation and Pumping

1 kW는 102 kg · m/s이고 1HP는 75 kg · m/s이므로 동력에 관한 다음 식이 성립한다.

$$P = \frac{1000QH_e}{102} = 9.8QH_e \ (kW)$$ (71a)

$$P = \frac{1000QH_e}{75} = 13.33QH_e \ (HP)$$ (71b)

반대로 그림에서와 같이 양수에 필요한 동력을 계산하기 위해서는 수면차에 손실수두를 더해줘야 한다. 즉, 양정(揚程)해야 할 전체수두는 $H_t = H + \sum h_L$이고 필요한 동력은 위의 식을 이용하면 된다.

┃예제┃ 동력

아래 그림에서와 같이 펌프를 이용하여 저수지에서 물을 양정하려고 한다. 펌프의 동력이 150 kW이고 효율이 70%라고 할 때 유량을 구하라. 관의 길이는 1,000 m이고 직경은 0.5 m이다. 단, 관의 마찰계수는 $f = 0.018$이고 미소손실은 무시한다.

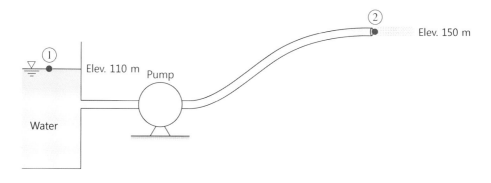

[풀이]

펌프의 효율을 고려한 동력과 총수두와의 관계는 다음과 같다.

$$P = \frac{1}{\eta} 9.8 Q H_t$$

어기서 P는 펌프의 동력 [kW], η는 펌프의 효율, 그리고 H_t는 총수두로서 다음과 같다.

$$H_t = H + h_L$$

위에서 손실수두 h_L은 다음과 같다.

$$h_L = f \frac{l}{D} \frac{V^2}{2g} = f \frac{l}{D} \frac{8}{g} \frac{Q^2}{\pi^2 D^4}$$

따라서 동력과 총수두와의 관계를 유량의 함수로 쓰면 다음과 같다.

$$0.7 \times 150 = 9.8 Q \left(40 + 47.64 Q^2\right)$$

위의 3차방정식을 해석하여 유량을 구하면 다음과 같다.

$$Q = 0.25 \ \mathrm{m^3/s} \qquad \blacksquare$$

11. 배수시간

다음 그림에서와 같이 수위가 h인 수조에서 아래에 연결된 관수로를 통해 물을 대기 중으로 자유 방출할 때 소요되는 배수시간을 생각하자. 앞에서와 비슷하게, 에너지방정식을 적용하여 방출구에서의 유속을 다음과 같이 결정할 수 있다.

$$V = \sqrt{\frac{2gh}{1 + f_e + f \cdot \dfrac{l}{D}}} \qquad (72)$$

즉, 유속은 h의 함수로서 수조에 남아있는 물의 양에 따라 유속이 변하는 것을 알 수 있다. 관수로의 단면적을 a라 하면, 관수로를 통해 방출되는 유량은 다음과 같다.

$$Q = aV = a\sqrt{\frac{2gh}{1 + f_e + f \cdot \dfrac{l}{D}}} \qquad (73)$$

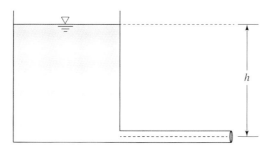

Figure 4.22   Drainage of water in a tank

위의 유량은 수조 내부 물의 체적의 시간에 따른 변화율과 같다. 즉,

$$Q = -\frac{dVol}{dt} = -A\frac{dh}{dt} \tag{74}$$

여기서 A는 수조의 단면적이다. 식(73)과 (74)로부터

$$a\sqrt{\frac{2gh}{1+f_e+f\cdot\dfrac{l}{D}}}\,dt = -Adh \tag{75}$$

만약 수조의 수위가 H_1에서 H_2까지 변했다고 하면, 위의 식을 적분하여 배수에 소요되는 시간을 구할 수 있다. 즉,

$$t = \frac{2A\sqrt{1+f_e+f\cdot l/D}}{a\sqrt{2g}}(H_1^{1/2} - H_2^{1/2}) \tag{76}$$

수위가 h인 수조의 완전배수에 필요한 시간은 $H_1 = h$ 이고 $H_2 = 0$ 이므로 다음과 같다.

$$t = \frac{2A\sqrt{1+f_e+f\cdot l/D}}{a\sqrt{2g}}h^{1/2} \tag{77}$$

참고문헌

- 선우중호 (1983). 수문학 (개정판). 동명사.
- 이승준 (1999). 역사로 배우는 유체역학. 인터비전.
- 한화택 (2017). 공대생이 아니어도 쓸 데 있는 공학이야기. 플루토.

- Haaland, S. E. (1983). Simple and explicit formulas for the friction factor in turbulent pipe flow. *Journal of Fluids Engineering*, March 1983, pp.89-90.
- Fernandez, O. E. (2014). *Everyday Calculus.* Princeton University Press.
- Swamee, P. K. and Jain, A. K. (1976). Explicit equation for pipe-flow problems. *Journal of the Hydraulics Division*, ASCE, 102(5), 657-664.

연습문제

1. 레이놀즈수가 관성력과 점성력의 상대적인 비를 나타냄을 보여라.

> **답** 흐름의 특성길이와 특성속도를 각각 L과 V라고 하면, 관성력은 $\rho V^2 L^2$이고 점성력은 $\mu V L$임

2. 관수로 층류에 대해서 마찰계수가 $f = 64/Re$로 주어짐을 보여라.

> **답** 손실수두에 관한 식 $h_L = C_f \dfrac{l}{R_h} \dfrac{V^2}{2g}$ 과 Hagen-Poiseuille 흐름의 유속 $V = \dfrac{R^2}{8\mu}\left(-\dfrac{dp}{dx}\right)$을 이용하여 유도 가능

3. 개수로의 난류흐름에 대해 아래의 Prandtl 7승근 법칙이 성립한다고 하면 혼합거리 (mixing length)에 대한 관계식을 유도하라.

$$u = U\left(\frac{z}{\delta}\right)^{1/7}$$

여기서 U = 수면에서의 최대유속 그리고 δ = 수심이다.

4. 유량 $Q = 0.03$ cms로 3,000 m의 거리를 송수하려고 한다. 최대손실 수두를 20 m로 하고 Manning의 조도계수 $n = 0.012$인 관수로를 사용할 때 관경을 구하라. 유체의 동점성계수 $\nu = 1.5 \times 10^{-5}$ m²/s이다.

> **답** 0.203 m

5. 지름이 0.1 m인 관 3개로 송수하던 것을 하나의 관으로 대체하려고 한다. 관의 재질이 동일하다고 가정하면 대체할 관의 지름은 얼마인가? 유속은 Manning 공식을 사용한다.

> **답** 0.155 m

6. 아래와 같은 병렬관에 유량 $Q=0.5$ m³/s가 흐를 때, 각 관을 흐르는 유량과 B점에서의 압력을 구하면? ($\nu = 1.003 \times 10^{-6}$ m²/s, $p_A = 5.6$ kg/cm², $z_A = 30$ m, $z_B = 24$ m)

pipe	length (m)	dia. (m)	roughness height (m)
1	900	0.3	0.0003
2	600	0.2	0.00004
3	1200	0.4	0.0002

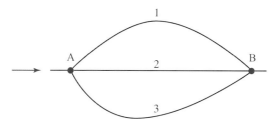

답 $Q_1 = 0.146$ m³/s, $Q_2 = 0.0738$ m³/s, $Q_3 = 0.280$ m³/s, $p_B = 4.9$ kg/cm²

7. 아래의 관로 *AB*에 유량 0.5 cms가 흐른다. 관로 *AB*에서 손실수두와 병렬관에서의 유량을 구하라. 단, 미소손실은 고려하지 않으며 $f=0.030$으로 일정하다고 가정한다.

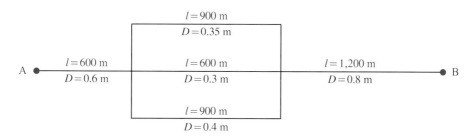

답 17.2 m, $Q_1 = 0.155$ cms, $Q_2 = 0.129$ cms, $Q_3 = 0.216$ cms,

8. 그림과 같은 관망에서 A점을 통해서 유입되는 유량과 D점을 통한 유출량이 동일하게 1 cms라고 한다. 관의 사양이 표와 같을 때 각 관에서의 유량을 구하라.

pipe	length (m)	dia. (m)	f
1	1,000	0.5	0.012
2	1,000	0.4	0.012
3	500	0.3	0.012
4	1,000	0.5	0.012
5	1,000	0.4	0.012

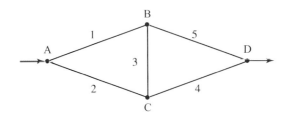

답 $Q_1 = 0.585$ cms, $Q_2 = -0.415$ cms, $Q_3 = 0.170$ cms, $Q_4 = -0.585$ cms, $Q_5 = 0.415$ cms

9. 수면고의 차이($H = 10$ m)가 있는 저수지에 관을 연결하여 사이폰 방식으로 통수하려고 한다. 물을 흘려보내기 위한 C점의 최고 높이(저수지 A의 수면을 기준으로)를 구하라. 그림에서 $l_1 = 20$ m, $D_1 = 0.3$ m, $l_2 = 30$ m, $D_2 = 0.3$ m, $f = 0.03$이고 기타 미소손실 은 무시한다. 단, C점에서 부압의 한계값으로 $p_c/w = -10$ m를 사용한다.

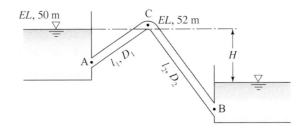

답 $z_C = 4$ m

하디·크로스 이야기

홍성완 전 한국건설기술연구원 부원장(선임연구위원), 공학박사(지반공학, 터널공학)

미국의 건설관련 잡지, 엔지니어링·뉴스·레코드(Engineering News Record)지는 1874년에 창립되어 1999년에 창립 125주년을 맞았다. 이 잡지는 지난 125년간의 건설과 관련된 혁신기술, 인물, 장비, 재료, 대표적 공사, ENR지에 게재되었던 역사적인 기사, 미래의 건설 경향, 그리고 토목기술 2000년을 회고한 바 있다. 예를 들어 지난 125년간 터널분야의 괄목할 만한 발전으로는 쉴드, TBM, NATM, 점보드릴, 지반 동결공법, 도로 터널 환기시스템 등의 개발이 언급되었고 댐 분야에서는 아치댐, 성토댐, RCC댐, 수냉식 매스·콘크리트 시스템 등이 거론되었다.

125년간의 인물들은 업계지도자, 대형공사 PM, 회사 설립자, 장비 개발자, 건축가, 기술/재료 개선자들과 함께 구조기술자, 교량기술자, 토목기술자, 환경/수리기술자 등으로 구분하여 5명 내지 20명씩을 제시하였는데, 구조기술자와 교량기술자를 따로 분리한 것이 특이하고 테르쟈기(K. Terzaghi), 케사그란데(A. Casagrande), 펙(R. B. Peck), 브링커 호프(H. M. Brinker-hoff) 등 토질기술자들을 토목기술(civil engi-neers)로 분류한 것도 특이하다.

구조기술자로는 에펠탑을 설계한 에펠(A. Gustav Eiffel, 1832~1923), 응력원을 만든 모르(Otto C. Mohr, 1835~1918), 모멘트 분배법을 창시한 하디·크로스(Hardy Cross), 프리스트레쓰트·콘크리트로 특허를 낸 프리씨네(Eugene Freyssinet, 1879~1962), 지오데식 돔(geodesic dome)을 설계한 벅민스터·풀러(R. Buckminster Fuller, 1895~1983), 시카고의 마천루인 죤·행콕 빌딩(John Hancock Building)과 시어스 타워(Sears Tower)를 설계한 파즈루 칸(Fazlur Kahn), 미스터·프리스트레쓰트 콘크리트(Mr. Prestressed concrete)로 불린 린(T. Y. Lin) 교수 등이 포함되었다.

필자의 대학시절, 신영기, 박상조 두 분 교수님께 구조역학과 부정정 구조물 해석을 배우며 모멘트 분배법을 창시한 '하디·크로스'라는 이름을 또 듣게 되었다. 그 때는 교수님들이 다른 쪽 하디·크로스에 대해 전혀 설명을 해 주시지 않으셨고 구조역학과 수리학 교과서에 나올 정도의 기여를 같은 분이 하는 것이 불가능하게 보였으므로 동명이인(同名異人)이겠거니 생각하였다.

모멘트 분배법은 하디·크로스가 1930년에 처음 제시한 방법(Hardy Cross, "Analysis of Continuos Frames by Distributing Fixed-end Moments," Proceedings, ASCE, Vol.56, No.5, May, 1930)으로 연속보와 강절 뼈대의 구조해석 역사상 가장 중요한 기여 중의 하나, 또는 20세기의 구조해석 분야에 가장 뛰어난 진전으

로 간주되고 있다. 이 방법은 요각법(slope-deflection method)의 연속방정식을 축차 개략법으로 푸는 방법인데 원하는 정확성, 즉 유효숫자의 수효를 선택할 수 있다. 오늘날에는 요각법의 연속방정식을 컴퓨터로 쉽고 정확하게 풀 수 있으나 20세기 전반의 계산자와 수동계산기의 시대에는 획기적인 방법이었다. 더구나 그 단순하고 우아함, 그리고 기술자들이 외력(force)에 대해 변형(deformation)으로 반응하는 구조물을 물리적으로 느낄 수 있는 해석과정의 매력이 우리를 반하게 했다. 모멘트 분배법은 우선 구조물의 모든 절점이 고정(fixed)되었다고 가정하고 이를 하나씩 풀면서(unlock) 그 절점의 내부 모멘트를 인접 절점으로 분배한다. 이처럼 절점을 잠그고(lock), 푸는(unlock) 과정을 되풀이하면서 절점의 모멘트는 점차 평형을 이루게 되고 절점은 회전하여 최종변위를 나타내게 된다.

이러한 모멘트 분배법의 특성을 생각해 보면 관망 절점(node)의 유량을 연결된 관로에 배분하여 수두평형을 유지하도록 연쇄적으로 보정하는 관망해석법과의 유사성을 보게 되고 하디 · 크로스 자신의 말처럼 구조해석 연구의 부산물로서 관망해석법(Hardy Cross, "Analysis of Flow in Networks of Conduits or Conductors," University of illinois Engineering Experiment Station Bulletin 286, 1936)을 개발했다는 것이 이해된다.

하디 · 크로스는 1921년 일리노이 대학(University of Illinois at Urbana-Champaign)에 와서 이론 · 응용역학과(Theoretical and Applied Mechanics Department)의 탈봇(A. N. Talbot), 윌슨(Wilbur Wilson), 웨스터가드(Herald M. Westergaard) 등 세 명의 저명한 교수와 합류하

게 된다. 탈봇 교수는 1885년 일리노이 대학의 토목공학과에 와서 1890년에 TAM학과를 창시한 분이고, 윌슨 교수는 실험연구, 웨스트디가드는 이론가, 크로스 교수는 철학자로 불리는 분들이다. 필자가 일리노이 대학에서 수학할 때, TAM학과는 탈봇 실험실(Talbot Laboratory) 안에 있었고 그 안에는 윌슨 교수가 1930년에 설치한 1,500톤 용량의 거대한 압축/인장 시험기가 있었다. 또 토목공학과 구조공학 교수의 절반 이상이 TAM학과 교수로 겸직하고 있었다.

하디 · 크로스 교수 기념 논문집의 서론(Introduction, Hardy Cross, "Arches, Continuos Frames, Columns, and Conduits − Selected Papers of Hardy Cross," University of Illinois Press, 1963)에서 뉴마크(N. M. Newmark) 교수는 크로스 교수가 그의 많은 학생들의 기억 속에 구조공학 사상 가장 뛰어나며 진실로 위대한 스승(the greatest teacher of structural engineering of all time)이었다고 말했다. 교실에서 그는 배우이자 동시에 대화법의 전문가처럼 행동하였고 하나하나의 강의는 특별한 교실 분위기를 형성하고 학생들에게 그가 원하는 인상을 심어주도록 치밀하게 계획하고 준비된 공연이었다고 했다. 그러면서도 자연스럽고 즉흥적인 것처럼 교실을 이끌어 완벽한 분위기를 연출하였다고 한다. 그는 또 강의노트를 사용하지 않았고 자신의 논문을 인용하지도 않았다.

그는 약간 귀가 먹었기에 이를 교실에서나 교실 밖에서 최대한 이용했는데, 학생들은 그가 들을 수 있도록 큰 목소리로 간결하고 분명하게 답변하거나 아니면 아예 '모르겠습니다' 하고 대답하는 편이 낫다는 것을 곧 깨닫게 되었다고 한다. 학생 중 아무도 앞에 나와 문제를 풀려고 하지 않으면 화를 벌컥 내면서 수업 중

에 교실을 나가버리고는 나중에 학생들의 반응이 어땠는지 누군가에게 묻곤 했다고 한다. 반면에 수업이 잘 진행되어 끝나면 크로스 교수는 문 앞에 잠깐 서서 학생들을 뒤돌아 바라보며 빙긋 웃고는 휙 하고 나가 버렸다는데 이를 한번 본 윌슨 교수는 "마치 '이상한 나라의 앨리스'에 나오는 체서 고양이(Cheshire cat)의 미소처럼 크로스 교수가 사라진 후에도 허공에 그의 미소가 남아 있는 듯 했다."고 말했다고 한다.

당시의 학생들에게는 크로스 교수가 성질이 고약하고 빈정거리길 잘하는 완벽주의자로 비쳤다고 하는데 기록(Kingery R. A., R. D. Berg, and E. H. Schillinger, "Men and Ideas in Engineering－Twelve Histories from Illinois, the University of Illinois Press, 1967)에 소개된 일화 하나. 언젠가 한번은 알포드(Alford)라는 학생 하나가 크로스 교수에게 교과서의 한 예제 해답이 틀린 것 같다고 말했더니 크로스 교수는 교실을 앞뒤로 걸으면서 알포드를 노려보다가 말하기를 "자네 같은 일개 대학원 학생이 국제적으로 저명한 학자가 쓴 책에 오류가 있다고 무모하게 지적할 수 있는가? 자네는 출판사가 그런 오류를 그냥 둔 채로 출판을 허용할 것 같은가? 무엇이 잘못인지 말해 보게!" 알포드가 대답을 못하는 것으로 보이자 크로스 교수는 계속 교실을 앞뒤로 걸으면서 "누구 알포드 군을 도와 줄 사람 없나? 4번 문제가 잘못되었다고 생각하는 사람?"하고 교실 전체에 대고 물었지만 교실이 조용하자 "자, 알포드 군, 이제 자네의 비난을 취소하겠나?" "그게 저, 그렇게는 …," "똑 바로 얘기하게!" "저는 역시 문제가 잘못되었다고 생각합니다." "그럼 앞으로 나와 칠판에 그걸 증명해 보게! 우리 모

두는 자네의 그 근거 없는 비난의 증명을 지켜보겠네!" 알포드는 앞으로 나와 자신의 주장을 증명하려 했지만 남은 수업 시간 중 이에 성공하지 못했다. 크로스 교수의 다음 수업시간에 그는 "지난 시간에 알포드 군이 우리 교과서의 저자에 대해 심각하고 근거 없는 비난을 한 바 있습니다."고 말을 꺼냈다. 그는 알포드를 노려보면서 "이제 그 발언을 취소하겠나?" "아니오, 전 아직도 그 문제가 틀렸다고 생각합니다." "그럼 칠판 앞으로 나오게, 우린 아직도 자네의 증명을 기다리고 있네." 알포드는 한 시간 내내 애썼지만 역시 증명할 수 없었다. 그러나 세 번째 시간에 크로스 교수가 "알포드 군, 오늘은 문제 4에 대한 자네의 근거 없는 비난을 취소할 준비가 되었는가?" 하고 묻자마자 알포드는 칠판에 나와 단 몇 분 만에 문제 4의 해답이 틀렸음을 증명하고 제 자리로 돌아갔다.

그러자 크로스 교수는 만면에 만족한 미소를 띠고 말하였다 한다. "우리는 항상 자신의 신념을 남에게 설득하는 용기를 가져야 합니다. 알포드 군은 이 용기를 가졌지만 나머지 여러분들은 이 용기를 갖지 못했거나 아니면 '권위－즉, 저명한 명성에서 오는 권위나 인쇄된 책에서 오는 권위'가 무의미하다는 사실을 알 만큼 충분한 교육을 받지 못한 것 같군요. 여러분들이 모두 언젠가는 알포드 군처럼 통찰력과 집요함을 갖추게 되기를 바랍니다."

크로스 교수는 교실이 곧 학생들 하나하나의 창의력과 자신감을 개발하는 장소라고 믿었고 "대학은 가능한 많은 지적 고통(intellectual trouble)에 빠지는 장소, 가능한 많은 실수(mistakes)를 범하는 장소, 그리고 그 실수를 고치는 장소여야 합니다."하고 말했다.

당시의 공과대학 케첨(Milo Ketchum) 학장

은 하디·크로스 교수의 명성을 시기하여 크로스 교수의 봉급인상을 거부하고 논문발표가 부족하다고 비난했으며(실제로는 크로스 교수의 중요한 논문들은 1920년대 중반에서 30년대 중반 사이에 발표되었음) 학교에서 몰아내려고 시도하였다고 한다.

이에 대답이라도 하듯이 크로스 교수가 발표한 10페이지짜리 논문이 앞서 소개한 1930년 5월, 미국 토목학회지에 게재된 모멘트 분배법에 관한 논문인데 10페이지 중 5페이지 분량은 예제 설명이었다. 이 논문은 즉각적인 주목을 받아 원래의 논문에 대한 토론이 1930년 9월까지 마감이었지만 1932년 4월까지 계속하여 총 33명이 토론을 보내왔다. 1932년 5월에 발표된 크로스 교수의 마무리 토론은 원래의 논문 10페이지의 두 배에 달하는 19페이지였으며 수축, 온도변화, 지점침하의 영향, 가로 흔들림(sideway), 요각법과의 관계 등을 거론하고 있다. 모멘트 분배법은 하디·크로스 방법으로도 알려지고 1936년에 미국 토목학회가 수여하는 최고의 영예인 노만 메달(the Norman Medal)을 수여받게 된다. 이 메달을 수여 받는 자리에서 크로스 교수는 그가 복잡한 공식과 라디오와 시금치 먹기를 모두 싫어한다고 언급하였다 한다. 케첨 학장과의 관계에 대해서 그는 "내가 대학을 방해한다는(being a Cross the College) 등의 견디기 어려운 대화는 더 이상 없었다."고 언급하였다.

일리노이 대학 TAM학과 초창기의 네 분 교수들 중 탈봇 교수와 윌슨 교수는 은퇴를 하고 하디·크로스 교수는 1936년 예일(Yale) 대학의 토목과 과장으로, 웨스터가드 교수는 하버드(Harvard)대학의 공과대학(Graduate School of Engineering) 학장으로 1937년 떠나게 되고

이 분들 뒤를 뉴마크(N. M. Newmark) 교수가 이어 받게 되는데 뉴마크는 스무 살이 되기 전에 럭거스(Rutgers) 대학에서 학사학위를 받고 일리노이 대학의 대학원에 입학한 분이다. 면접 때 어느 대학을 다녔느냐고 물은 크로스 교수가 뉴마크의 답변을 듣고는 코끝을 내려다보며 "자네는 배운 것 중 잊어버려야 할 것이 많겠네(You've got a lot of things to unlearn)."했다고 한다. 뉴마크가 박사학위 예비시험의 구두시험을 치를 때 크로스 교수는 설계기준의 선택에 관해 물었는데 답변하기가 곤란한 질문이어서 할 수 없이 "잘 모르겠습니다. (I don't know!)" 했더니 크로스 교수는 천천히 얼굴에 미소를 지으며 "그게 정답이야! 아마도 그게 오늘 자네가 대답한 다른 모든 대답보다 가장 정확한 대답일 게야. 하지만 걱정하지 말게. 다른 사람들도 모두 모르니까!"라고 말했다.

공학적 판단(engineering judgement), 또는 육감(hunch)이 선천적으로 타고나는 것이냐, 아니면 후천적으로 길러지는 것이냐 하는 논란이 있고 또 교실에서 학생들에게 이를 가르칠 수 있는 것인가 하는 문제도 논란의 대상인데 크로스 교수는 구조설계시간에 늘 "구조물이 생각하는 것처럼 생각하는 것을 배워야 해! (learn to think as the structure thinks)."하고 말하곤 했다고 한다. 뉴마크 교수의 견해로는 이것이 크로스 교수가 교실에서 학생들에게 '판단력(judgement)'을 가르치는 수준에까지 거의 도달한 것으로 보인다고 한다.

앞서 소개한 1932년의 마무리 토론에서 크로스 교수는 "필키(Pilky) 씨는 필자의 논문이 너무 짧다고 지적하였는데 17세기의 철학자 파스칼이 어떤 편지에 쓰기를 '이 편지가 제법 길어진 것은 그걸 줄일 시간이 없었기 때문'이라

고 한 것처럼 필자가 시간을 들여 논문을 의도적으로 짧게 했기 때문"이라고 하였다. 크로스 교수는 책상 위의 많은 논문들을 볼 때마다 이런 생각이 확산되어 논문들이 짧아졌으면 좋겠다고 했다. 그는 또 베터(Vetter) 씨가 '엔지니어는 대망을 품어야(hitch his wagon to a star)'고 말한데 대해 '엔지니어는 두 발을 땅 위에 놓고 있는 것이 낫다'고 말하고 '모멘트 분배법'이 '요각법'이나 '최소일의 원리'에 없는 가정을 포함하는 개략적인 해법이지만 매일의 사용에 편리하도록 충분히 정확하고 단순하다고 하였다. 비록 교실에서 개발되었지만 설계사무실에서 사용할 목적으로 개발되었으며 '절대성(the absolute)의 추구는 아름답지만 공학적 해석에서 지나칠 정도의 정확성을 추구하는 것은 옳지 않다'고 하였다. 주어진 구조물에서 근본적으로 수학(mathematics)인 해석(analysis)과 기술(art)인 설계(design) 사이에는 많은 어려움이 존재하며 구조물은 설계하기 위해 해석하는 것이지 그 해석과정의 즐거움을 위해 해석하는 것이 아니라고 하였다. (토목, 48권, 5호)

개수로 수리학

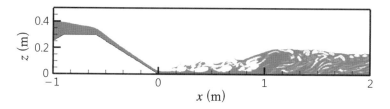

도수란 사류에서 상류로 변화하는 흐름으로 천이과정에서 롤러가 형성된다. 롤러의 자유수면을 통해서 공기의 연행이 발생하고 하류방향으로 진행할수록 바닥에서 압력은 증가하게 된다. 위의 그림은 $k-\omega$ SST 난류모형을 이용하여 사다리꼴 단면의 보를 월류하는 도수현상을 수치모의한 것이다. 물과 공기에 의한 다상흐름을 고려하여 수치모의를 수행하였고 그림에는 물의 체적비가 0.5 이상인 영역을 나타내었다. 상류로 천이하면서 공기의 연행이 발생하고 이후 상류에도 영향을 미치는 것을 확인할 수 있다.

(그림 출처: Choi and Choi (2020))

▌1.1 개수로의 기하학적 구성요소

개수로 단면의 기하학적 구성요소는 다음과 같은 것을 들 수 있다(Table 5.1 참조).

- 수심(水深, water depth: y): 수로 단면의 최저점에서 자유수면까지의 연직거리
- 수위(水位, stage): 수평기준면으로부터 자유수면까지의 높이
- 수면폭(水面幅, top width: T): 자유수면에서 수로의 폭
- 유수단면적(流水斷面績, water area: A): 흐름 방향에 수직인 단면의 면적
- 윤변(潤邊, wetted perimeter: P): 흐름 방향에 수직인 단면에서 수로와 유수가 접하는 길이. 윤변은 중력과 평형을 이루는 저항력(전단력)이 작용하는 길이
- 동수반경(動水半徑, hydraulic radius: R_h): 윤변에 대한 유수 단면적의 비 $R_h = A/P$
- 수리수심(水理水深, hydraulic depth: D): 수면 폭에 대한 유수 단면적의 비 $D = A/T$

Table 5.1 Geometric properties of open channels (Chow et al., 1988)

	Rectangle	Trapezoid	Triangle	Circle
Section				
Area A	$B_w y$	$(B_w + zy)y$	zy^2	$\frac{1}{8}(\theta - \sin\theta)d_o^2$
Wetted perimeter P	$B_w + 2y$	$B_w + 2y\sqrt{1+z^2}$	$2y\sqrt{1+z^2}$	$\frac{1}{2}\theta d_o$
Hydraulic radius R	$\dfrac{B_w y}{B_w + 2y}$	$\dfrac{(B_w + zy)y}{B_w + 2y\sqrt{1+z^2}}$	$\dfrac{zy}{2\sqrt{1+z^2}}$	$\dfrac{1}{4}\left(1 - \dfrac{\sin\theta}{\theta}\right)d_o$
Top Width B	B_w	$B_w + 2zy$	$2zy$	$\left[\sin\left(\dfrac{\theta}{2}\right)\right]d_o$ or $2\sqrt{y(d_o - y)}$
$\dfrac{2dR}{3Rdy} + \dfrac{1}{A}\dfrac{dA}{dy}$	$\dfrac{5B_w + 6y}{3y(B_w + 2y)}$	$\dfrac{(B_w + 2zy)(5B_w + 6y\sqrt{1+z^2}) + 4zy^2\sqrt{1+z^2}}{3y(B_w + zy)(B_w + 2y\sqrt{1+z^2})}$	$\dfrac{8}{3y}$	$\dfrac{4(2\sin\theta + 3\theta - 5\theta\cos\theta)}{3d_o\theta(\theta - \sin\theta)\sin(\theta/2)}$ where $\theta = 2\cos^{-1}\left(1 - \dfrac{2y}{d_o}\right)$

• 대상단면 수로(prismatic channel): 단면의 변화가 없이 경사가 일정한 수로

▌1.2 수심 및 압력수두

아래 그림에서와 같이 경사각이 θ인 하상으로부터 연직한 방향의 수심을 y라고 하고, 수면으로부터 수직방향으로 수심을 d라 하면 $d = y\cos\theta$이다. 이때 압력수두(p/w)를 h라 하면 $h = d\cos\theta$이므로 $h = y\cos^2\theta$가 성립한다. 일반적으로 하천에서 $S(\equiv \tan\theta) = 0.01$이면 경사가 급한 하천에 속한다. 경사각이 작은 경우 $\tan\theta \approx \sin\theta$이므로 $\cos^2\theta = 0.9999$이므로 $y \approx d \approx h$임을 알 수 있다.

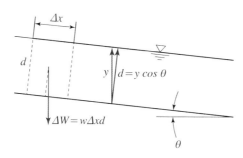

Figure 5.1 Definition of flow depth and pressure head in the open channel flow

▌1.3 개수로 흐름의 분류

개수로 흐름을 1차원으로 가정하면, 정상류(steady flow)는 일정한 지점에서 유속 및 수심이 시간에 따라 일정할 때의 흐름이며 그렇지 않을 때 부정류(unsteady flow)라고 한다. 마찬가지로, 일정 시간에 흐름이 거리에 따라 일정하면 등류(uniform flow)이고, 그렇지 않으면 부등류(non-uniform flow or varied flow)이다.

이와 같은 2분법을 개수로 흐름에 적용하면 다음과 같이 흐름을 4종류로 분류할 수 있다. 즉,

(i) 정상 등류(staedy uniform flow)

(ii) 부정 등류(unsteady uniform flow)

(iii) 정상 부등류(steady non-uniform flow)

(iv) 부정 부등류(unsteady non-uniform flow)

위에서 시간적으로 부정류이면서 거리상 등류를 유지하는 것은 불가능하므로 부정 등류는 실제 존재하지 않는 흐름이다. 또한, 정상 등류와 정상 부등류는 각각 등류와 부등류로

하고, 부정 부등류도 부정류로 줄여서 부른다.

부등류는 수면형의 변화 정도에 따라 점변류(gradually varied flow)와 급변류(rapidly varied flow)로 나뉜다. 점변류는 말 자체가 의미하는 것과 같이 수면이 서서히 변하는 경우이고 급변류는 급하게 변하는 흐름으로 도수(hydraulic jump) 혹은 수리강하(hydraulic drop) 등이 있다. 점변류는 수면형이 서서히 변하므로 정수압법칙이 성립하지만, 급변류의 경우에는 거리에 따라 수리량이 급하게 변하므로 정수압 법칙이 성립하지 않는다.

▌1.4 흐름의 상태

일반적으로 유체의 흐름은 관성력과 점성력의 상대적 크기에 따라 층류(laminar flow)와 난류(turbulent flow)로 구분하며, 관성력과 중력의 상대적 크기에 따라 상류(subcritical flow)와 사류(supercritical flow)로 구분한다. 흐름의 상태를 기술하는 대표적인 무차원 수인 레이놀즈수와 프루드수의 정의는 각각 다음과 같다.

$$Re = \frac{VL}{v} \tag{1}$$

$$Fr = \frac{V}{\sqrt{gL}} \tag{2}$$

여기서 V =평균유속, L =특성길이, v =유체점성(kinematic viscosity), 그리고 g =중력가속도이다. 엄밀히 말해, 레이놀즈수는 관성력과 점성력의 비이지만, 프루드수는 관성력과 중력의 비에 대한 제곱근이다.

층류 및 난류의 구분은 레이놀즈수(Reynolds number)로 판단하며, 상류 및 사류의 구분은 프루드수(Froude number)를 가지고 판단한다. 예를 들어, 레이놀즈수가 200과 400인 두 흐름이 있는 경우 전자가 후자보다 관성력에 비해 점성력이 크게 작용하는 흐름이라는 것을 이해할 수 있다.

1.4.1 층류와 난류

1883년 레이놀즈의 실험에 따르면, 관수로 흐름에서 레이놀즈수가 약 2,000에 도달하면 흐름은 층류에서 난류로 변화한다. 그러나 개수로에서는 흐름이 난류로 변하는 레이놀즈수가 제시된 바 없다.

유체역학의 특성값(characteristic scales) 개념을 이용하면 개수로 흐름의 한계 레이놀즈수를 결정할 수 있다. 즉, 관수로 흐름에서 한계 레이놀즈수를 정의할 때 특성속도와 특성

길이로 각각 단면 평균유속(V)과 관의 지름(D)을 사용하였다. 즉,

$$Re_c \left(= \frac{VD}{\nu} \right) = 2,000 \tag{3}$$

동수반경은 $R_h = A/P$이므로, 원형 관에서 지름은 동수반경의 4배에 해당한다(즉, $D = 4R_h$). 따라서 위의 한계 레이놀즈수의 특성길이를 동수반경으로 나타내면 다음과 같다.

$$Re_c \left(= \frac{VR_h}{\nu} \right) = 500 \tag{4}$$

위에서 정의된 레이놀즈수는 관의 지름 대신 동수반경을 사용하므로 개수로에도 적용이 가능하다. 일반적으로 개수로 흐름에서 $Re < 500$일 때 층류영역, $500 < Re < 2,000$에서는 천이영역, 그리고 $Re > 2,000$는 난류영역으로 나뉜다. 개수로의 층류는 자연상태에서 거의 찾아 볼 수 없다.

1.4.2 상류와 사류

개수로가 동일한 유량을 흘려보내는데 2가지 방식이 있다. 하나는 깊은 수심에 유속을 느리게 해서 흘려보내는 것과, 다른 하나는 얕은 수심에 유속을 빠르게 해서 흘려보내는 방식이다. 단위 폭당 유량은 수심과 유속을 곱한 것이므로 두 가지 방식 모두 같은 유량을 흘려보낼 수 있다.

첫 번째 방식이 일상적인 흐름으로 상류(常流, subcritical flow)에 해당되며, 후자의 방식이 홍수때 수리시설물에서 물을 방류시키는 방식으로 사류(射流, supercritical flow)이다. 흐름의 상류 및 사류 여부는 프루드수(Fr)로서 판정을 하는데, 이론적으로 $Fr < 1$이면 상류이고 $Fr > 1$이면 사류이다. 그러나 실제에서는 Fr이 0.7에 근접하면 흐름이 불안정해지고 사류의 특성을 보이는 것으로 보고되고 있다.

▍1.5 개수로 단면의 유속분포

다음 그림은 직사각형 개수로에서 유속분포를 나타낸 것이다. 수로 단면에는 등유속선 (isovel)을 도시하였으며, 단면의 좌우측과 상단에는 선에 따른 유속 분포를 나타내었다. 그림에 의하면 개수로 단면의 형태는 매우 단순하지만 흐름 구조는 매우 복잡한 3차원 형태를 보이고 있다. 벽면에서는 비활조건(no-slip condition)으로 인하여 속도 경사가 매우 큰 것을 확인할 수 있으며, 상단의 자유수면은 전체적인 대칭 구조를 파괴하는 것으로 나

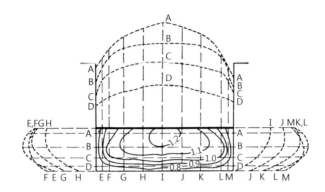

Figure 5.2 Velocity distribution in a rectangular open channel (Chow, 1959)

타나고 있다. 광폭수로의 경우나 측벽보다 바닥면의 조도가 큰 수로의 경우에는 유속 분포에서 측벽의 영향을 무시할 수 있다.

▎1.6 유량 및 보정계수

임의단면의 개수로에서 흐름에 수직한 방향의 미소체적 dA의 유속이 v라고 하자 (Figure 5.3 참조). δt 동안 흐름 방향으로 진행한 길이는 $v \times \delta t$이므로 동일한 방향으로 흘러간 물의 체적은 $v \times \delta t \times dA$와 같다. 따라서 미소체적을 통한 체적흐름률(volume flow rate)은 $v \times dA$이고, 유량 Q는 전체 단면적을 통한 체적흐름률이므로 적분하여 다음과 같이 쓸 수 있다.

$$Q = \int_A v dA \tag{5}$$

여기서 단면 평균유속을 $V \equiv Q/A$로 정의하면, 단면 평균유속에 관한 식은 다음과 같다.

$$V = \frac{1}{A} \int_A v dA \tag{6}$$

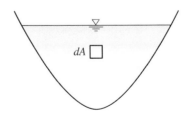

Figure 5.3 Cross section of an open channel

위의 개념을 적용하면 단면을 통과하는 질량흐름률(mass flow rate)은 ρQ임을 알 수 있다. 또한, δt 동안 미소체적을 통과하는 운동량은 $\rho v \delta t dA \times v$이다. 이를 전체단면에 대해 적분하면 다음과 같다.

$$\int_A \rho v^2 \delta t dA \tag{7}$$

한편, 평균유속을 사용하여 δt 동안 전체단면을 통과하는 운동량을 구하면 다음과 같다.

$$\rho V^2 \delta t A \tag{8}$$

미소체적을 통과하는 운동량을 적분한 값과 전체단면에 대해 평균유속을 가지고 구한 운동량은 일반적으로 같지 않으며 이는 단면에서 유속이 균일하지 않기 때문이다. 두 값의 비를 운동량 보정계수(momentum correction factor)라고 하며 다음과 같이 정의된다.

$$\beta = \frac{\int_A \rho v^2 \delta t dA}{\rho V^2 \delta t A} = \frac{\int_A v^2 dA}{V^2 A} \tag{9}$$

마찬가지로 위의 개념을 에너지로 확장하면 다음과 같이 에너지 보정계수(energy correction factor)를 정의할 수 있다.

$$\alpha = \frac{\int_A v^3 dA}{V^3 A} \tag{10}$$

역시 에너지 보정계수가 1이 아닌 것은 단면의 유속이 균일하지 않기 때문이며, 만일 단면에서 유속이 일정하다면 $\alpha = \beta = 1$이 성립한다.

2. 등류 이론

2.1 등류의 조건

개수로에서 정상상태의 등류는 다음과 같이 정의된다.
① 수로 구간 내의 모든 단면에서 수심, 유수단면적, 유속, 그리고 유량이 일정하다.

② 에너지경사(S_e), 수면경사(S_w), 그리고 수로바닥경사(S_0)가 모두 동일하다.

위의 ①항에서 등류의 정의에 사용된 유속은 단면 평균유속이다. 따라서 등류는 단면의 유속분포가 거리에 따라 변하지 않아야 하며 이러한 상태는 경계층이 충분히 발달되었을 때 얻어진다.

그렇다면 등류가 발생할 수 있는 역학적인 조건은 무엇인가? 개수로 흐름의 원동력은 중력으로부터 오며 흐름이 계속해서 가속하지 못하도록 평형을 이루는 힘은 윤변을 통해 작용하는 전단력이다. 따라서 등류는 중력과 전단력이 평형상태일 때 형성된다. 다음 그림에서와 같이 θ만큼 경사진 개수로에서 등류 조건을 살펴보자. 길이가 dx인 구간에 작용하는 중력의 흐름방향 성분은 다음과 같다.

$$F_g = w A \, dx \sin\theta \tag{11}$$

또한 중력에 대항하기 위해 윤변을 따라 작용하는 전단력은 다음과 같다.

$$F_f = \tau_0 P dx \tag{12}$$

힘의 평형상태는 식(11)과 (12)가 같을 때 발생하므로 다음과 같은 식을 얻을 수 있다.

$$\tau_0 = w R_h S_0 \tag{13}$$

여기서 S_0는 수로경사로서 $\tan\theta(\approx \sin\theta)$이다. 정상상태 등류의 경우 $S_0 = S_w = S_e$가 성립함에 유의한다.

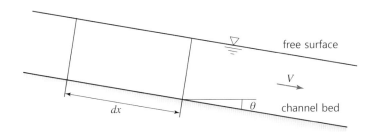

Figure 5.4 Uniform flow in an open channel

▎2.2 등류 공식

본 절에서 개수로의 대표적인 등류 공식으로 Chezy 공식, Manning 공식, 그리고 Darcy-

Weisbach 공식을 소개한다.

2.2.1 Chezy 공식

등류 공식의 역사는 1768년 Antoine Chezy가 프랑스 Paris의 Yvette River 데이터를 가지고 다음과 같은 식을 제시하면서 시작되었다.

$$V = C \sqrt{R_h S_0} \tag{14}$$

여기서 V = 평균유속이고 C = Chezy 상수이다. 위의 공식은 단순히 실측 자료를 분석하여 얻어진 것으로, 평균유속이 동수반경 및 하상경사의 제곱근에 비례한다는 것을 알 수 있다. 좌우변의 차원을 비교해 보면 C가 $[L^{1/2}T^{-1}]$의 차원을 갖는다.

2.2.2 Manning 공식

Robert Manning은 Ireland의 Office of Public Works에서 간선배수(arterial drainage)와 내륙 주운의 책임기술자로 근무하였다. 그는 실무에서 손쉽게 유량을 산정하기 위한 방법을 만들려고 하였는데, 1889년 당시 사용되던 7가지 공식에 자료를 적용하여 비교 분석한 결과 다음과 같은 식을 제안하였다.

$$V = \frac{1}{n} R_h^{2/3} S_0^{1/2} \tag{15}$$

위에서 n = Manning의 조도계수(roughness coefficient)이다. Chezy 공식과 비교해 보면, 평균유속이 하상경사의 제곱근에 비례하는 것은 동일하나 조도계수에 반비례하고 동수반경의 2/3승에 비례하는 것이 다르다.

사실은 프랑스의 기술자 Philippe Gauckler가 Manning이 공식을 제안하기 3년 전에 이미 동일한 형태의 공식을 제안한 바 있다. 이러한 사실을 기념하고자 식(15)를 Gauckler-Manning 공식이라고 부르기도 한다. Chezy 공식이 유럽에서 많이 사용되는 반면, Manning 공식은 국내 및 미국에서 주로 사용되는 공식이다. 다음의 표는 다양한 하상 상태에 대한 대표적인 Manning의 조도계수 값을 나타낸다.

Table 5.2 Various values of roughness coefficients for different bed materials

Material	Typical Manning roughness coefficient
Concrete	0.012
Gravel bottom with sides-concrete	0.020
-mortared stone	0.023
-riprap	0.033
Natural stream channels	
Clean, straight stream	0.030
Clean, winding stream	0.040
Winding with weeds and pools	0.050
With heavy brush and timber	0.100
Flood Plains	
Pasture	0.035
Field crops	0.040
Light brush and weeds	0.050
Dense brush	0.070
Dense trees	0.100

매닝(Robert Manning, 1816~1897)

매닝은 프랑스 노르망디에서 태어나 아버지가 돌아가신 후 10살 때 어머니와 아일랜드로 이주하였다. 유년시절부터 삼촌 밑에서 회계원으로 일을 하다가 아일랜드에 기근이 들자 공공사무국에서 배수구역을 확장하는 일을 하게 되었다. 1855년부터는 아일랜드의 토지조사를 수행하였고 이어 Belfast 시의 용수공급시스템 설계를 담당하게 되었다. 1862년부터 아일랜드 공공사무국의 상임기술자 보조 업무를 하다가 1874년 상임기술자로 임명되었고 1891년 퇴임하기 전까지 이곳에서 근무하였다. 1885년 매닝은 기술자로서의 경험을 종합하여 $V = CR_h^{2/3}S_0^{1/2}$ 공식을 제안하였는데 당시에는 세제곱근을 구하는 어려움이 있었고 또 차원이 일치하지 않는 문제점으로 인해 1889년에는 다른 형태의 식을 제시하기도 하였다. 후에 매닝 공식은 실무자들에 의해 많이 사용되었고 매닝 식의 C는 Kutter의 n 값의 역수라는 점이 받아들여지게 되었다. 매닝은 정규 교육과정을 통해 공학을 체계적으로 배운 적이 없다. 이러한 사실에 근거하여 매닝 공식이 수리학자들이 유체역학의 개념을 수용하고 발전시키는데 장애가 되었다는 비판도 있다. 그러나 공학적으로 유용한 도구는 간단하고 정확한 것이라는 사실을 유념할 필요가 있다.

2.2.3 Darcy – Weisbach 공식

아래의 식이 관수로나 개수로의 평균유속 계산을 위한 Darcy-Weisbach 공식이다.

$$V = \sqrt{\frac{8g}{f}} \sqrt{R_h S_0} \tag{16}$$

여기서 f는 무차원의 마찰계수(friction factor)로서 상대조도높이(k_s/R_h)와 레이놀즈수(Re)의 함수이다(여기서 k_s는 유효조도높이(effective roughness height)). 즉,

$$f = fn(k_s/R_h, \quad Re)$$

마찰계수 f의 값은 관수로 흐름에 대한 실험으로부터 얻어진 Moody 도표에서 구할 수 있는데, 레이놀즈수 500을 기준으로 다음과 같이 쓸 수 있다.

$$f = \frac{24}{Re} \qquad \text{for } Re \leq 500 \tag{17a}$$

$$f = \frac{0.223}{Re^{1/4}} \quad \text{for } 500 < Re \leq 25,000 \tag{17b}$$

수리학적으로 매끈한 경계면에서 $Re > 25,000$인 충분히 발달된 난류흐름의 경우 마찰계수는 다음 식과 같다.

$$\frac{1}{\sqrt{f}} = 2\log Re \sqrt{f} + 0.4 \quad \text{for hydraulically-smooth surface} \tag{18}$$

또한 $u_* k_s/v > 70$ 또는 $Re\sqrt{f}/(R_h/k_s) > 50$인 수리학적으로 거친 경계면에서 충분히 발달된 난류흐름의 경우에 마찰계수는 다음 식과 같다.

$$\frac{1}{\sqrt{f}} = 2\log \frac{R_h}{k_s} + 2.16 \quad \text{for hydraulically-rough surface} \tag{19}$$

여기서 k_s는 Nikuradse의 표면 조도높이와 동등한 값이며 u_*는 전단속도($= \sqrt{\tau_0/\rho}$)이다.

Darcy-Weisbach 공식은 18C에 제시되어 현재에 이르기까지 많은 사람들에 의해 개선되어온 긴 역사를 간직하고 있다(Brown, 2003). 1845년 Julius Weisbach는 관수로에서 수두손실을 계산하기 위해 다음 식을 제안하였다.

$$h_L = f \frac{L}{D} \frac{V^2}{2g}$$

위의 식은 현재 우리가 사용하는 식과 같은 형태이지만 마찰계수는 평균유속의 함수로 보았다. 1857년 Henry Darcy는 실험에 근거하여 오래되고 벽면이 거친 관로에 대해 다음과 같은 식을 제시하였다.

$$h_L = \frac{L}{D}\left(\alpha + \frac{\beta}{D}\right)V^2$$

Darcy에 의하면 마찰계수는 관벽의 거칠기뿐만 아니라 관의 직경과도 관련이 있으며 이를 Darcy의 마찰계수라고 불렀다. 이후 1942년 Rouse는 관수로의 손실수두 혹은 평균유속 공식에서 마찰계수의 정의가 너무 모호하고 실제문제에 사용하기 어려운 것을 통감하고 이를 통합하여 Rouse 곡선을 제시하였다. 마지막으로 Moody는 Rouse 곡선을 수정하여 마찰계수를 상대조도와 레이놀즈수의 함수로 제시하였다. 이와 같이 Darcy-Weisbach 공식은 오랜 기간 동안 많은 사람들에 의해 개선되고 보완되어 현재의 형태를 갖추게 되었다.

2.2.4 차원 문제

앞에서 소개된 Manning 공식은 좌우 변에 차원의 동차성(dimensional homogeneity)이 성립하지 않는다. 이는 Manning 공식이 해석적인 방법이 아니고 실측 데이터를 통하여 만들어졌기 때문이다. 이 문제를 해결하기 위해서 다음과 같이 Manning 공식을 수정하여 사용하기도 한다.

$$V = \frac{C_m}{n}R_h^{2/3}S_0^{1/2} \tag{20}$$

여기서 C_m의 값으로 SI 단위계와 English 단위계에 대해 각각 1과 1.49를 사용한다. 이와 같은 방식을 도입하게 된 이유를 살펴보면 다음과 같다.

앞서 소개한 3가지 등류 공식으로부터 다음과 같은 관계가 성립함을 보일 수 있다.

$$\sqrt{\frac{8}{f}} = \frac{C}{\sqrt{g}} = \frac{C_m}{\sqrt{g}}\frac{R_h^{1/6}}{n} \tag{21}$$

위의 식으로부터 다음과 같은 사실을 도출할 수 있다.

(i) Chezy 공식의 C는 $\sqrt{g}$의 차원을 갖는다.

(ii) Manning 공식에서 n이 중력에 따라 변하는 물리량이 아니므로 C_m은 $\sqrt{g}$의 차원을 갖고 n은 $[\text{L}^{1/6}]$의 차원을 갖는다. 비록 n이 $[\text{L}^{1/6}]$의 차원을 갖지만 SI 단위계와 English

단위계에서 동일한 n의 값을 사용하기 위하여 C_m이 g의 차원뿐만 아니라 SI 단위계로부터의 전환 계수의 역할을 하게 된다. 즉, SI 단위계에서는 $C_m = 1$이며 English 단위계에서는 $C_m = 1.49$를 사용하여 단위계에 상관없이 동일한 n값을 사용할 수 있는 것이다.

2.2.5 이론적 고찰

차원해석을 통하여 하상전단응력 τ_0를 표현하면 다음과 같다.

$$\frac{\tau_0}{\rho V^2/2} = c_f \tag{22a}$$

혹은

$$\tau_0 = c_f \frac{\rho V^2}{2} \tag{22b}$$

여기서 c_f는 하상의 거칠기(粗度)에 의해서 영향을 받는 기하학적인 계수이다. 위의 식으로부터 하상의 저항력은 평균유속의 제곱에 비례하는 것을 알 수 있다. 따라서 전단력을 다음과 같이 표현할 수 있다.

$$F_f = KV^2 P dx \tag{23}$$

여기서 K는 비례상수이다. 식(22b)와 식(23)으로부터 평균유속에 관한 다음 Chezy 공식을 얻을 수 있다.

$$V = C\sqrt{R_h S_0}$$

여기서 $C = \sqrt{w/K}$. 위의 식에 $C = R_h^{1/6}/n$을 대입하면 Manning 공식을 얻고 $C = \sqrt{8g/f}$를 대입하면 Darcy-Weisbach 공식을 얻을 수 있다.

위의 세 가지 등류공식 가운데 Darcy-Weisbach 공식이 가장 이론적으로 우수하다고 할 수 있다. Darcy-Weisbach의 f는 무차원의 수이며 다른 조도계수가 다분히 경험적인데 반해 f값은 Moody 도표에 주어져있다. 그러나 Darcy-Weisbach 공식의 f는 국부적인 양이고 (local quantity) Manning 공식의 n이나 Chezy 공식의 C는 구간 평균된(reachwise-averaged) 값이다. 또한, 실제 개수로 문제에서 Darcy-Weisbach 공식이 널리 쓰이지 않는 이유는 마찰계수 값이 관수로 실험에서 얻어졌기 때문이다. 즉, 개수로 흐름에 대해서는 어떤 Moody 도표도 존재하지 않으며, f와 Re의 관계는 수로 형상에 따라 변한다.

15세기 청계천 개수–조선 최초의 하천개수사업

사람이 모여 살면 자연이 망가진다. 평야, 강가, 바닷가, 산지, 섬 어느 곳이든 사람들이 많이 모여 살면 주변 환경이 훼손된다. 서울을 가로질러 흐르는 청계천은 지금부터 500년 전 태종 때부터 벌써 하천 훼손과 오염 문제가 사회문제로 대두되었다. 그 당시 한양이 조선의 수도로 정해지자 임금을 비롯한 많은 백성들이 한양성 안에 모여 살게 되고, 특히 빈민들이 청계천 주변에 붙어 살게 되자 그 맑던 청계천이 점차 훼손되기 시작하였다. 이러한 하천 훼손과 더불어 산에서 토사가 쓸려 내려와 청계천 바닥에 쌓여 하상이 높아져 홍수가 잦아지자 태종은 개거도감(開渠都監)을 설치하여 대대적인 하천정비사업을 실시하였다. 이는 아마 한반도 최초의 하천정비로 볼 수 있다.

▌2.3 복합조도 단면의 등가조도

2.3.1 단단면 수로의 등가조도

Manning의 공식을 이용하여 Figure 5.5(a)와 같은 복합조도의 개수로에서 i번째 단면의 평균유속을 구하면 다음과 같다.

$$V_i = \frac{1}{n_i}\left(\frac{A_i}{P_i}\right)^{2/3} S_0^{1/2}$$

이를 이용하여 전체 단면적은 다음과 같이 쓸 수 있다.

$$A = \sum_i A_i = \sum_i P_i n_i^{3/2} \frac{V^{3/2}}{S_0^{3/4}}$$

한편, 단면의 구분 없이 Manning 공식으로부터 직접 전체 단면적을 구하면 다음과 같다.

$$A = \frac{V^{3/2} P n^{3/2}}{S_0^{3/4}}$$

위의 전체 단면적에 관한 두 식으로부터 복합조도 개수로의 등가조도계수는 다음과 같다.

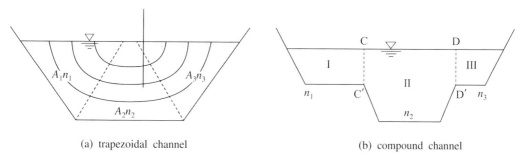

(a) trapezoidal channel　　　　　　　　(b) compound channel

Figure 5.5　Channel with composite roughness and compound channel

$$n = \frac{\left(\sum_i P_i n_i^{3/2}\right)^{2/3}}{P^{2/3}} \tag{24}$$

2.3.2 복단면 수로의 유량

Figure 5.5(b)와 과 같이 두 개 이상의 단면형으로 이루어진 수로를 복단면(compound section) 개수로라 한다. 복합조도의 개수로와 비슷하게, 복단면 개수로에서의 평균속도는 다음과 같이 주어진다.

$$V_i = \frac{1}{n_i}\left(\frac{A_i}{P_i}\right)^{2/3} S_0^{1/2}$$

그러므로 전체 유량은 다음과 같이 주어진다.

$$Q = \sum_i A_i V_i \tag{25}$$

복합조도 수로에서의 유속 분포는 비교적 균일하다고 가정하며, 복단면 수로에서의 유속 분포는 주수로와 홍수터가 큰 차이를 보이는 경우에 해당한다.

▌2.4 등류의 계산

전술한 바와 같이, 등류는 일정한 유량이 거리에 따른 유속 및 수심의 변화 없이 흐르는 것을 의미한다. 유량이 주어진 경우, 등류에 관한 평균유속 공식을 만족시키면 단면에 따라 수심이 결정된다. 예를 들어, Manning 공식을 사용하는 경우, 유량은 다음과 같다.

$$Q = AV = \frac{A}{n} R_h^{2/3} S_0^{1/2} \tag{26}$$

여기서 유수단면적(A)과 농수반경(R_h)이 수심(y)의 함수이다. 따라서 좌변의 유량을 만족시키는 수심이 등류수심(normal depth)이 된다.

▌예제▐ 직사각형 수로의 등류 수심

폭(b)이 4 m이고 직사각형 수로의 하상경사(S_0)가 0.001인 수로의 조도계수(n)가 0.01이다. 유량(Q) 1 m^3/s가 흐를 때 등류수심을 구하라.

[풀이]

직사각형 수로에 대하여 Manning 공식을 이용하여 유량을 표현하면 다음과 같다.

$$Q = \frac{by}{n} \left(\frac{by}{b+2y} \right)^{2/3} S_0^{1/2}$$

반복법을 사용하기 위하여 위의 식을 $y = f(y)$의 형태로 바꾼다. 즉,

$$y = \frac{nQ}{b} \times \left(\frac{by}{b+2y} \right)^{-2/3} S_0^{-1/2}$$

반복법에 의하여 수심 y를 찾기 위해 적절한 초기값이 필요하다. 이를 위하여 광폭수로를 가정하여 y의 초기값을 찾는다. 광폭수로의 경우 $R_h \simeq y$로 볼 수 있으므로

$$Q = \frac{A}{n} y^{2/3} S_0^{1/2} = \frac{by}{n} y^{2/3} S_0^{1/2} = \frac{b}{n} S_0^{1/2} y^{5/3}$$

y에 대하여 정리하고 값을 구하면

$$y = \left(Q \frac{n}{b} S_0^{-1/2} \right)^{3/5} = \left(1 \times \frac{0.01}{4} 0.001^{(-1/2)} \right)^{3/5} = 0.218 \ m$$

초기값 $y = 0.218$ m를 $y = f(y)$의 우변에 대입하면

$$y = 0.0791 \times \left(\frac{4y}{4+2y} \right)^{-2/3} = 0.0791 \times \left(\frac{4 \times 0.218}{4 + 2 \times 0.218} \right)^{-2/3} = 0.234 \ m$$

이를 다시 우변에 대입하여 수렴될 때까지 반복한다. 결국 등류수심 $y = 0.228$ m를 얻을 수 있다. 광폭수심에 대한 등류수심과 5% 미만의 차이가 있음을 알 수 있다. ■

▌예제 ▌ 원형 폐합관거의 유량

아래 그림과 같이 직경이 d_0인 원형 폐합관거에서 유량이 최대로 통수될 때의 수심을 구하라.

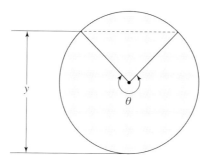

[풀이]

표에서 원형 폐합관거의 수심이 y일 때, 단면적, 윤변, 그리고 동수반경은 각각 다음과 같다.

$$A = \frac{1}{8}(\theta - \sin\theta)d_0^2$$

$$P = \frac{1}{2}\theta d_0$$

$$R_h = \frac{1}{4}(1 - \frac{\sin\theta}{\theta})d_0$$

Manning 공식을 이용하면, 수심이 y일 때의 유량은 다음과 같다.

$$Q = \frac{A}{n}R_h^{2/3}S_0^{1/2}$$

$$= \frac{S_0^{1/2}}{n}\left[\frac{1}{8}(\theta - \sin\theta)d_0^2\right] \times \left[\frac{1}{4}(1 - \frac{\sin\theta}{\theta})d_0\right]^{2/3}$$

한편, 만관일 때의 유량을 Q_f라 하면 다음과 같다.

$$Q_f = \frac{S_0^{1/2}}{n} \times \frac{1}{8}2\pi d_0^2 \times (\frac{1}{4}d_0)^{2/3} = \frac{S_0^{1/2}}{n} \times 0.312 d_0^{8/3}$$

따라서

$$\frac{Q}{Q_f} = \frac{1}{0.312}\left[\frac{1}{8}(\theta - \sin\theta)d_0^2\right] \times \left[\frac{1}{4}(1 - \frac{\sin\theta}{\theta})d_0\right]^{2/3}$$

해석적인 방법으로 Q/Q_f가 최대인 θ 값을 구하기 어려우므로, 반복법을 사용한다. 여기서는 Bisection method를 사용하는데, 계산구간을 반으로 줄여가면서 해를 구하는 반복법이다.

iteration	θ_1	θ_2	θ_3	f_1	f_2	f_3
1	1.0π	2.0π	1.5π	0.499	1.000	1.033
2	1.5π	2.0π	1.75π	1.033	1.000	1.069
3	1.5π	1.75π	1.625π	1.033	1.069	1.071
4	1.625π	1.75π	1.688π	1.071	1.069	1.075
5	1.625π	1.688π	1.657π	1.071	1.075	1.074
6	1.657π	1.688π	1.673π	1.074	1.075	1.075

따라서 $\theta = 1.673$ rad= 301.14 deg이며, 이때의 수심은 다음과 같다.

$$y = \frac{d_0}{2} + \frac{d_0}{2}\cos\left(\frac{2\pi - \theta}{2}\right) = 0.935d_0$$

위의 결과로부터 만관일 때보다 유량을 7.5% 더 흘려보낼 수 있음을 알 수 있다.

2.5 수리학적 최적 단면

2.5.1 통수능

등류 계산을 위해 Chezy 공식이나 Manning 공식을 이용하여 유량을 다음과 같이 쓸 수 있다.

$$Q = K\sqrt{S_0} \tag{27}$$

여기서 K는 통수능(conveyance)으로서 다음과 같이 정의된다.

$$K = Q/\sqrt{S_0} \tag{28}$$

통수능이란 개수로 단면의 유수 소통 능력을 나타낸다. Chezy 공식의 경우 통수능은 다음과 같다.

$$K = CA\sqrt{R_h}$$ (29)

또한 Manning 공식에서 통수능은 아래 식과 같이 표현된다.

$$K = \frac{C_m}{n}AR_h^{2/3}$$ (30)

2.5.2 수리학적으로 유리한 단면

수로의 해석이 아닌 설계에 있어서 수리학적 최적단면(best hydraulic section) 개념이 사용된다. 수리학적 최적단면은 주어진 윤변에 대해 더 큰 유수단면적을 확보할 수 있으므로 다른 단면보다 통수에 효과적이다. 즉, 수리학적 최적단면은 주어진 단면적에 대해 최소의 윤변을 가져야 한다.

(1) 직사각형 수로

폭이 b이고 수심이 y인 직사각형 수로의 경우 단면적은 다음과 같이 표현된다(Figure 5.6(a) 참조).

$$A = by$$

단면적 A가 일정한 경우, 폭은 $b = A/y$가 되고 이를 이용하면 윤변의 길이를 다음과 같이 쓸 수 있다.

$$P = b + 2y = \frac{A}{y} + 2y$$ (31)

주어진 유량 (혹은 면적)에 대해 윤변의 길이가 최소인 y를 찾기 위하여, 식(31)을 y에 대해서 미분하여 영으로 하면

$$\frac{dP}{dy} = 0$$ (32)

또는

$$-\frac{A}{y^2} + 2 = 0$$

위의 식으로부터 다음의 조건을 얻을 수 있다.

$$b = 2y \tag{33}$$

즉, 직사각형 개수로에서 수리학적으로 유리한 단면의 폭은 수심의 두 배이다.

(2) 사다리꼴 수로

Figure 5.6(b)와 같은 사다리꼴 단면의 경우 단면적 A와 윤변 P에 대하여 각각 다음과 같은 식을 얻을 수 있다.

$$A = by + my^2 \tag{34}$$

$$P = b + 2y \sqrt{1 + m^2} \tag{35}$$

식(34)에서 b 대신에 P를 이용하여 단면적을 다시 쓰면 다음과 같다.

$$A = \left(P - 2y \sqrt{1 + m^2}\right) y + my^2$$

위의 식을 y에 대해 미분하면 다음과 같다.

$$\frac{dA}{dy} = \left(\frac{dP}{dy} - 2 \sqrt{1 + m^2}\right) y + \left(P - 2y \sqrt{1 + m^2}\right) + 2my = 0$$

위에서 $dP/dy = 0$으로 하면 다음 식을 얻는다.

$$P = 4y \sqrt{1 + m^2} - 2my$$

여기서 $dP/dm = 0$의 조건을 이용하면 m의 값은 다음과 같다.

$$m = 1/\sqrt{3} \tag{36}$$

그러므로 수리학적으로 유리한 단면은 정육각형의 절반이 된다.

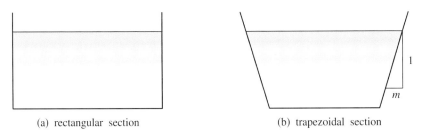

(a) rectangular section   (b) trapezoidal section

Figure 5.6 Best hydraulic sections

3. 부등류 이론

3.1 비에너지

비에너지(specific energy)란 수로 바닥을 기준으로 하여 단위 무게당 유수의 총에너지로서 운동에너지와 위치에너지의 합이다. 따라서 비에너지는 다음과 같이 표현할 수 있다.

$$E_s = y + \alpha \frac{V^2}{2g} = y + \alpha \frac{Q^2}{2gA^2} \tag{37}$$

여기서 α는 에너지 보정계수이며 1로 가정할 수 있다. 비에너지는 일정유량 Q를 흘려보낼 수 있는 최솟값을 가지며, 이때의 흐름을 한계류(critical flow)라고 한다. 식(37)을 y에 대해 미분하면 E_s가 최소일 때의 y 값을 얻을 수 있다. 즉,

$$\frac{dE_s}{dy} = 1 - \frac{Q^2}{gA^3} \frac{dA}{dy} = 1 - \frac{V^2}{gA} \frac{dA}{dy}$$

자유수면 근처에서는 $dA/dy = T$ 이므로 위의 식은 다음과 같이 표현된다.

$$\frac{dE_s}{dy} = 1 - \frac{V^2 T}{gA} = 1 - \frac{V^2}{gD} = 1 - Fr^2$$

여기서 $D(=A/T)$는 수리수심이다. 위의 식으로부터 한계류에 대해서 다음 식이 성립하는 것을 알 수 있다.

$$\frac{V^2}{2g} = \frac{D}{2} \tag{38}$$

식(38)을 유도하는데 있어서 수로 형상에 관한 어떠한 가정도 하지 않았으므로 위의 식은 임의의 형상을 가진 모든 수로에 대해 적용할 수 있다.

다음 그림은 비에너지(가로축)와 수심(세로축)과의 관계를 도시한 것이다. 유량이 일정한 경우, 비에너지와 수심은 45°선 아래에 좌측으로 볼록하게 그려지는데, 하나의 비에너지에 서로 다른 두 수심 y_1과 y_2가 존재하는 것을 확인할 수 있다. 비에너지가 최소인 상태에서 수심은 하나가 존재하는데 이것이 한계수심(y_c)이다. 한계수심보다 큰 수심 y_1은 상류 상태이며, 작은 수심 y_2는 사류 상태에 해당하는 수심이다. 두 수심을 서로의 대응수심

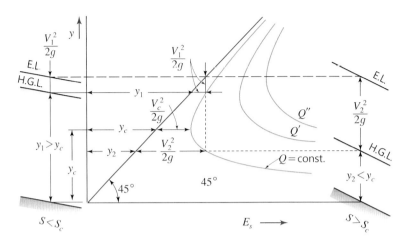

Figure 5.7 Flow depth versus specific energy

(alternate depth)이라고 한다.

직사각형 수로에서 비에너지가 일정한 경우, 유량과 수심과의 관계를 식(37)로부터 유도하면 다음과 같다.

$$Q = \sqrt{\frac{2g}{\alpha}(E_s - y)B^2 y^2} \tag{39}$$

위의 관계를 도시한 것이 Figure 5.8이다. 하나의 유량에 대해 서로 다른 두 수심이 존재하며, 비에너지가 일정할 때 유량이 최대인 점이 한계상태임을 알 수 있다. 사각형 수로의 경우 한계수심은 다음과 같다.

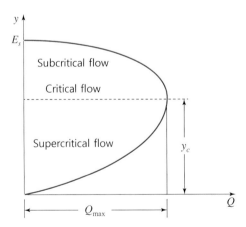

Figure 5.8 Flow depth versus discharge

$$y_c = (q^2/g)^{1/3} \tag{40}$$

y_c를 식(37)에 대입하면 다음과 같은 비에너지의 최솟값을 얻을 수 있다.

$$\mathrm{Min}(E_s) = \frac{3}{2}y_c \tag{41}$$

이상의 내용을 정리하면, 한계류는 유량이 일정할 때 비에너지가 최소인 흐름 혹은 비에너지가 일정할 때 유량이 최대인 흐름이다.

▍예제 ▍

유속이 1.5 m/s이고 수심이 2.5 m인 개수로 흐름에서 아래 그림에서와 같이 바닥으로부터의 높이 Δz인 직사각형 장애물이 있다.

(1) $\Delta z = 0.3$ m일 때 직사각형 장애물 위에서의 수심을 구하라.

(2) 상류방향으로 흐름에 영향을 주지 않을 만한 장애물의 최대 높이 $\Delta z_{\max}$를 구하라.

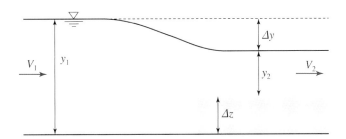

[풀이]

(1) 유속과 수심이 각각 1.5 m/s와 2.5 m이므로 단위폭당 유량은 $q = 3.75$ m^2/s이다. 상류 한 지점의 단면과 장애물 위의 단면에 비에너지가 동일하므로 다음 식이 성립한다.

$$y_1 + \frac{V_1^2}{2g} = y_2 + \frac{V_2^2}{2g} + \Delta z$$

위의 식을 정리하면 다음과 같다.

$$y_2 + \frac{(3.75/y_2)^2}{2g} - 2.31 = 0$$

위의 3차방정식을 해석하면 다음과 같은 두 개의 양의 해를 얻는다.

$$y_2 = 0.66 \text{ m} \quad \text{혹은} \quad 2.16 \text{ m}$$

일반적으로 장애물 위에서 수심은 감소하므로 $y_2 = 2.16$ m이고 $V_2 = 1.74$ m/s이다. 장애물 위에서 전반적으로 수위가 0.04 m 낮아진 것을 알 수 있다.

(2) 마찬가지로 두 단면의 비에너지가 동일하다는 조건으로부터 다음과 같은 식을 얻을 수 있다.

$$y_1 + \frac{V_1^2}{2g} = y_2 + \frac{V_2^2}{2g} + \Delta z_{\max}$$

또한 주어진 흐름에 대한 한계수심은 다음과 같다.

$$y_c = \left(\frac{q^2}{g}\right)^{1/3} = 1.13 \text{ m}$$

유량이 일정할 때 비에너지의 최솟값은 다음과 같다.

$$E_{sc} = \frac{3}{2}y_c = 1.69 \text{ m}$$

따라서 장애물의 최고 높이는 다음과 같다.

$$\Delta z_{\max} = E_s - E_{sc} = 0.92 \text{ m}$$

만약 장애물의 높이가 $\Delta z_{\max}$보다 크면 초우킹 현상(choking)이 발생한다. 초우킹 현상이란 비에너지가 특정 값을 초과할 때만 흐름이 간헐적으로 발생하는 것을 의미한다.

앞의 문제는 다음과 같이 수심-비에너지 그림을 가지고 설명할 수 있다. 유량이 일정한 경우 수심-비에너지 관계는 하나의 곡선으로 특정되며, 비에너지가 최소일 때의 흐름이 한계류이다. 주어진 문제에서 단위 폭당 유량은 $q = 3.75$ m²/s이고 한계수심은 $y_c = 1.13$ m이다. 이때 수심은 비에너지의 2/3배이므로 $E_{sc} = 1.69$ m이다.

주어진 흐름 조건에서 비에너지는 $E_{s1} = 2.61$ m이고 이때의 수심은 상류인 경우 $y_1 = 2.5$ m이고 사류인 경우 0.60 m이다. 장애물의 높이 $\Delta z = 0.3$ m인 경우, $E_{s2} = E_{s1} - \Delta z$ 이므로 $E_{s2} = 2.31$ m인 수심은 $y_2 = 2.16$ m(상류) 혹은 0.66 m(사류)이다. 그러나 장애물 위에서 흐름은 상류이므로 $y_2 = 2.16$ m이고 $V_2 = 1.74$ m/s가 된다. 또한, 상류 방향으로 영향을 주지 않을 장애물의 최대 높이를 구하기 위해서는, 비에너지가 최솟값보다 크거나 같아야 하므로 $\Delta z_{\max} = E_{s1} - E_{sc} = 2.61 - 1.69 = 0.92$ m가 된다.

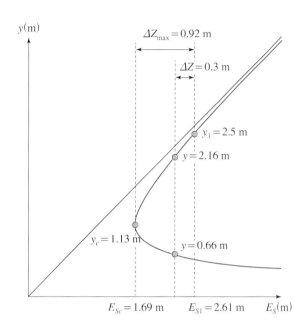

▌3.2 비력

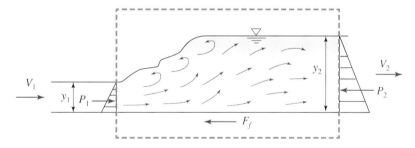

Figure 5.9 Application of momentum equation to a hydraulic jump

위의 그림에서 직사각형 점선으로 둘러싸인 검사체적에 대하여 운동량방정식을 적용하면 다음과 같다.

$$\sum F = \rho Q (V_2 - V_1) \tag{42}$$

위의 식에서 좌변의 외력은 다음과 같다.

$$\sum F = P_1 - P_2 + W\sin\theta - F_f \tag{43}$$

여기서 P_i는 단면 i에서의 압력, W는 검사체적 내 물의 무게, 그리고 F_f는 바닥의 마찰력이다. 경사가 매우 작고 마찰력을 무시할 수 있다고 가정하면($\sin\theta \approx 0$, $F_f \approx 0$), 위의 식은 다음과 같이 된다.

$$\rho Q(V_2 - V_1) = P_1 - P_2 \tag{44}$$

혹은

$$\frac{Q^2}{gA_1} + h_{g1}A_1 = \frac{Q^2}{gA_2} + h_{g2}A_2 \tag{45}$$

여기서 h_g는 수면에서 단면의 도심까지의 거리이다. 위의 식으로부터 비력(specific force)을 다음과 같이 정의할 수 있다.

$$M = \frac{Q^2}{gA} + h_g A \tag{46}$$

위의 식의 우변에서 첫 번째 항은 단위 시간 및 단위 물무게 당 운동량이며 두 번째 항은 단위 물무게 당 힘이다. 따라서 두 단면에서 비력이 보존됨을 알 수 있다. 비력 M을 y에 대해서 미분하면

$$\frac{dM}{dy} = -\frac{Q^2}{gA^2}\frac{dA}{dy} + \frac{d}{dy}(h_g A) \tag{47}$$

$dM/dy = 0$ 조건으로부터 다음 식을 얻을 수 있다.

$$\frac{V^2}{2g} = \frac{D}{2} \tag{48}$$

즉, 비력이 최소일 때의 수심이 한계수심이 된다.

▎3.3 상류와 사류

3.3.1 프루드수

앞에서 일정한 유량에 대하여 비에너지 및 비력이 최소로 될 때 흐름이 한계류이며 이

때 프루드수가 1임을 보였다. 프루드수는 중력에 대한 관성력의 상대적인 크기를 나타내는 무차원 수이며 다음과 같이 정의된다.

$$Fr = \frac{V}{\sqrt{gD}} \tag{49}$$

엄밀하게 위의 프루드수는 관성력과 중력의 비에 대한 제곱근이다. 일반적으로 프루드수는 공기역학 분야에서는 중요하지 않지만, 중력의 역할이 중요한 하천수리학이나 선박설계 같은 분야에서는 매우 중요하다.

윌리엄 프루드(William Froude, 1810~1879)

프루드는 영국의 Dartington에서 태어났다. 어려서부터 수학에 두각을 나타냈으며 Oxford Oriel College에 진학하였는데, 학창시절부터 남다르게 손재주가 좋아 기숙사 방안에서 소형 기관차나 보트의 엔진을 직접 만들 정도였다. 졸업 후에는 약 4년의 토목기사 수습을 마치고 당시 철도, 교량, 선박 건조 등에 이름을 날리던 엔지니어 Brunel과 일하게 된다. 이후 선박 건조와 관련된 일을 하게 되는데, 당시 대형 선박의 안전을 확보하기 위한 설계가 영국 해군의 큰 골칫거리였다. 모형실험 결과는 부정확했으며 과다하게 설계된 엔진은 배의 하중을 증가시켜 비경제적이었다. 프루드는 실물 배의 저항력을 결정하기 위한 모형실험에서 배의 크기가 작은 경우 배의 속도도 줄여 관성력을 감소시켜야 한다는 이론을 전개하였다. 이는 후에 프루드 상사법칙으로 불리며 모형실험의 기본이론으로 받아들여지고 있다.

3.3.2 한계경사

등류상태로 한계수심을 유지하면서 주어진 일정 유량을 흘려보낼 수 있는 수로경사를 한계경사 S_c라고 한다. 한계경사는 식(38) 혹은 식(48)에 식(15)의 유속을 대입하여 얻어진다.

$$S_c = \frac{n^2 gD}{R_h^{4/3}} \tag{50}$$

여기서 한계경사가 조도계수의 제곱에 비례한다는 사실에 주목해야 한다. 즉 조도가 클수록 주어진 유량을 한계상태로 소통시키기 위해서는 더욱 큰 경사가 필요하게 된다.

개수로의 경사가 한계경사보다 작은 경우 완경사(mild slope)라고 하며 등류수심은 한계수심 위에 놓이게 된다. 반대의 경우는 급경사(steep slope)에 해당하는데, 한계수심이 등류수심보다 크다.

┃ 예세 ┃

폭(b)이 60 cm이고 경사(S_0)가 0.005인 직사각형 개수로에 유량(Q) 0.83 cms가 흐른다. 조도계수(n)를 0.015라고 할 때, 등류수심과 한계수심을 구하라.

[풀이]

(i) Manning의 평균 유속 공식을 이용하여 등류수심을 구하면

$$Q = \frac{A}{n} R_h^{2/3} S_0^{1/2}$$

여기서

$$A = b\,y_n$$

$$R_h = \frac{by_n}{b + 2y_n}$$

위의 식에 주어진 자료를 대입하면 다음과 같다.

$$0.83 = \frac{by_n}{n} \left(\frac{by_n}{b + 2y_n}\right)^{2/3} S_0^{1/2}$$

위의 식은 y_n에 대한 비선형 방정식이므로 직접 해석이 불가능하다. 따라서 반복법을 사용하면

No. of iterations	y_n	Q
1	1.0	1.06
2	0.5	0.46
3	0.75	0.76
4	0.81	0.83

그러므로 주어진 유량에 대한 등류수심은 $y_n = 0.81$ m이다.

(ii) 식(40)을 이용하여 한계수심을 구하면

$$y_c = \sqrt[3]{q^2/g} = 0.58 \text{ m}$$

따라서 등류수심이 한계수심보다 큰 완경사 흐름에 해당한다.

(iii) 식(50)을 이용하여 한계경사를 계산하면 $S_c = 0.0135$이므로 위의 계산이 타당함을 알 수 있다.

3.3.3 상류와 사류의 특성

식 (49)에서 V는 평균유속이고 $\sqrt{gD}$는 장파(長波)의 파속(波速, wave celerity)이다. 장파의 파속은 하천과 같이 수심이 얕은 경우 수면의 교란(disturbance) 등이 전파되는 속도를 의미한다. 한계상태($Fr = 1$)에서 유속과 장파의 파속은 같다.

(i) 상류: $Fr < 1$

상류(常流)의 경우 유속은 장파의 파속보다 작다(즉, $V < \sqrt{gD}$). 따라서 하나의 표면파는 $-(V - \sqrt{gD})$의 속도로 상류방향으로, 그리고 다른 하나의 표면파는 $(V + \sqrt{gD})$의 속도로 하류방향으로 전파된다(Figure 5.10(a) 참조). 그러므로 상류의 경우 하류(下流)에서 발생한 변화가 상류(上流)에 영향을 준다.

(ii) 사류: $Fr > 1$

사류(射流)의 경우 유속은 장파의 파속보다 크다(즉, $V > \sqrt{gD}$). 따라서 두 표면파가 $(V - \sqrt{gD})$와 $(V + \sqrt{gD})$의 속도로 하류방향으로 전파된다(Figure 5.10(b) 참조). 그러므로 사류의 경우 하류에서 발생한 어떠한 표면파도 상류방향으로 전달되지 않는다.

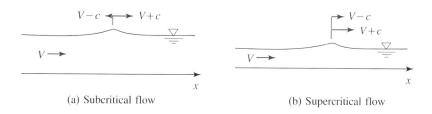

(a) Subcritical flow   (b) Supercritical flow

Figure 5.10   Wave propagation

3.4 도수

도수(跳水, hydraulic jump)는 개수로 흐름이 사류에서 상류로 천이하면서 수심이 급격히 증가하고 유속이 현저하게 감소하는 현상이다. 흐름이 사류에서 깊은 상류로 천이하는 과정에서 자유수면은 롤러(roller)에 의한 불연속이 발생하여 공기와 혼합되고 흐름의 에너지가 소산되는 것이 특징이다. 공학적 관점에서 도수는 사류의 과도한 운동에너지를 소멸시키는데 유용한 수단이 된다. 댐의 여수로(spillway)에서 사류로 방류된 물이 계속해서 사류 상태로 흐르게 되면 하상 침식의 위험이 있으므로 도수 발생을 유도하여 유속을 감소시킨다. 특히 에너지 소산을 목적으로 물받이(apron) 혹은 감세공이 설치된 정수지(stilling basin)에서 도수를 발생시켜 에너지를 소산한다. 이러한 시설물의 바닥은 세굴을 막기 위해 상당한 두께의 콘크리트로 포장되어 있다.

3.4.1 도수의 기능

도수를 공학적인 측면에서 다음과 같이 활용할 수 있다.

• 운동에너지 소산(dissipation of kinetic energy)
댐 혹은 보를 월류한 흐름이 사류에서 상류로 천이하면서 운동에너지를 소산시켜 안정된 흐름을 얻을 수 있다.

• 화학물질의 혼합(mixing of chemicals)
도수의 천이과정에서 발생하는 롤러는 재순환에 의한 역방향 흐름을 동반하므로 사류상태에서 화학물질을 주입하면 혼합 효율이 증가한다.

• 재폭기(re-aeration)
도수 발생 시 롤러에 의하여 공기와 혼합이 이루어지고 유수 중의 에어 포킷이 제거된다.

• 흐름 측정(flow measurement)
사류로 되는 과정에서 조절단면이 형성되는 경우, 수심을 측정하여 유량으로 환산할 수 있다.

3.4.2 도수 관계식

수평면에서 발생하는 도수 현상을 살펴보자. 연속방정식으로부터 다음 식을 얻을 수 있다.

$$V_1 y_1 = V_2 y_2 \tag{51}$$

또한, 운동량 방정식은 다음과 같다.

$$\frac{wy_1^2}{2} - \frac{wy_2^2}{2} = \rho V_2 \left(y_2 V_2 \right) + \rho V_1 \left(-y_1 V_1 \right) \tag{52}$$

위의 식에서 좌측 항은 정수압에 의한 힘을 나타내는데, 운동량방정식을 적용하는 두 지점이 도수의 불연속 면(front)에서 멀리 떨어져 있어야 성립한다. 왜냐하면 도수의 불연속 면에 가까운 지점에서는 정수압 법칙이 성립하지 않기 때문이다. 도수 전의 수심과 유속 (y_1과 V_1)이 주어져 있고 도수 후의 수심과 유속(y_2와 V_2)을 구하기 위해, 위의 두 식을 연립하여 해석하면 다음과 같은 Belanger 공식을 얻을 수 있다.

$$y_2 = -\frac{y_1}{2} + \frac{y_1}{2}\sqrt{1 + 8\mathrm{Fr}_1^2} \tag{53a}$$

혹은

$$\frac{y_2}{y_1} = \frac{1}{2}\left(\sqrt{1 + 8\mathrm{Fr}_1^2} - 1 \right) \tag{53b}$$

여기서 수심 y_1을 초기수심 y_2를 공액수심(conjugate depth or sequent depth)이라고 한다. 식(53)을 사용하면 도수 전의 수심과 유속으로부터 도수 후의 수심과 유속을 구할 수 있다. 반대로 도수 후의 수심과 유속(y_2와 V_2)을 가지고 도수 전의 수심과 유속(y_1과 V_1)을 구할 수 있는데 이에 대한 관계식은 다음과 같다.

$$\frac{y_1}{y_2} = \frac{1}{2}\left(\sqrt{1 + 8\mathrm{Fr}_2^2} - 1 \right) \tag{53c}$$

여기서 도수 전과 후에 에너지 보존이 성립하지 않음에 유의하여야 한다. 에너지 손실을 구하기 위해 에너지 방정식을 쓰면 다음과 같다.

$$\frac{V_1^2}{2g} + y_1 = \frac{V_2^2}{2g} + y_2 + h_L \tag{54}$$

여기서 h_L은 도수로 인한 손실수두이며, 식(53)을 써서 V_1과 V_2를 소거하면 다음과 같은 식을 얻을 수 있다.

$$h_L = \frac{(y_2 - y_1)^3}{4y_1 y_2} \tag{55}$$

3.4.3 도수 발생과 비에너지 및 비력의 변화

다음 그림은 도수와 관련된 비에너지 곡선(왼쪽)과 비력 곡선(오른쪽)을 도시한 것이다. 먼저 가운데 그림으로부터 도수가 발생하기 전 수심은 y_1이고 비에너지는 E_{s1}이며, 도수가 발생하여 ΔE_s만큼의 에너지손실이 발생한 후 수심은 y_2이고 비에너지는 E_{s2}로 되었다. 왼쪽의 비에너지 곡선에서 초기수심 y_1에 대한 대응수심은 y_2'이지만 실제 ΔE_s 만큼의 에너지 손실이 발생하였으므로 가로축의 $E_{s2}(= E_{s1} - \Delta E_s)$에 해당하는 수심 y_2가 도수 후의 수심이 된다. 그러나 오른쪽의 비력 곡선을 보면, 도수 전후에 비력은 보존되므로 도수 전 수심 y_1의 공액수심에 해당하는 y_2가 그대로 도수 후의 수심이 된다.

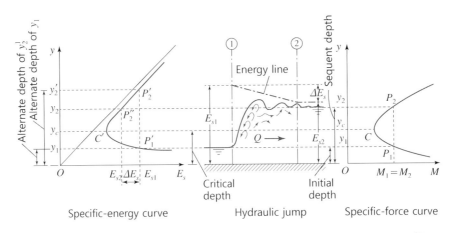

Figure 5.11 Changes of specific energy and specific force due to hydraulic jump (Chow, 1959)

3.4.4 보 월류의 형태 및 물받이 설계

아래 그림은 보 혹은 댐을 월류하는 흐름이 하류 수심(tail water depth)에 따라 발생하는 4가지 다른 흐름 양상을 보여준다. 즉, 보를 월류한 흐름의 공액수심(y_2)이 하류 수심(y_j)과 일치하는 경우 완전도수(optimum jump)가 발생한다(b). 그러나 하류 수심이 공액수심보다 작을 때 (a)와 같이 하류 하도에서 일반적인 형태의 도수가 발생하고, 공액수심보다 클 때에는 (c)와 같이 수중도수(submerged jump)의 형태가 된다. 수중도수의 경우, 외부에서 관찰되는 표면적인 흐름은 특이한 것이 없어 보이나 수중에서는 강한 회전류가 발생하여 사람 혹은 보트가 주변에 있을 때 빠져 나오기 어려운 치명적인 위험에 처하게 된다(Figure 5.13 참조). 하류 수심이 더욱 증가하게 되면 침강(plunging) 현상이 발생하지

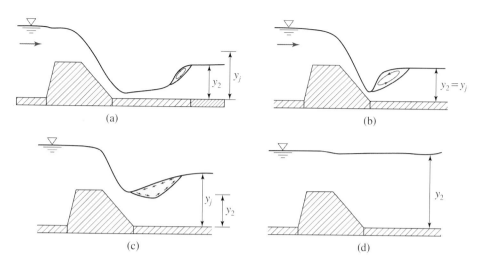

Figure 5.12 Four patterns of flows over weir

않고 (d)와 같이 수평으로 흘러가게 된다(washed-out jump).

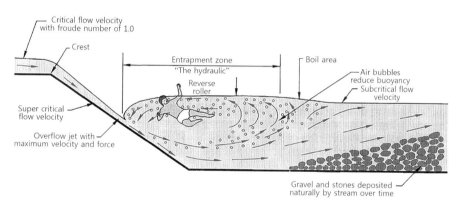

Figure 5.13 "Hydraulic" due to submerged jump (Wright et al., 1995)

다음 그림은 댐의 여수로(spillway)를 통해 홍수를 방류할 때 발생하는 수리학적 현상을 보여주고 있다. 여수로에서 사류 상태의 흐름은 일반 하도에서 상류 상태로 흐르기 때문에 도수를 통한 천이과정(transition)을 거쳐야 한다. 왼쪽의 그림은 댐 하부의 물받이에서 도수가 발생하고, 오른쪽은 에이프런 밖에서 도수가 발생하여 하도에 세굴(scour)이 발생하는 경우이다. 후자와 같이 방류에 의한 하도 세굴은 엄청난 양의 토사를 하류로 유출시켜 하천의 불안정을 초래하는 등 심각한 문제를 야기할 수 있다.

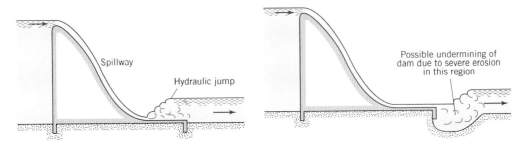

Figure 5.14 Hydraulic jump on the apron

3.4.5 도수 발생에 따른 분류

수평 수로에서 발생하는 도수의 형태를 도수 전 프루드수(Fr_1)로 분류할 수 있으며 Figure 5.12와 같다(Chow, 1959). Fr_1이 1~1.7인 경우 파상도수(undular jump)라고 하며 수면에 파형이 발생한다. Fr_1의 범위가 1.7~2.5이면 약도수(weak jump)에 해당한다. 도수 표면에 작은 롤러들이 발달하며 하류 수면은 비교적 안정적이다. 유속 변화는 없으며 에너지 손실은 적다. Fr_1이 2.5~4.5이면 진동도수(oscillating jump)에 해당한다. 도수 전 사류가 젵의 형태로 도수의 아랫부분으로 침투하여 상하류로 이동한다. 이러한 진동도수(oscillating jump)는 하상에 침식으로 인한 심각한 피해를 줄 수 있다. Fr_1이 4.5~9.0일 때 정상도수(steady jump)가 발생한다. 이 경우 롤러의 위치가 비교적 고정적이다. 힘의 평형

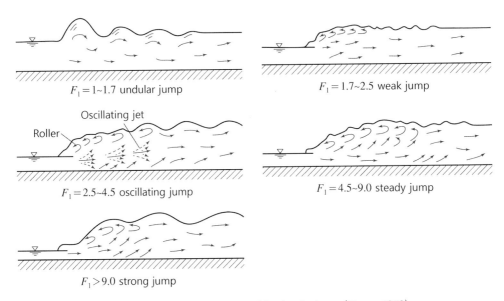

Figure 5.15 Various types of hydraulic jump (Chow, 1959)

이 이루어져 에너지 손실률이 좋은 도수가 발생하며 에너지 손실은 45~70%가 된다. Fr_1 이 9보다 큰 경우에는 롤러에서 발생한 파가 하류로 전파되면서 수면이 진동하게 한다. 이 경우 강도수(strong jump)라고 하며 에너지 손실률은 85%에 달한다.

┃ 예제 ┃

아래 그림에서와 같이 상류 수심이 1.83 m 일 때, sluice gate를 바닥에서부터 0.61 m 개 방하였다.

(1) 수문 직하류에서 바로 도수가 발생하기 위한 하류수심(tailwater depth)을 구하고, 이 때 수문에 작용하는 힘을 구하라.

(2) 하류수심 $y_3 = 1.45$ m일 때 발생하는 수리현상을 설명하라.

(3) 하류수심 $y_3 = 1.70$ m일 때 발생하는 수리현상을 설명하라.

(4) 각 도수 형태에 대한 운동에너지 손실을 비교하라.

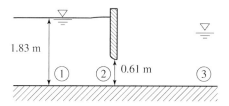

[풀이]

단면 ①과 ②에 연속방정식과 에너지방정식을 적용하면 각각 다음과 같다.

$$V_1 y_1 = V_2 y_2$$

$$y_1 + \frac{V_1^2}{2g} = y_2 + \frac{V_2^2}{2g}$$

위의 두 방정식을 연립하여 해석하면 $q = 3.17\,\mathrm{m^2/s}$, $V_1 = 1.73\,\mathrm{m/s}$, 그리고 $V_2 = 5.19\,\mathrm{m/s}$를 얻을 수 있다. 한계수심 $y_c = (q^2/g)^{1/3} = 1.01$ m이므로 수문 아래 흐름은 사류이다.

(1) 수문 직하류에서 도수가 발생하려면 하류수심 (y_3)이 y_2의 공액수심이 되어야 한다. 즉,

$$y_3 = \frac{y_2}{2}\left(-1 + \sqrt{1 + 8Fr_2^2}\right)$$

여기서 $Fr_2 = V_2/\sqrt{gy_2} = 2.12$이므로 하류수심은 $y_3 = 1.55$ m 이어야 한다.

단면 ①과 ③에 운동량 방정식을 적용하면 다음과 같다.

$$P_1 - P_3 - F_{gate} = \rho q (V_3 - V_1)$$

여기서 $P_1 = 1/2wy_1^2$, $P_2 = 1/2wy_2^2$이고 각 단면에 작용하는 정수압을 나타내며, F_{gate}는 수문에 작용하는 단위 폭당 힘으로 $\leftarrow$ 방향으로 가정하였다. 따라서

$$F_{gate} = \frac{w}{2}y_1^2 - \frac{w}{2}y_3^2 - \rho q(V_3 - V_1)$$

$$= 0.37 \ \text{ton/m}$$

(2) 하류수심이 $y_2 (= 0.61$ m)의 공액수심 1.55 m보다 작으므로 완전도수(optimum jump)가 발생하지 않고 쓸린도수(swept-out jump)가 발생한다. 즉, 수문의 하류는 사류이므로 H3 곡선이 형성되어 수심은 하류로 갈수록 증가한다($dy/dx = +$). Figure 5.8의 비력 곡선에 의하면 도수전 수심이 증가함에 따라 공액수심은 감소하여 하류의 일정한 지점에서 도수가 발생하게 된다.

(3) 하류수심이 $y_2 (= 0.61$ m)의 공액수심 1.55 m보다 크므로 수중도수(submerged jump)가 발생한다. 수중도수의 경우 하류수심의 영향을 받아 수문 아래의 수심이 잠기게 되어 y_g가 된다. Chow(1959)는 수류에 작용하는 힘의 평형을 적용하여 다음과 같은 관계식을 제시하였다.

$$\frac{y_g}{y_3} = \left[1 + 2Fr_3^2\left(1 - \frac{y_3}{y_2}\right)\right]^{1/2}$$

여기서 $Fr_3 = V_3/\sqrt{gy_3} = 0.455$ 이다. 위의 식을 이용하여 수중도수가 발생할 때 수

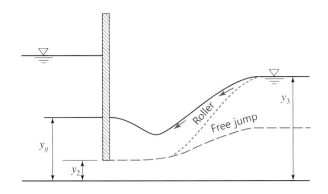

문 하류의 수심을 계산하면 $y_g = 0.79$ m를 얻는다.

(4) 각 도수에 대한 수류의 운동에너지 손실은 다음과 같이 계산할 수 있다.

(i) 완전도수

완전도수의 경우 손실수두는 다음과 같다.

$$h_{L1} = \left(y_2 + \frac{V_2}{2g}\right) - \left(y_3 + \frac{V_3}{2g}\right) = \frac{(y_3 - y_2)^3}{4y_2y_3}$$

위의 식으로부터 $h_{L1} = 0.22$ m를 얻을 수 있다.

(ii) 쓸린도수

쓸린도수(swept-out jump)의 경우 손실수두는 다음과 같다.

$$h_{L2} = \frac{(y_3 - y_2^*)^3}{4y_2^*y_3}$$

여기서 $y_3 = 1.45$ m이고 y_2^* 는 y_3의 공액수심으로 0.668 m이다. 이를 이용하여 손실수두를 계산하면 $h_{L2} = 0.123$ m이다. 수심이 y_1에서 y_3로 변하면서 손실수두는 0.29 m가 발생하므로 H3 곡선에 의한 손실수두가 0.167 m이고 도수에 의한 손실수두가 0.123 m임을 알 수 있다.

(iii) 수중도수

단면 ①과 ③에서의 에너지 손실을 계산하면 다음과 같다.

$$\varDelta E_s = \left(y_1 + \frac{V_1^2}{2g}\right) - \left(y_3 + \frac{V_3^2}{2g}\right) = 1.983 - 1.877 = 0.106 \text{ m}$$

위의 에너지 손실은 수중도수에 의한 에너지 손실을 포함한다. 따라서 $h_{L3} < 0.106$ m 이다. 일반적으로 수중도수의 경우 젵에 의한 혼합이 억제되므로 자유도수에 비해 에너지 손실이 적다고 알려져 있다.

3.5 점변류

점변류(gradually varied flow)란 수로의 길이를 따라 수심이 점진적으로 변하는 정상상태의 흐름을 말한다. 이러한 정의에는 다음과 같은 두 가지 가정사항이 포함되어 있다.

① 흐름은 정상류이다.

② 유선은 평행하다. 즉, 단면에서 압력은 정수압 분포를 따른다.

3.5.1 점변류 지배방정식

다음의 그림에서 길이가 dx인 제어체적을 고려하자. 이때의 총수두(H)는 다음과 같다.

$$H = \alpha \frac{V^2}{2g} + d\cos\theta + z \tag{56}$$

여기서 α는 에너지 보정계수, V는 평균유속, d는 수심, 그리고 z는 기준면으로부터 수로 바닥까지의 높이이다. 수로가 완경사이며 ($\cos\theta \approx 1$) $\alpha = 1$이라고 가정하면, $d \approx y$이고 식(56)을 x에 대해 미분하면 다음과 같다.

$$\frac{dH}{dx} = \frac{d}{dx}\left(\frac{V^2}{2g}\right) + \frac{dy}{dx} + \frac{dz}{dx} \tag{57}$$

여기서

$$\frac{dH}{dx} = -S_e \tag{58}$$

$$\frac{dz}{dx} = -S_0 \tag{59}$$

$$\frac{d}{dx}\left(\frac{V^2}{2g}\right) = -\frac{Q^2}{gA^3}\frac{dA}{dy}\frac{dy}{dx} = -\frac{Q^2 T}{gA^3}\frac{dy}{dx} = -\frac{V^2}{gD}\frac{dy}{dx} = -Fr^2\frac{dy}{dx} \tag{60}$$

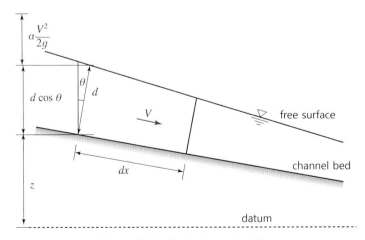

Figure 5.16 Gradually varied flow

위에서 식(58)의 우변은 에너지선의 경사로서 마찰경사(S_f) 혹은 에너지 소산 경사(energy dissipation gradient)와 다르며(Yen and Wenzel, 1970), $-$부호는 총수두가 흐름방향에 대해 항상 감소하는 것을 의미한다. 점변류는 수심의 변화가 매우 적으므로 $dA/dy = T$를 만족시킨다. 따라서 다음 식과 같이 표현될 수 있다.

$$\frac{dy}{dx} = \frac{S_0 - S_e}{1 - \mathrm{Fr}^2} \tag{61}$$

식(61)은 임의의 단면형상을 가진 개수로에서 수심변동을 나타내며, 이를 점변류 방정식 혹은 배수곡선식(backwater equation)이라고 한다.

> 힘의 평형을 이용한 점변류 방정식의 유도
> 여기서는 에너지 개념을 이용하여 점변류의 지배방정식을 유도하였으나, 힘의 평형을 이용해도 다음과 같이 비슷한 형태의 방정식을 유도할 수 있다(Yen and Wenzel, 1970).
>
> $$\frac{dy}{dx} = \frac{S_0 - S_f}{1 - \mathrm{Fr}^2}$$
>
> 여기서 $S_f(\equiv \tau_0/(wR_h))$는 마찰경사를 나타낸다. 힘의 평형에 의한 유도과정은 에너지 개념을 사용할 때 보다는 조금 더 복잡하지만, 방정식의 적용상 문제점을 파악하는데 매우 유용하다. 예를 들어, 점변류 방정식을 유도하는데 있어 중요한 가정 중에 하나인 정수압 분포는 에너지 개념을 이용한 유도과정에서는 보이지 않는다.

3.5.2 점변류의 분류

광폭 직사각형 수로의 경우, Manning 공식을 이용하여 하상경사(S_0)를 등류수심(y_n)의 함수로 나타내면

$$S_0 = \frac{n^2 Q^2}{b^2 y_n^{10/3}} \tag{62}$$

여기서 b는 수로의 폭이다. 식(61)에서 에너지경사(S_e)의 값을 산정하기가 쉽지 않다. 그러나 계산을 위해 잘게 나눈 구간에서 등류가 성립한다고 가정하면 Manning 공식을 이용하여 에너지경사를 산정할 수 있다. 즉,

$$S_e \approx \frac{n^2 Q^2}{b^2 y^{10/3}}$$ (63)

한편, 동일하게 직사각형 수로에 대해서 식(61)의 Fr^2는 다음과 같이 쓸 수 있다.

$$Fr^2 = \frac{y_c^3}{y^3}$$ (64)

따라서 식(61)은 다음과 같이 쓸 수 있다.

$$\frac{dy}{dx} = S_0 \frac{1 - (y_n/y)^{10/3}}{1 - (y_c/y)^3}$$ (65)

비슷하게 Chezy 공식을 사용하면 점변류 공식은 다음과 같이 된다.

$$\frac{dy}{dx} = S_0 \frac{1 - (y_n/y)^3}{1 - (y_c/y)^3}$$ (66)

Figure 5.17에는 점변류 방정식의 다양한 해석결과에 대한 수면형을 보여준다. 하상경사에 따라 Mild(M), Steep(S), Critical(C), Horizontal(H), 그리고 Adverse(A) 수면형 곡선으로 분류되어 있다. 우측의 수면형은 하상경사에 따라 등류수심(y_n)과 한계수심(y_c)을 구분하였고 각각의 영역에 대해 dy/dx의 부호를 산정하여 하류로 갈수록 수심이 증가 혹은 감소하는 것을 판단할 수 있다. 우측에는 각 수면형이 발생할 수 있는 상황을 예로서 제시하고 있어 이해를 돕는다.

Figure 5.18에서와 같이 완경사 개수로의 상류부에서 수위가 등류수심보다 위에 있는 경우 M$_1$ 곡선을 형성한다. 이후 수문을 통해 아래에서 방류를 할 경우, 수위가 한계수심보다 아래에 놓이게 되면 M$_3$ 곡선을 형성하여 하류로 갈수록 수심은 증가하게 된다. 그림에서 원형 점선의 영역은 수문에 의해 곡선흐름(curvilinear flow)이 형성되는 구간으로 부등류 수면형으로 설명이 어렵다. 한계수심선을 통과하면서 수면형에 불연속이 생기며 도수가 발생한다. 도수 이후의 수위는 정확히 등류수심까지 상승하는데 이것은 수위가 등류수심을 초과하면 M$_1$곡선이 되고 등류수심에 못미치면 M$_2$곡선이 되어 두 경우 모두 하류로 갈수록 등류수심에 접근하지 못하기 때문이다. 이후 자유낙하 지점 이전에 수위는 등류수심과 한계수심 사이에 놓이게 되어 M$_2$곡선을 형성하고 자유낙하점에서는 한계수심에 도달하게 된다.

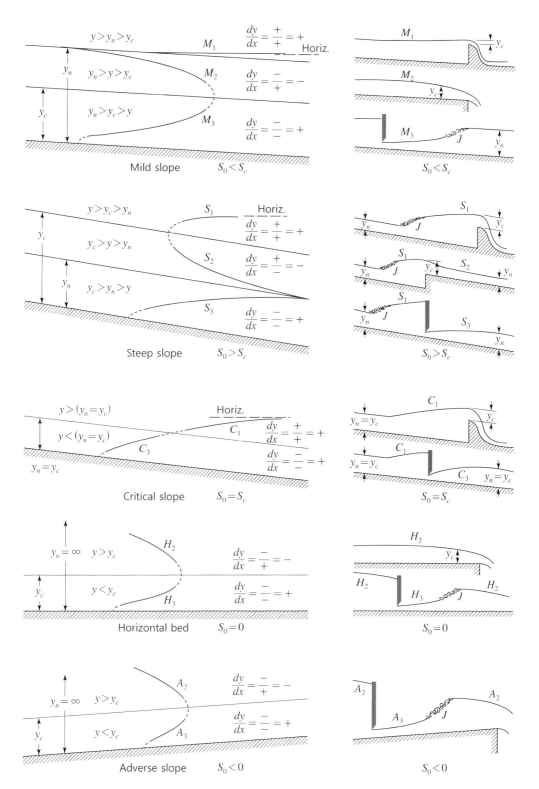

Figure 5.17 Classification of gradually varied flows(Sabersky et. al, 1971)

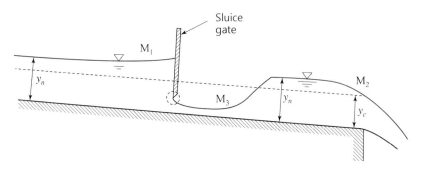

Figure 5.18 Various M curves

3.5.3 점변류 계산

점변류의 수면곡선 계산은 하천의 치수계획에 있어 매우 중요하다. 상당 부분의 치수설계를 부정류보다는 점변류 계산에 의존하고 있다. 예를 들면, 설계홍수량이 주어진 경우 점변류 계산을 통해 각 지점의 설계홍수위를 계산하고 이를 이용하여 제방의 높이를 결정한다.

또한, 하천구간 개수 혹은 복원, 그리고 하천시설물 공사에 따른 영향도 점변류 계산으로 수리학적 영향을 파악할 수 있다. 최근 댐을 짓는데 있어서 보상비용이 건설비용을 훨씬 초과하고 있다. 따라서 댐 건설에 따른 수몰지구를 결정하기 위하여 정확한 배수곡선의 계산이 요구되고 있다.

점변류 계산을 위하여 다음과 같은 방법이 있다.

① Bresse 방법

② Chow 방법

③ 직접축차계산법(direct step method)

④ 표준축차계산법(standard step method)

여기에서는 비교적 간단한 수치기법인 Newton-Raphson 방법을 이용하여 점변류 계산을 하는 방법에 대해 알아보고자 한다.

(1) Newton-Raphson 방법

Newton-Raphson 방법은 방정식 $D(y) = 0$을 해석하기 위한 반복법(시행착오법)이다. 다음 그림은 Newton-Raphson 방법으로 반복적으로 $D(y) = 0$의 해를 찾아가는 절차를 도시한 것이다. y_0에서 함수 D의 기울기는 다음과 같이 쓸 수 있다.

$$D'(y_0) \approx \frac{D(y_0)}{y_0 - y_1} \tag{67}$$

위의 식을 y_1에 대해서 다시 쓰면

$$y_1 = y_0 - \frac{D(y_0)}{D'(y_0)} \tag{68}$$

마찬가지 방법으로 y_2를 구하면

$$y_2 = y_1 - \frac{D(y_1)}{D'(y_1)} \tag{69}$$

위의 절차를 일반화시키면 다음과 같다.

$$y_{n+1} = y_n - \frac{D(y_n)}{D'(y_n)} \tag{70}$$

위의 식을 이용하면 y_n에서 함숫값과 도함수값을 가지고 순차적으로 새로운 해 y_{n+1}을 구할 수 있다

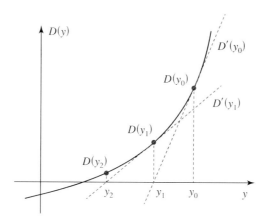

Figure 5.19   Newton-Raphson method

(2) 점변류의 계산

여기서는 점변류 계산을 위해 Fread(1971)에 소개된 수치해석 방법을 소개한다. 점변류의 지배방정식을 다시 쓰면 다음과 같다.

$$\frac{dH}{dx} = -S_e \tag{71}$$

여기서

$$H = \frac{q^2}{2gh^2} + y + z \tag{72}$$

위의 식에서 에너지선의 경사 S_e는 다음과 같다.

$$S_e = C_f \frac{q^2}{gy^3} \tag{73}$$

여기서 $C_f =$ 흐름저항계수(flow resistance coefficient)이다. 절점 $(i+1)$에서의 정보를 이용하여 상류 절점 (i)에서의 변수를 구하기 위하여 식(71)을 차분하면 다음과 같다.

$$H_i = H_{i+1} + \frac{1}{2}\left(S_{e,\,i+1} + S_{e,\,i}\right)\Delta x \tag{74}$$

위의 식을 $D(y_i) = H_i - H_{i+1} - 1/2\left(S_{e,\,i+1} + S_{e,\,i}\right)\Delta x = 0$으로 놓고 다시 쓰면 다음과 같다.

$$D(y_i) = \frac{q^2}{2gy_i^2} + y_i + z_i - H_{i+1} - \frac{1}{2}S_{e,\,i+1}\Delta x - \frac{1}{2}\Delta x C_f \frac{q^2}{gy_i^3} = 0 \tag{75}$$

위의 식에서 미지수는 y_i뿐이다. 위의 식을 해석하기 위하여 Newton-Raphson 방법을 적용하면 다음과 같다.

$$\Delta y_i = -\frac{D(y_i)}{D'(y_i)} \tag{76}$$

여기서

$$D'(y_i) = \frac{dD}{dy_i} = 1 - Fr_i^2 + \frac{3}{2}\Delta x \frac{S_{e,\,i}}{y_i} \tag{77}$$

$$Fr_i^2 = \frac{q^2}{gy_i^3} \tag{78}$$

참고문헌

- Brown, G. O. (2003). The history of the Darcy-Weisbach Equation for Pipe Flow Resistance. In: J. R. Rogers and A. J. Fredrich (Ed.) *Environmental and Water Resources History*, ASCE. Washington, DC.
- Choi, S. and Choi, S. U. (2020). Computations of the flows over the weir changing from the submerged to surface flows. *Proceedings of 22nd IAHR-APD Congress* 2020, Sapporo, Japan.
- Chow, V. T. (1959). *Open-Channel Hydraulics*. McGraw-Hill, New York, NY.
- Chow, V. T., Maidment, D. R., and Mays, L. W. (1988), *Applied Hydrology*, McGraw-Hill, New York, NY.
- Fread, D. L. and Harbaugh, T. E. (1971). Open-channel profiles by Newton's iteration technique. *Journal of Hydrology*, 31, 70-80.
- Sabersky, R. H., Acosta, A. J., and Hauptmann, E. G. (1971). *Fluid Flow*. Macmillan, New York, NY.
- Wright, K. R., Kelly, J. M., Houghtalen, R. J., and Bonner, M. R. (1995). Emergency rescues at low-head dams. Lexington, KY.
- Yen, B. C. and Wenzel, H. G. (1970). Dynamic equations for steady spatially varied flow. *Journal of the Hydraulics Division*, ASCE, 96(HY3), 801-814.

연습문제

1. 수로폭이 1 m인 직사각형 수로에 $Q=5$ cms의 물이 수심 2 m를 유지하며 흐르고 있다. 수로 바닥에 높이 0.2 m의 장애물이 물에 잠긴 채 놓여있다면 장애물로 인한 수심의 변화를 예측하라.

   답   0.14 m 수위 상승

2. 직경이 d_0인 원형 폐합관거에서 유량이 최대로 통수될 때의 수심을 구하고자 한다. d/d_0와 Q/Q_f의 관계를 도시하여 수심을 구하고 예제의 결과와 비교하라.

3. 유량 150 cms를 통수하기 위해서 수로 단면을 설계하고자 한다. 수로 단면은 수리상 유리한 사다리꼴 형태이며, 수로 경사는 0.0025, 조도계수는 0.015 이다. 설계 유량에 대

한 바닥의 폭과 수심을 구하라.

답 폭 4.66 m, 수심 4.04 m

4. 바닥의 폭이 1 m이고 사면경사가 3:2(H:V)인 사다리꼴 수로에 수심 2 m로 유량 Q＝12 cms가 흐르고 있다. 비에너지도(y vs. E_s)를 그리고 대응수심을 구하라. 한계수심은 얼마인가? 그리고 이때의 비에너지는?

5. 한계수심의 정의를 아는 대로 기술하라.

6. 비력은 다음과 같이 정의된다.

$$M = \frac{Q^2}{gA} + y_G A$$

여기서 y_G는 수면으로부터 단면의 도심까지 거리이다.

(1) 비력이 최소인 지점에서 한계수심이 발생함을 보여라(수로의 단면을 직사각형으로 가정).

(2) 도수 전후에 비력이 같다고 하여, 다음 식을 유도하라.

$$\frac{y_2}{y_1} = \frac{1}{2}\left(\sqrt{1 + 8Fr_1^2} - 1\right)$$

7. 아래와 같은 45° 회전한 정사각형 개수로에 유량이 1 cms 라고 하면 한계수심은 얼마인가?

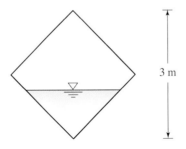

답 0.727 m

8. 다음은 도수 전의 수리량 (y_1과 q_1)을 사용하여 도수 후의 수심을 구하는 공식이다.

$$y_2 = \frac{y_1}{2}\left(\sqrt{1+8Fr_1^2}-1\right)$$

위의 공식을 참고하여 도수 후의 수리량을 이용하여 도수 전의 수심을 구하는 공식을 유도하라.

9. 폭이 5 m인 직사각형 수로에 단위 폭당 유량 $q = 4.0$ m²/s가 흐르고 있다.

   (1) 도수가 발생하여 도수 전 수심이 0.5 m라고 하면 공액수심을 구하라.
   (2) 도수가 발생하는 위치를 고정시키기 위하여 콘크리트 블록을 바닥에 두었다. 도수 후의 수심이 2.0 m라고 할 때, 블록에 작용하는 힘을 구하라.

   답 3.37 m, 3.07 ton (←)

10. 직사각형 개수로에서 대응수심 y_1과 y_2 사이에 다음과 같은 관계가 성립함을 보여라.

$$\frac{2y_1^2 y_2^2}{y_1 + y_2} = y_c^3$$

여기서 y_c는 한계수심이다.

11. 점변류 수면계산

   아래와 같은 불투수성 재료로 된 수로에 정상상태의 흐름이 있다. 단위 폭당 유량 q는 3.72 m²/s이고 하류 댐에서의 수심은 10 m이다. 수심에 상관없이 수로 폭은 크고 일정하며 $f = 0.03$이라고 가정하자. 25 km 수로 구간에 대해서 다음 변수들의 분포를 결정하라.

   (a) 수심
   (b) 평균유속
   (c) 하상 전단응력

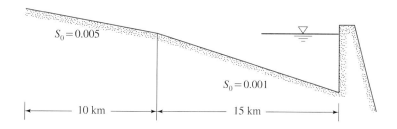

12. 점변류

(1) 개수로 흐름에서 종방향 거리 dx상의 제어체적 내의 전체 에너지는 다음과 같다. 점변류의 수변형 방정식을 유도하라.

$$H = \alpha \frac{V^2}{2g} + d \cos\theta + z$$

(2) 유도과정에서 가정한 사항을 모두 언급하라.

13. 경사 $S = 0.0015$ 이고 조도계수 $n = 0.025$ m$^{1/6}$인 광폭 직사각형의 개수로(wide rectangular open channel)에서 단위폭 당 유량 $q = 10$ m^2/s이 흐른다.

(1) 등류수심을 계산하라.

(2) 한계수심을 계산하라.

(3) 가능한 부등류 수면형을 그리고 설명하라.

답 $y_n = 3.062$ m, $y_c = 2.169$ m, mild slope

14. 아래의 흐름에서 하류의 등류수심이 1 m 이다. 수문(sluice gate) 하류의 수면 곡선은?

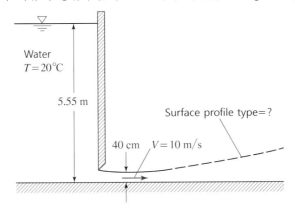

유수 중 물체저항

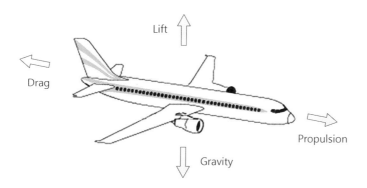

공중을 나는 항공기는 위와 같이 힘의 평형을 유지하며 일정한 속도로 운행한다. 즉, 엔진에 의한 추력과 항력이 수평방향으로 평형을 이루며, 중력과 양력이 수직방향으로 평형을 이룬다. 따라서 항공기는 높은 고도에서 정속 운행이 가능하다. 항공기의 항력을 줄이는 기술의 개발은 연료 절감과 직결되는 중요한 항목이다.

1. 기본 이론

비행기, 새, 자동차, 빗방울, 잠수함, 물고기 등의 운동은 공기나 물 등 유체에 온전히 잠긴 상태에서 발생하게 된다. 흐름이 없는 상태에서 이들의 운동은 상대적으로 흐르는 유체에 잠겨있는 정지된 물체로 볼 수 있다. 정지된 유체에 잠겨있는 물체는 정수압에 따른 힘을 느끼지만, 흐르는 유체에 잠겨있는 경우에는 물체와 유체의 상대적 운동에 의한 힘을 느끼게 된다.

흐르는 유체 중에 물체가 받는 힘은 항력(drag)과 양력(lift)이 있다. 항력은 흐름방향으로 작용하며 양력은 이와 직각 방향으로 작용한다. Figure 6.1과 같이 날개 주위의 흐름을 생각해 보자. 날개 주위로 흐름이 발생하면서 이에 따른 전단응력도 작용하게 된다. 날개 위를 돌아 흐르는 공기의 유속이 아랫면을 따라 흐르는 유속보다 크게 되므로 베르누이정리에 의해 아랫면에 작용하는 압력이 크게 되어 날개는 위로 들리게 된다. 이와 같이 흐름방향에 직각되게 작용하는 힘이 양력이다. 날개의 윗면과 아랫면의 압력차에 의해 양력이 발생한다고 하면, 항력은 압력과 전단응력의 공동 작용에 의해 발생한다. 그림에서 미소면적 dA에 작용하는 항력은 다음과 같다.

$$dF_D = pdA\sin\theta + \tau_0 dA\cos\theta \tag{1}$$

위의 식을 적분하면 다음과 같이 전체 날개에 작용하는 항력을 구할 수 있다.

$$F_D = \int (p\sin\theta + \tau_0\cos\theta)dA \tag{2}$$

일반적으로 날개와 같이 유선형 물체의 경우 흐르는 공기 중 작용하는 항력은 압력보다는 주로 점성에 의한 전단응력에 기인한다. 마찬가지로 날개의 미소면적에 작용하는 양력은 다음과 같다.

$$dF_L = pdA\cos\theta - \tau_0 dA\sin\theta \tag{3}$$

위의 식을 적분하여 다음과 같이 날개 전체에 작용하는 양력을 구할 수 있다.

$$F_L = \int (p\cos\theta - \tau_0\sin\theta)dA \tag{4}$$

날개에 작용하는 양력은 전단응력보다 압력에 의해 좌우된다.

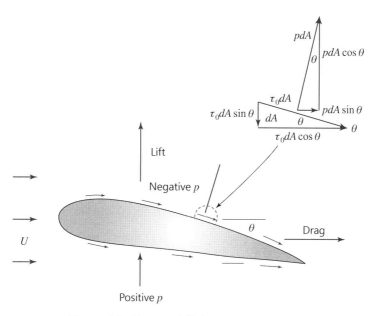

Figure 6.1 Drag and lift forces on an airfoil

Figure 6.2에 제시된 대기 중에 하강하는 빗방울을 생각해보자. 원래 Figure 6.2(a)에서 처럼 정지된 공기 중에 빗방울이 중력에 의해 하강하는 것이지만, 상대적으로 빗방울은 정지되어 있고 공기 흐름이 아래에서 위로 발생한다고 생각할 수 있다. 이때 아래 방향으로 작용하는 힘이 중력이고 이와 평형을 이루는 힘이 항력으로 이는 유체의 흐름방향으로 작용함을 알 수 있다. 이와 같이 항력 및 양력은 유체와 물체의 상대적인 운동에 기인하며, 물체에 작용하는 힘을 계산할 때 상대속도를 고려해야 하는 것이다. 만약, 중력과 평형을 이루는 항력이 없다면 빗방울은 등속운동을 하지 못하고 지속적으로 가속되어 지면에 도달할 때는 엄청난 속도가 될 수도 있다.

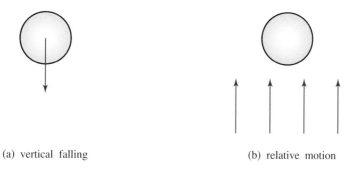

(a) vertical falling   (b) relative motion

Figure 6.2 Falling of a rain drop in the atmosphere

2. 항력

유수 중 물체의 저항은 다음과 같이 압력에 의한 형상항력 F_p(form drag or pressure drag)과 마찰저항 F_f(friction drag or surface drag)으로 구성된다.

$$F_D = F_p + F_f \tag{5}$$

전술한 대로, 형상항력은 물체에 작용하는 수직응력(압력)을 물체의 표면을 따라 적분하여 얻을 수 있다. 그러나 항력은 물체의 모양에 따라 크게 변하고 이를 구하기 위해 물체 주위의 유동과 압력을 정확히 계산하기 어렵다. 따라서 형상항력을 차원해석의 결과로부터 다음과 같은 경험식으로 표현한다.

$$F_p = C_p \rho \frac{V^2}{2} A \tag{6}$$

여기서 C_p는 형상항력계수, ρ는 유체의 밀도, V는 평균유속, A는 흐름방향으로 물체의 투영단면적이다. 형상항력계수 C_p는 물체의 모양이 지배적이며 일반적으로 실험을 통해 결정된다.

한편, 흐름에 평행하게 평판이 놓여있는 경우에는 형상항력보다는 면에 작용하는 전단응력에 의한 마찰항력이 지배적이며, 이때 항력은 물체표면을 따라 전단응력을 적분하여 구할 수 있다. 식(6)과 비슷하게, 마찰항력 F_f는 다음과 같이 표현된다.

$$F_f = C_f \rho \frac{V^2}{2} BL \tag{7}$$

여기서 C_f는 마찰항력계수, B는 평판의 폭, 그리고 L은 평판의 길이이다. 식(7)에 의한 마찰항력은 평판의 한 면에만 작용하는 값인 점에 유의해야 한다. 평판 흐름에서 표면 마찰에 의한 마찰항력이 발생하는 것은 평판에 수직한 방향으로 얇은 층이 형성되어 층 내부의 유동이 층 밖의 유동과 차이를 보이기 때문이다. 이 얇은 층을 경계층(boundary layer)이라고 하며 층 내부에서는 유체의 점성이 중요하고, 층 밖에서는 중요하지 않아 이상유체(ideal fluid)로 간주할 수 있다. 층류 및 난류 경계층에 의한 마찰항력계수를 산정하는 방법은 4절의 경계층 이론에서 다룬다.

비행기의 날개 혹은 잠수함의 동체와 같이 유선형 물체(well-streamlined body)의 경우 마찰저항이 전체 항력의 대부분을 차지하므로 형상항력을 무시한다. 이 경우 형상항력과 마찰저항을 구분하지 않고 다음과 같이 쓰기도 한다.

$$F_D = C_D \rho \frac{V^2}{2} A \tag{8}$$

여기서 C_D는 항력계수이다.

▌2.1 형상항력

흐르는 유체 중에 잠겨있는 길이가 매우 긴 실린더를 생각해 보자. 흐름 중에 잠겨있는 물체는 유체가 흐르는 방향으로 힘을 받는데, 표면의 전단응력 보다 압력에 의한 힘이 지배적일 때 형상항력이라고 한다.

접근유속이 U인 유체에 잠겨있는 길이가 매우 긴 실린더를 생각해 보자. Figure 6.3은 실린더 표면에서 압력의 분포를 나타낸다. 전면부 중앙 A점은 정체점(stagnation point)으로 작용하는 압력은 대기압보다 크게 되는데, 이것은 이 점에서 유속이 영이기 때문이다. 각도가 증가할수록 압력은 감소하여 약 20° 부근에서 압력은 영이 되며 그 이후로는 부압(negative pressure)이 된다. 약 70° 부근에서 압력은 최소가 되며 이 점에서 최대 속도가 발생하게 된다. 그 후로 압력은 서서히 증가하다가 약 120° 이후에는 거의 일정하게 된다.

Figure 6.4는 원형 실린더 주위로 압력 분포를 극좌표 형식으로 그린 것이다. 실린더의 전면부에서 유동에 의한 압력은 실린더를 흐름방향으로 밀며 그 이외의 부분에서는 당기고 있는 양상을 보인다. 전면부 이후에 압력이 실린더를 당기는 것은 유체의 흐름이 가속되어 부압이 발생하기 때문이다. 이와 같이 실린더 주위에 작용하는 압력의 합력을 구하

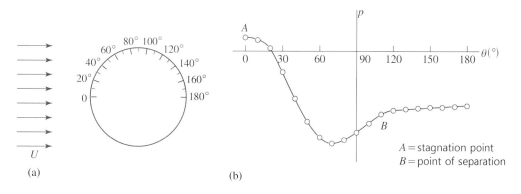

Figure 6.3 Pressure distribution around a circular cylinder (Janna, 1993)

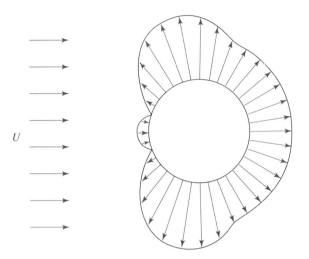

Figure 6.4 Pressure distribution around a circular cylinder in polar coordinate (Janna, 1993)

면 항력이 된다. 즉,

$$F_p = \int_0^{2\pi} \int_0^L p\cos\theta dA \tag{9}$$

여기서 L은 실린더의 길이이다. $dA = dL(Rd\theta)$를 이용하면,

$$F_p = \int_0^{2\pi} \int_0^L p\cos\theta dL(Rd\theta) = RL\int_0^{2\pi} p\cos\theta d\theta$$

대칭성을 이용하면

$$F_p = 2RL\int_0^{\pi} p\cos\theta d\theta \tag{10}$$

위의 식을 이용하여 형상항력을 구하려면 실린더 주위에 작용하는 압력분포를 정확히 알아야 한다.

위와 같이 물체 주위의 압력 분포를 직접 적분하는 대신에, 식(8)을 이용하면 편리하다. 예를 들어, 구에 작용하는 형상항력을 생각해 보자. 구의 직경 D를 특성길이로 하는 레이놀즈수가 작은 유동에 대해서 ($Re \equiv VD/\nu < 1$), 항력계수는 다음과 같은 Stokes 법칙에 의해 주어진다.

$$C_D = \frac{24}{Re} \tag{11}$$

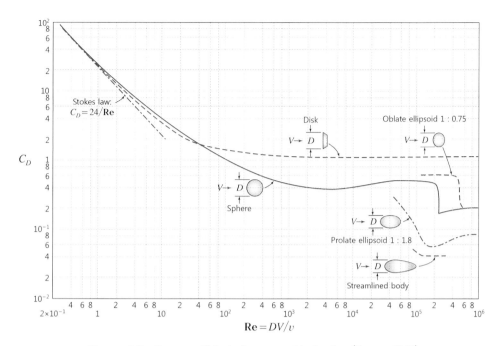

Figure 6.5 Drag coefficients for symmetric bodies (Rouse, 1946)

또한, 구의 투영면적은 $A = \pi D^2/4$이므로 식(4)에 의해 항력은 다음과 같다.

$$F_D = 3\pi\mu VD \tag{12}$$

아래 그림은 자동차에 작용하는 항력을 설명하기 위한 평면도이다. 밴의 앞면이 각이 진 경우 앞면의 모서리에서부터 박리현상(separation)이 시작되어 항력계수가 크다($C_D =$

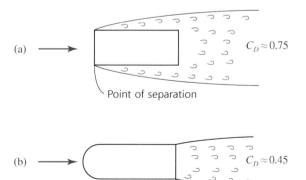

Figure 6.6 Drag force due to air flow in front of van (Schlichting, 1960)

0.75). 밴의 앞면을 Figure 6.6(b)와 같이 둥글게 한 경우 박리는 자동차 뒤의 모서리에서부터 발생하며 항력계수가 줄어들게 된다($C_D = 0.45$).

▌예제 ▌ 구체의 침강속도

밀도가 ρ인 유체가 탱크 안에 채워져 있다. 여기에 직경이 d이고 밀도 ρ_s의 구를 떨어뜨릴 때 구의 최종침강속도를 구하라.

[풀이]

유체로 채워진 탱크에 구를 떨어뜨릴 경우 처음에 구는 비정상(transient) 낙하운동을 한다. 이후 구가 일정한 속도로 떨어지는데, 이때 구의 속도를 최종침강속도(terminal fall velocity)라고 한다. 등속운동에서 구에 작용하는 힘은 중력에 의한 무게(W), 부력(B), 그리고 항력(F_D)이며, 평형방정식은 다음과 같다.

$$W - B = F_D$$

여기서

$$W = \rho_s g \frac{\pi d^3}{6}$$

$$B = \rho g \frac{\pi d^3}{6}$$

$$F_D = C_D \rho \frac{V^2}{2} \frac{\pi d^2}{2}$$

위의 식을 정리하면

$$V = \left(\frac{4}{3} \frac{Rgd}{C_D} \right)^{1/2}$$

여기서 $R \ (= \rho_s / \rho - 1)$은 수중비중(submerged specific gravity)이다. 위의 식에서 침강속도는 C_D의 함수이며, C_D는 또한 침강속도에 의해 결정되므로 최종침강속도를 구하기 위해서는 반복계산이 필요하다.

스토크스(George Gabriel Stokes, 1819~1903)

스토크스는 유체역학에서 우리와 두 가지로 친숙하다. 하나는 Navier-Stoke 방정식에 이름이 등장하기 때문이다. 사실 이 방정식은 1821년 프랑스의 과학자 Navier가 처음으로 유도하였지만 확산항의 물리적 의미가 명확하지 않았는데, 1845년 Stokes가 확산항이 유체분자의 점성계수에 의한 것임을 증명하여 두 사람의 이름을 따서 Navier-Stoke 방정식이라고 한다. 다른 하나는 Stokes 법칙으로 점성유체 안에서 침강하는 구의 최종속도에 관한 것이다.

스토크스는 1819년 아일랜드 Sligo 주에서 태어났다. 아버지가 신교 목사이었기 때문에 엄격한 종교적인 가정교육을 받았으며, 영국의 University of Bristol을 거쳐 University of Cambridge Pembroke College에서 수학했다. 스토크스는 1889년 남작의 작위를 받았으며, 맥스웰, 켈빈 경과 함께 물리학의 3대 거성으로 불리며 캠브리지 학파의 명성을 높였다.

3. 양력

앞에서 간단히 언급한 바와 같이 유체와 물체의 상대적인 운동에 의해 흐름의 직각방향으로 양력이 작용하게 된다. 대표적인 예가 아래 도시한 날개에 작용하는 양력이다. 그림 6.7(a)에 제시된 것처럼 날개의 윗 부분에서 유체의 속도는 가속되고 반대로 아랫 부분에서는 감속되어, 베르누이 정리에 의하여 그림 6.7(b)와 같은 압력 분포가 된다. 즉, 날개 위와 아래에 각각 부압과 정압이 발생하여 날개를 위로 올리게 되며, 이를 양력이라고 한다.

날개의 위와 아래에서 유체가 각각 가속 및 감속하게 되는 것은 자유 흐름과 날개 주위의 순환(circulation)을 합성하여 설명할 수 있다. 즉, 날개 주위에는 Figure 6.8(b)와 같이

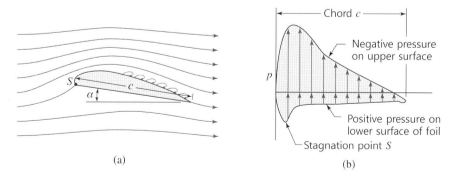

Figure 6.7 Lift force acting on an airfoil (a) streamlines (b) pressure distribution (Finnemore and Franzini, 2002)

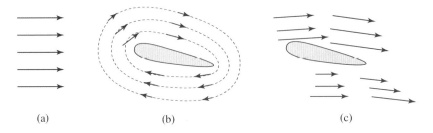

(a)　　　　　　　　　　　(b)　　　　　　　　　　　(c)

Figure 6.8　Schematic explanation why velocity differs at upper and lower faces of an airfoil (a) approach flow (b) circulation (c) net velocity (Finnemore and Franzini, 2002)

순환이 발생하는데, 이 벡터를 Figure 6.8(a)의 접근유속 벡터와 합성하게 되면 Figure 6.8(c)의 유동을 얻게 된다. 이때 순환의 크기는 날개의 형상, 유체속도 및 접근 각도 (angle of attack)와 밀접한 관계가 있다.

　아래 그림은 하상에 놓인 토립자에 작용하는 힘에 대해 설명하고 있다. 먼저 흐름 방향 으로 항력이 작용하며 이에 반대 방향으로 마찰 저항력이 있다. 그리고 연직하향으로 (부 력을 고려한) 중력 그리고 연직상향으로 양력이 작용한다. 바닥 부근에서 유속 분포를 그 림과 같이 가정하면, 토립자 윗면은 아래에 비해 유속이 크게 작용하여, 마찬가지로 베르 누이 정리에 의해 토립자의 아랫면에 작용하는 압력이 위보다 크게 되어 토립자는 위로 들리게 된다. 토립자에 작용하는 양력이 무게와 같아질 때, 토립자는 부상하게 되어 유수 에 연행된다(entrainment into suspension).

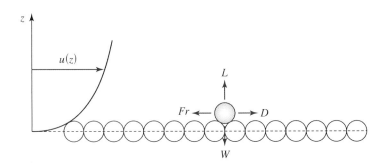

Figure 6.9　Forces acting on a dangerously-placed particle on the stream bed

4. 경계층 이론

4.1 경계층의 정의

Figure 6.10은 균일한 유속장에 평판이 흐름방향으로 평행하게 위치할 때 거리에 따라 경계층이 발달하는 현상을 보여주고 있다. 점성유체의 경우 평판에서 ($z = 0$) x-방향의 유속은 영이 되며 z가 증가할수록 유속도 증가하게 되고 궁극적으로 유속은 U를 회복하게 된다. 이와 같이 유속 분포가 경계면의 영향을 받는 수직방향의 범위를 경계층(boundary layer)이라고 정의한다.

경계층의 두께(δ)를 $u = U$가 되는 평판으로부터의 거리(z)라고 정의하면, 평판이 시작되는 점 ($x = 0$)에서 경계층의 두께는 영이고 거리에 따라 증가되는 양상을 보여준다. 평판의 앞부분에서는 층류에 의한 경계층이, 그리고 충분히 먼 지점에서는 난류 경계층이 발달하게 된다. 그리고 층류 경계층과 난류 경계층 사이에는 천이구간(transition zone)이 존재하게 된다. 천이가 발생할 때의 레이놀즈수 $Re_x (= Ux/v)$는 대략 $3 \times 10^5 - 10^6$이다. 여기서 레이놀즈수는 거리에 따라 변하므로 국부 레이놀즈수(local Reynolds number)로 정의한다. 난류 경계층에서도 바닥 부근에 층류 경계층이 존재하며, 이를 층류저층(laminar sublayer) 혹은 점성저층(viscous sublayer)이라고 한다. 점성저층에서의 유속은 바닥으로부터 수직거리에 비례하며, 이를 벽 단위(wall units)를 써서 표현하면 다음과 같다.

$$u^+ = z^+ \tag{13}$$

여기서 $u^+ = u(z)/u_*$이고 $z^+ = zu_*/v$이다.

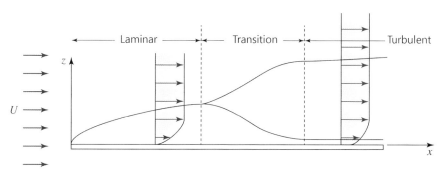

Figure 6.10 Development of the boundary layer along distance

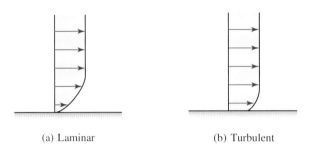

(a) Laminar   (b) Turbulent

Figure 6.11   Comparison between laminar and turbulent boundary layers

층류 경계층과 난류 경계층은 유속분포로서 구별이 가능한데, 난류 경계층은 층류 경계층에 비하여 평판 가까이에서(벽면 근처에서) z-방향으로 유속의 변화가 크다(Figure 6.11 참조). 난류 경계층에서 유속변화는 난류 점성에 의한 것으로 유체에 잠겨있는 물체의 저항을 산정하는데 매우 중요하다. 예를 들어 공기 중을 운행하는 항공기와 도로를 고속으로 운행하는 차량의 경우 경계층에 의한 마찰력을 감소시키면 유류를 절감하는 효과를 기대할 수 있다.

만약에 유체에 점성이 없을 경우 평판의 직각방향으로 유속의 변화는 없으며 유속분포는 아래 Figure 6.12(b)와 같게 되고 유속장은 평판의 실체를 느끼지 못하게 된다(can not feel the existence of the plate). 이러한 경우의 유체를 이상유체(ideal fluid)라고 하며 포텐셜 이론을 적용한다.

이상으로부터 벽과 같은 고체면의 영향에 대해 유체역학의 이론과 해석방법을 분류할 수 있다. 벽 근처 유체의 점성을 무시할 수 없을 때, 점성유체(viscous fluid)라 하며 경계층 이론(boundary layer theory)을 적용하고, 유체의 점성을 무시할 수 있는 경우 이상유체(ideal fluid)라 하며 포텐셜 이론(potential theory)을 적용한다.

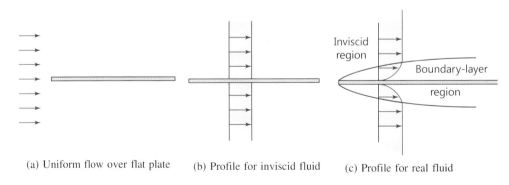

(a) Uniform flow over flat plate   (b) Profile for inviscid fluid   (c) Profile for real fluid

Figure 6.12   Velocity distributions (c) with and (b) without fluid viscosity

▌4.2 경계층 두께

경계층의 두께(boundary-layer thickness)는 다양한 방법으로 정의할 수 있다. 가장 일반적인 정의는 경계층 내부에서의 유속이 접근유속으로 회복되는 높이이다. 즉,

$$\delta = z \quad \text{at} \quad u = 0.99U \tag{14}$$

또 다른 정의는 변위 두께(displacement thickness) 이다. 표면에 경계층이 발달하여 질량흐름률의 변화가 생기는데, 이를 고려한 두께가 변위 두께이다. Figure 6.13(a)는 바닥 표면에 경계층이 발달하지 않은 활동조건(slip condition) 일 때의 유속분포이고 그림 6.13(b)는 경계층이 발달하여 경계층 내부에서 $U-u$만큼의 유속 결핍(velocity deficit)이 발생할 때의 유속 분포이다. 경계층이 발달하는 경우 바닥 부근에서 경계층으로 인한 체적흐름률 혹은 질량흐름률이 줄어드는데 이는 좌측의 유속분포에서 인위적으로 바닥으로부터 δ_1만큼 흐름을 차단한 효과라고 생각할 수 있다. 이 높이를 변위 두께로 정의한다. 두 그림에서 빗금친 부분의 체적은 동일해야 하므로 다음 식이 성립한다.

$$\delta_1 bU = \int_0^\infty (U-u)b\,dz$$

따라서 변위 두께는 다음과 같이 정의된다.

$$\delta_1 = \int_0^\infty \left(1 - \frac{u}{U}\right)dz \tag{15}$$

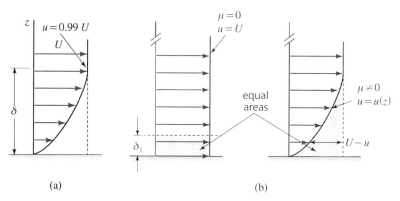

Figure 6.13 Boundary layer thickness (a) standard boundary layer thickness (b) displacement thickness

앞에 소개한 개념을 체적흐름률 혹은 질량흐름률을 운동량이나 에너지로 확장할 수 있다. 즉, 경계층의 발달로 인하여 운동량 혹은 에너지 흐름의 감소효과를 높이로 표현한 것을 각각 운동량 두께(momentum thickness) 그리고 에너지 두께(energy thickness)라고 하며 다음과 같이 정의된다.

$$\delta_2 = \int_0^\infty \frac{u}{U}\left(1 - \frac{u}{U}\right)dz \tag{16}$$

$$\delta_3 = \int_0^\infty \frac{u}{U}\left(1 - \frac{u^2}{U^2}\right)dz \tag{17}$$

▎4.3 경계층 근사

Figure 6.14와 같이 수심이 δ인 개수로 흐름을 생각하자. 유속 분포가 그림과 같을 때, 경계면 바닥의 거칠기의 영향이 수면까지 작용하여 유속이 z 방향으로 균일하지 않음을 알 수 있다. 이와 같이 수심이 깊지 않아 바닥 경계면의 영향이 수심전체에 전달될 경우, 경계층 흐름(boundary layer flow)이라고 한다.

경계층 흐름의 특성을 살펴보기 위해, x-방향의 특성길이 혹은 크기(order of magnitude)를 L이라고 하고 z의 특성길이 혹은 크기를 δ라고 하자. 전술한대로 δ는 수심이고 L의 물리적 의미를 설명하자면 유속분포가 u에서 u'으로 변하는 종방향 거리로 볼 수 있다. L은 δ에 비해 무척 크므로, 연속방정식에 의해 다음이 성립한다.

$$u \gg w \tag{18}$$

또한, $1/L \ll 1/\delta$이므로 다음이 성립한다.

$$\frac{\partial}{\partial x} \ll \frac{\partial}{\partial z} \tag{19}$$

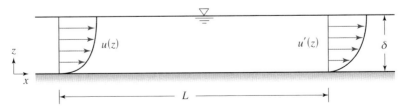

Figure 6.14 Boundary-layer flow in open channel

마찬가지로

$$\frac{\partial^2}{\partial x^2} \ll \frac{\partial^2}{\partial z^2} \tag{20}$$

이와 같이 경계층 흐름에서 종방향 속도성분(u)에 비해 수직방향 속도성분(w)이 매우 작고, 반대로 수직방향의 경사가 종방향 경사보다 훨씬 크다는 사실을 이용하여 운동방정식을 간략화시킬 수 있는데 이를 경계층 근사(boundary layer approximation)라고 한다.

▌4.4 경계층방정식

$x-z$ 평면상의 2차원 연속방정식은 다음과 같다.

$$\frac{\partial u}{\partial x} + \frac{\partial w}{\partial z} = 0 \tag{21}$$

위에서 속도성분 u의 크기가 U라고 가정하면 연속방정식으로부터 속도성분 w의 크기를 추정할 수 있다. 즉,

$$w \sim U \times \frac{\delta}{L}$$

위의 추정은 식(21)의 두 항이 크기가 비슷하다는 가정에 근거한다. 실제로 두 번째 항이 매우 작아 무시할 수 있다면, 2차원 흐름이라는 가정에 위배되므로 이 가정은 타당하다. 마찬가지로 정상상태에서 $x-z$ 평면상의 2차원 Navier-Stokes 방정식을 쓰면 다음과 같다.

$$u\frac{\partial u}{\partial x} + w\frac{\partial u}{\partial z} = -\frac{1}{\rho}\frac{\partial p}{\partial x} + \nu\left(\frac{\partial^2 u}{\partial x^2} + \frac{\partial^2 u}{\partial z^2}\right) \tag{22}$$

$$u\frac{\partial w}{\partial x} + w\frac{\partial w}{\partial z} = -\frac{1}{\rho}\frac{\partial p}{\partial z} + \nu\left(\frac{\partial^2 w}{\partial x^2} + \frac{\partial^2 w}{\partial z^2}\right) \tag{23}$$

위의 식에서 압력항의 크기는 동적인 특성이 강할 때는 $p \sim \rho U^2$이고 정적인 특성이 강할 때는 $p \sim w\delta$인데, 여기서는 전자에 해당한다. 경계층 흐름의 특성길이를 근거로 하여 식(22)에서 각 항의 크기를 살펴보면 다음과 같다.

$$U \times \frac{U}{L} + U \times \frac{\delta}{L} \times \frac{U}{\delta} = -\frac{U^2}{L} + v\left(\frac{U}{L^2} + \frac{U}{\delta^2}\right)$$

위에서 이류가속도 두 항과 압력항의 크기는 모두 같으며, 우변 점성항의 경우 두 번째 항이 훨씬 더 크므로 첫 번째 항을 무시할 수 있다. 마찬가지로 식(23)에 대해 크기를 살펴보면 다음과 같다.

$$U \times U \times \frac{\delta}{L} \times \frac{1}{L} + U \times \frac{\delta}{L} \times U \times \frac{\delta}{L} \times \frac{1}{\delta}$$

$$= -\frac{1}{\rho} \frac{\partial p}{\partial z} + v\left(U \times \frac{\delta}{L} \times \frac{1}{L^2} + U \times \frac{\delta}{L} \times \frac{1}{\delta^2}\right)$$

위에서 좌변의 이류가속도 항은 식(22)의 이류가속도와 비교하면 매우 작으므로 무시할 수 있고, 점성항의 경우도 두 번째 항에 비해 첫 번째 항이 작으므로 무시할 수 있다. 한편, 식(22)와 (23)에서 남은 두 점성항의 크기를 비교하면 다음과 같다.

$$\frac{\partial^2 u}{\partial z^2} \gg \frac{\partial^2 w}{\partial z^2}$$

따라서 식(23)의 점성항 모두를 무시할 수 있다. 이상의 결과로부터 식(22)와 (23)을 다시 쓰면 다음과 같다.

$$u\frac{\partial u}{\partial x} + w\frac{\partial u}{\partial z} = -\frac{1}{\rho}\frac{\partial p}{\partial x} + v\frac{\partial^2 u}{\partial z^2} \tag{24}$$

$$0 = -\frac{1}{\rho}\frac{\partial p}{\partial z} \tag{25}$$

식(25)로부터 경계층 내에서 압력은 수직거리(z)에 따라 변하지 않고 종방향 거리(x)만의 함수임을 알 수 있다. 즉, $p = fn(x)$를 이용하여 경계층 흐름에 대한 지배방정식을 쓰면 다음과 같다.

$$\frac{\partial u}{\partial x} + \frac{\partial w}{\partial z} = 0 \tag{26}$$

$$u\frac{\partial u}{\partial x} + w\frac{\partial u}{\partial z} = -\frac{1}{\rho}\frac{dp}{dx} + v\frac{\partial^2 u}{\partial z^2} \tag{27}$$

위의 식이 2차원 평면에서 경계층에 대한 연속방정식과 운동량방정식이다.

▌4.5 층류 경계층

위와 같은 크기해석(order of magnitude analysis)을 통하여 Prandtl은 다음과 같은 경계층방정식을 유도하였다. 특히, 모든 방향에 대해 압력경사를 무시할 수 있는 경우 x-방향 운동량 방정식은 다음과 같다.

$$u\frac{\partial u}{\partial x} + w\frac{\partial u}{\partial z} = \nu\frac{\partial^2 u}{\partial z^2} \tag{28}$$

위의 방정식은 비선형 편미분 방정식으로 해석이 쉽지 않다. 지금으로부터 약 100년 전인 1908년 Prandtl의 학생이었던 Blasius는 박사학위 연구로 위의 방정식을 해석하였다. 아래의 그림은 Blasius의 해를 도시한 것으로 일반적으로 다음과 같이 쓸 수 있다.

$$\frac{u}{U} = f(\eta) \tag{29}$$

여기서

$$\eta = z\left(\frac{U}{\nu x}\right)^{1/2} \tag{30}$$

경계층의 두께를 $u/U = 0.99$일 때로 가정하면 이때 아래의 그림으로부터 $\eta = 5.0$을 얻을 수 있다. 따라서 경계층의 두께는 다음과 같다.

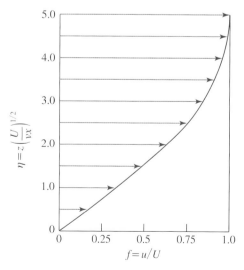

Figure 6.15 Blasius solution for laminar boundary layer

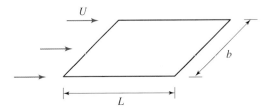

Figure 6.16 Shear stress acting on a constantly-moving rectangular plate

$$\delta = \frac{5.0x}{Re_x^{1/2}} \tag{31}$$

여기서 $Re_x = Ux/\nu$이다.

정지된 수역에서 길이가 L이고 폭이 b인 평판을 끌고 가는 경우를 생각해 보자(Figure 6.16 참조). 이 경우는 고른 유속장 U에 평판이 있는 경우와 동일한 예로서 평판의 한쪽 면에만 전단응력이 작용하는 경우이다.

Blasius의 해를 이용하면 평판에 작용하는 전단응력을 구할 수 있다. Newton의 점성법칙에 의하면 전단응력은 다음과 표현된다.

$$\tau_0 = \mu \frac{du}{dz}\Big|_{z=0} \tag{32}$$

위의 식에서 du/dz는

$$\frac{du}{dz} = \frac{du}{d\eta} \cdot \frac{d\eta}{dz} = \frac{du}{d\eta}\left(\frac{U}{\nu x}\right)^{1/2}$$

Figure 6.15의 Blasius의 해에 의하면

$$\frac{du}{d\eta}\Big|_{z=0} \approx \frac{0.5}{1.5}U \approx 0.332U$$

따라서

$$\frac{du}{dz}\Big|_{z=0} = 0.332\frac{U}{x}Re_x^{1/2}$$

위의 결과를 식(32)에 대입하면 평판에 작용하는 전단응력을 다음과 같이 쓸 수 있다.

$$\tau_o = 0.332\mu\frac{U}{x}Re_x^{1/2} \tag{33}$$

위의 식에 의하면 평판에서의 전단응력이 거리의 함수임을 알 수 있다. 유체역학에서 일반적인 전단응력은 다음과 같이 표현할 수 있다.

$$\tau_o = \rho c_f \frac{U^2}{2}$$

따라서 마찰항력계수 c_f를 구하면

$$c_f = \frac{0.664}{Re_x^{1/2}} \tag{34}$$

위에서 구한 항력계수는 거리에 따른 함수이므로 국부마찰계수(local friction coefficient)라고 한다. 앞의 식을 이용해서 평판과 수면의 표면마찰에 의한 항력은 다음과 같다.

$$F_f = \int_0^L b\tau_o dx$$
$$= 0.664\mu bURe_L^{1/2}$$

여기서 $Re_L = UL/\nu$이다. 위의 식을 이용해서 항력계수를 구하면

$$C_f = \frac{1.328}{Re_L^{1/2}} \tag{35}$$

위에서 구한 항력계수는 거리의 함수가 아니므로 국부마찰계수와 구별하여 전체마찰계수(total friction coefficient)라고 한다.

▌4.6 운동량 적분방정식

이상에서 층류경계층에 의해 평판에 작용하는 마찰항력을 구하였다. 본 절에서는 난류경계층에 의한 마찰항력을 구하기 위한 운동량 적분방정식(momentum integral equation)에 대해 알아보기로 한다.

다음 그림에서와 같이 균일한 접근흐름에 의해 평판 위에 발달하는 경계층을 생각하자. 점선으로 표시된 검사체적에 적분형태의 운동량방정식을 적용하면 다음과 같다.

$$\Sigma F_x = \int_{CS} V_x \rho V_n dA \tag{36}$$

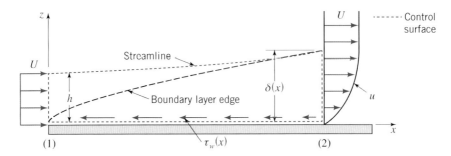

Figure 6.17 Control volume for derivation of the momentum integral equation

위의 식에서 좌변은 검사체적에 작용하는 외력으로 본 문제에서는 마찰항력(F_f)이 해당된다. 우변의 검사표면을 그림의 단면 (1)과 (2)에 적용하면 다음과 같다.

$$\int_{CS} V_x \rho V_n dA = \int_{(2)} V_x \rho V_n dA - \int_{(1)} V_x \rho V_n dA \qquad (37)$$

여기서

$$\int_{(2)} V_x \rho V_n dA = \rho b \int_0^\delta u^2 dz$$

$$\int_{(1)} V_x \rho V_n dA = \rho b U^2 h$$

여기서 b는 평판의 폭이고 h는 유선에 의해 형성되는 검사체적의 높이이다. 위의 결과를 이용하여 식(36)을 다시 쓰면 다음과 같다.

$$-F_f = \rho b \int_0^\delta u^2 dz - \rho b U^2 h$$

혹은

$$F_f = \rho b U^2 h - \rho b \int_0^\delta u^2 dz \qquad (38)$$

여기서 항력은 다음과 같이 전단응력을 이용해 표현할 수 있다.

$$F_f = b \int_0^L \tau_0 dx \qquad (39)$$

그림에서 유입부 검사체적의 높이 h를 구하기 위해 단면 (1)과 (2)에 연속방정식을 적용하면 다음과 같다.

$$Uh = \int_0^\delta u\,dz$$

혹은

$$\rho U^2 bh = \rho b \int_0^\delta Uu\,dz$$

따라서 식(38)은 다음과 같이 쓸 수 있다.

$$F_f = \rho b \int_0^\delta u(U-u)\,dz \qquad (40)$$

경계층의 운동량 두께 δ_2의 정의를 이용하면 항력은 다음과 같다.

$$F_f = \rho b U^2 \delta_2 \qquad (41)$$

위의 식을 식(39)를 이용하여 전단응력으로 표현하면 다음과 같다.

$$\tau_0 = \rho U^2 \frac{d\delta_2}{dx} \qquad (42)$$

위의 식이 평판 위에 발달하는 경계층에 대한 운동량 적분방정식이다.

▎4.7 난류 경계층

4장에서 언급한 바와 같이, 난류의 경우 실험을 통해서 유속분포를 얻을 수 있으며 Prandtl은 다음과 같은 식을 제시하였다.

$$\frac{u}{u_*} = 8.74\left(\frac{u_* z}{\nu}\right)^{1/7} \qquad (43)$$

여기서 u_*는 전단속도이며 $u_* = (\tau_o/\rho)^{1/2}$로 정의된다. 위의 식에서 $z = \delta$일 때 $u = U$이므로

$$\frac{U}{u_*} = 8.74\left(\frac{u_* \delta}{\nu}\right)^{1/7} \qquad (44)$$

위의 두 식을 이용하면 다음과 같은 멱급수 형태의 유속분포를 쉽게 유도할 수 있다.

$$\frac{u}{U} = \left(\frac{z}{\delta}\right)^{1/7} \tag{45}$$

또한 바닥에서의 전단응력은 ρu_*^2이므로 식(44)를 이용하면 다음 식과 같이 쓸 수 있다.

$$\tau_o = 0.0225\rho U^2 \left(\frac{\nu}{U\delta}\right)^{1/4} \tag{46}$$

위에서 구한 유속분포와 벽면에서의 전단응력을 운동량 적분방정식에 대입하여 해석하면, 다음과 같은 경계층 두께를 얻을 수 있다.

$$\delta = \frac{0.37x}{Re_x^{1/5}} \tag{47}$$

위의 결과를 식(46)에 대입하면 바닥에서의 전단응력을 다음과 같은 Re_x의 함수로 표현할 수 있다.

$$\tau_o = \rho \frac{0.058}{Re_x^{1/5}} \frac{U^2}{2} \tag{48}$$

위의 식을 이용하여 국부마찰계수를 구하면 다음과 같다.

$$c_f = \frac{0.058}{Re_x^{1/5}} \tag{49}$$

난류경계층에 의한 전체 항력도 적분을 하여 다음과 같이 구할 수 있다.

$$F_f = \int_0^L b\tau_o dx$$

$$= \frac{0.072bL}{Re_L^{1/5}} \frac{\rho U^2}{2}$$

위의 식에서 전체마찰계수는 다음과 같다.

$$C_f = \frac{0.072}{Re_L^{1/5}} \tag{50}$$

┃ 예제 ┃

온도가 22℃일 때 10 m/s의 속도로 바람이 불고 있다. 바람의 방향과 평행하게 길이 12 m, 폭 6 m의 평판이 놓여 있다.

(1) 층류 및 난류 경계층의 발달에 대해 기술하라. 층류 경계층에서 난류 경계층으로 천이가 발생할 때 레이놀즈수는 $Re_x = 5 \times 10^5$이다.

(2) 평판에 작용하는 힘을 구하라.

[풀이]

(1) 온도 22℃에서 공기의 밀도와 점성계수는 각각 $\rho = 1.197 \ \mathrm{kg/m^3}$, $\mu = 18.22 \times 10^{-6}$ $\mathrm{Ns/m^2}$이다. 층류 경계층에서 난류 경계층으로 천이가 발생하는 지점에서 레이놀즈수는 주어진 값과 같다. 즉,

$$Re_x = \frac{Ux_t}{\nu} = 5 \times 10^5$$

위의 식으로부터 천이가 발생하는 지점은 다음과 같다.

$$x_t = 0.76 \ \mathrm{m}$$

따라서 층류 경계층의 발달은 다음과 같다.

$$\delta = \frac{5.0x}{\sqrt{Re_x}} = 5.0\sqrt{\frac{\mu x}{\rho U}} = 6.17 \times 10^{-3}\sqrt{x}$$

혹은

$$\delta = 6.17 \times 10^{-3}\sqrt{x} \quad \text{for} \quad 0 < x < 0.76 \ \mathrm{m}$$

또한, 난류 경계층의 발달은 다음과 같다.

$$\delta = \frac{0.37x}{Re_x^{1/5}}$$

혹은

$$\delta = 0.0254x^{4/5} \quad \text{for} \quad x > 0.76 \ \mathrm{m}$$

(2) 평판 위에서 먼저 층류경계층이 발달하고 이후에 난류경계층으로 천이한다. 일반적으로 평판에 작용하는 힘은 다음과 같다.

$$F_f = C_f \frac{\rho}{2} U^2 bL$$

여기서 C_f는 전체마찰계수로서 층류경계층과 난류경계층의 경우 각각 다음 식으로 구할 수 있다.

$$C_f = \frac{1.328}{Re_L^{1/2}}$$

$$C_f = \frac{0.072}{Re_L^{1/5}}$$

본 문제에서 $0 < x < 0.76$ m 구간에서는 층류경계층에 의한 마찰이 작용하고, 0.76 m $< x < 12$ m에서는 난류경계층에 의한 마찰이 작용한다. 따라서 층류경계층에 의한 마찰력은 다음과 같다.

$$F_{f1} = \frac{0.664 \rho U^2 b x_t}{\sqrt{Re_{x_t}}} = 0.513 \text{ N}$$

그리고 난류경계층에 의한 마찰력은 다음 식으로부터 구할 수 있다.

$$F_{f2} = \frac{0.036 \rho U^2 bL}{Re_L^{1/5}} - \frac{0.036 \rho U^2 b x_t}{Re_{x_t}^{1/5}}$$

$$= 12.95 - 1.424 = 11.53 \text{ N}$$

따라서 평판에 작용하는 마찰항력은 다음과 같다.

$$F_f = F_{f1} + F_{f2} = 0.51 + 11.53 = 12.04 \text{ N}$$

참고문헌

- Finnemore, E. J. and Franzini, J. B. (2002). *Fluid Mechanics with Engineering Applications* (10th Ed.), McGraw-Hill, New York, NY.
- Janna, W. S. (1993). *Introduction to Fluid Mechanics*, PWS Publishing Company, Boston, MA.
- Prandtl, L. (1923). *Ergebnisse der aerodynamischen Versuchsanstalt zu Gottingen*, Oldenbourg,

Munich and Berlin, Germany.

- Rouse, H. (1946). *Elementary Mechanics of Fluids*, Dover Press, New York, NY.
- Schlichting, H. (1979). *Boundary Layer Theory* (7th Ed.), McGraw-Hill Book Company, New York, NY.

연습문제

1. 직경이 0.1 m 이고 무게가 0.61 kg인 공의 20°C 물속 ($\nu = 1 \times 10^{-6}$ m^2/s)에서 최종 침강속도를 구하라.

   답 $C_D = 0.5$, $Re = 67{,}000$, $v_s = 0.67$ m/s

2. 아래 평면도와 같이 앞이 둥글고 폭이 2.4 m, 높이 3 m, 길이 10.5 m인 박스형 밴이 60 mph (26.82 m/s)로 주행하고 있다. 밴의 앞부분이 둥근 형태이기 때문에 위와 옆에서 유선의 박리가 발생하지 않는다. 10°C에서 밴의 위와 측면의 마찰항력을 구하라(공기 $\rho = 1.248$ kg/m^3, $\nu = 14.1 \times 10^{-6}$ m^2/s). 또 전체항력계수 $C_D = 0.45$일 때 전체항력을 구하라.

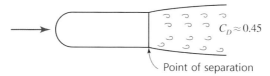

   답 $F_f = 98.97$ N, $F_D = 1{,}454.3$ N

3. 유속분포가 아래와 같을 때 경계층 두께, 변위 두께, 운동량 두께, 에너지 두께, 그리고 바닥 전단응력을 구하라.

   $$\frac{u(z)}{U} = a + b\frac{z}{\delta}$$

   답 $\delta_1 = \delta/2$, $\delta_2 = \delta/6$, $\delta_3 = \delta/4$, $\tau_0 = \mu\frac{U}{\delta}$

4. 폭이 0.15 m이고 길이가 0.5 m인 평판과 평행하게 기름이 0.6 m/s로 흐르고 있다. 20°C에서 기름의 밀도와 점성계수는 각각 $\rho = 998.8$ kg/m³와 $\nu = 9.755 \times 10^{-5}$ m²/s이고 평판의 표면은 매끈하다. 평판의 한 면에 작용하는 마찰항력을 구하라.

답 $F_f = 0.32$ N

5. 다음과 같은 난류의 유속분포에 대하여 질문에 답하라.

$$\frac{u}{u_*} = 10.6 \left(\frac{u_* z}{\nu} \right)^{1/9}$$

(1) 위의 식을 이용하여 다음과 같은 멱급수 형태의 유속분포식을 유도하라.

$$u/U = (z/\delta)^{1/9}$$

(2) 바닥에서의 전단응력이 다음과 같음을 보여라.

$$\tau_o = 0.0142 \rho U^2 \left(\frac{\nu}{U\delta} \right)^{1/5}$$

(3) 거리에 따른 경계층 두께의 변화가 다음과 같음을 보여라.

$$\delta = \frac{0.272x}{Re_x^{1/6}}$$

수류의 측정

예연위어에서 하류조건 (tail water condition)에 따라 수중도수 (sub-merged hydraulic jump)가 발생할 수 있다. 이 경우 수면은 평온해 보이나 수중에서는 강한 와류가 형성되어 수영이나 보트를 즐기는 사람들을 익사시킬 수 있다. 위의 그림은 예연위어로 인해 발생하는 수중도수의 위험을 설명하기 위하여 (미) Washington State University의 Hotchkiss 교수가 수행한 실험 사진이다. 이러한 살인 위어를 제어할 수 있는 공학적인 방안은 무엇인가?

(그림 출처: Hotchkiss (2001))

1. 측정을 요하는 물리량

수리학에서 측정이 필요한 물리량은 크게 유체의 물성, 기하학적 물리량, 그리고 운동학적 수리량으로 구분할 수 있다. 이러한 물리량 및 수리량의 측정은 수공학적 설계 및 수리시설물의 운영관리를 위한 기본 자료를 제공해주기 때문에 매우 중요하다. 또한 물리량 및 수리량의 측정에 사용되는 도구들은 유체역학 및 수리학적인 원리에 근거하기 때문에 측정 원리를 이해하는 데에도 유용하게 활용될 수 있다.

유체의 물성으로는 밀도, 단위중량, 점성계수, 표면장력, 체적탄성계수 등을 들 수 있다. 유체의 점성계수를 측정하는 기구를 점도계(viscometer)라고 하는데 이는 Newton의 점성법칙, Hagen-Poiseuille 공식, 그리고 Stokes 법칙 등을 응용한다.

하천에서 수심, 수위, 수로폭과 관수로에서 관경 등은 기하학적 물리량에 해당한다. 하천에서 조도계수는 유량, 단면의 기하학적 자료, 그리고 하천 경사를 통해서 역산할 수 있는 물리량이지 측정 가능한 기하학적 물리량은 아니다. 또한, 조도계수는 하천의 지점이나 단면에 해당하는 물리량은 아니고 구간 평균된(reachwise-averaged) 물리량으로 이해하는 것이 적절하다.

운동학적 수리량은 유속, 가속도, 압력, 그리고 유량을 포함하며 수리학에서 가장 중요한 수리량은 유량이다. 하천에서 Propeller meter와 Price current meter 등을 이용하여 유속

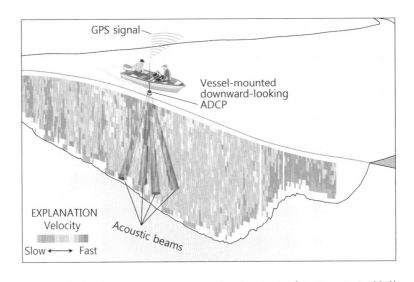

Figure 7.1 Moving vessel measurement using ADCP (Mueller et al., 2013)

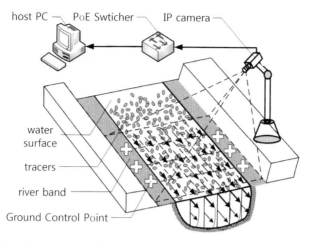

Figure 7.2 Measurement of surface velocity using LSPIV (Wang et al., 2013)

을 측정하는 것은 유속 측정 자체에 목적이 있기보다는 유량으로 환산하기 위함이다. 근래 들어, 하천에서 음파를 이용한 ADCP(Acoustic Doppler Current Profiler) 혹은 사진영상을 이용하는 LSPIV(Large-Scale Particle Image Velocimetry)를 활용하여 유량을 측정하는 것이 많이 일반화되고 있다(Figure 7.1과 Figure 7.2 참조). 그러나 ADCP는 평상 시 흐름 구조를 비교적 정확히 측정할 수는 있으나 홍수 시 운용이 어렵고, LSPIV는 홍수 시에도 측정이 가능하지만 유량 산정에서 흐름 구조를 정확히 반영하기 어려운 단점이 있다. 본 장에서는 관수로 및 개수로로 나누어 유량측정에 대해 알아보기로 한다.

2. 유량측정

▌2.1 관수로의 유량측정

(1) 오리피스

오리피스란 관수로의 유량측정에 사용되는 정확한 기하학적 형상을 갖는 유출구를 의미한다. 일반적으로 관수로의 단면적을 축소시키면 유속이 증가하면서 압력이 감소하는데, 이때 떨어진 압력을 측정하여 유속을 산정할 수 있다.

Figure 7.3은 관 오리피스(오리피스 미터)를 이용한 유량 측정을 보여주고 있다. 관수로 흐름을 단면적이 A_0인 오리피스 판으로 제한할 경우 분류의 단면적은 오리피스 판 하류에서 최소가 되며 단면적이 가장 축소된 부분을 베나 콘트렉터(vena contractor)라고 한다. 그림에서 오리피스 판의 상류 단면 1과 베나 콘트렉터인 단면 2에서 에너지 방정식을 적용하면 다음과 같다.

$$\frac{V_1^2}{2g} + \frac{p_1}{w} = \frac{V_2^2}{2g} + \frac{p_2}{w} + h_L \tag{1}$$

여기서 $h_L \approx 0$ 으로 가정한다. 베나 콘트렉터에서의 단면적(A_2)을 알 수 없으므로 오리피스 판의 단면적과 단면축소계수를 사용하여 2점에서의 단면적을 표현한다. 즉,

$$A_2 = C_a A_0$$

이를 이용하면 연속방정식은 다음과 같게 된다.

$$A_1 V_1 = A_2 V_2 = C_a A_0 V_2 \tag{2}$$

따라서

$$V_1 = C_a \left(\frac{A_0}{A_1}\right) V_2 = C_a \left(\frac{D_0}{D_1}\right)^2 V_2$$

이를 식(1)에 대입하고 마찰손실계수를 곱하면 다음과 같다.

$$V_2 = C_v \sqrt{\frac{2(p_1 - p_2)/\rho}{1 - C_a^2 (D_0/D_1)^4}} \tag{3}$$

따라서 구하고자 하는 유량은 다음과 같다.

$$Q = C A_0 \sqrt{\frac{2(p_1 - p_2)/\rho}{1 - C_a^2 (D_0/D_1)^4}} \tag{4}$$

여기서 $C = C_v C_a$ 이다. 액주계의 차(manometer reading)를 $\varDelta h$라고 하고 관속의 유체와 액주계속의 유체 비중을 각각 w와 w_o라고 하면, 위의 식은 다음과 같이 된다.

$$Q = C A_0 \sqrt{\frac{2g \varDelta h (\omega_o/\omega - 1)}{1 - C_a^2 (D_0/D_1)^4}} \tag{5}$$

위의 식을 이용하면 액주계의 높이를 측정함으로써 유량으로 환산할 수 있는 것이다.

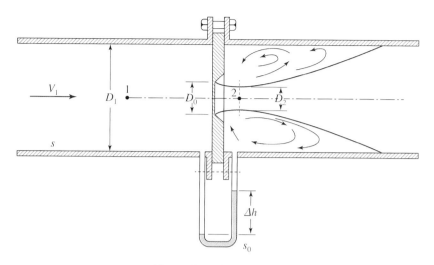

Figure 7.3 Orifice meter

위의 그림에서와 같이 오리피스 판을 통과하면서 유선은 박리현상(separation)이 발생하고 베나 콘트렉터를 보인 후 관벽에 재부착(re-attachment)하게 된다. 이때 오리피스 판과 재부착점 상류에는 재순환(recirculation)을 형성한다. 이와 같은 흐름의 과정은 에너지 손실을 수반하여 식(1)의 에너지방정식에서 $h_L \neq 0$이지만 식(3)의 유속에 마찰손실계수를 곱해주어 이를 반영하는 것이다($C_v < 1$).

(2) 벤츄리 미터

벤츄리 미터(venturi meter)도 오리피스 미터와 동일한 원리를 이용하여 관수로의 유량을 측정한다. 즉, Figure 7.4에서와 같이 단면을 축소시켜 유속을 증가시키고 압력을 강하시켜 이 압력차를 이용하여 유량을 구한다. 단면 1과 2에 에너지 방정식을 적용하면

$$\frac{V_1^2}{2g} + \frac{p_1}{w} + h = \frac{V_2^2}{2g} + \frac{p_2}{w} \tag{6}$$

또한 단면축소에 의한 계수를 곱한 연속방정식은 다음과 같다.

$$V_1 A_1 = C_a V_2 A_2 \tag{7}$$

위의 에너지 방정식과 연속방정식을 동시에 풀고 유속계수를 곱하면 다음과 같다.

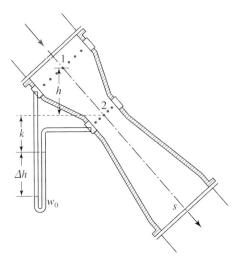

Figure 7.4 Venturi meter

$$V_2 = C_v \sqrt{\frac{2g\left[h + (p_1 - p_2)/w\right]}{1 - C_a^2 (D_2/D_1)^4}} \tag{8}$$

따라서 구하고자 하는 유량은 다음과 같다.

$$Q = CA_2 \sqrt{\frac{2g\left[h + (p_1 - p_2)/w\right]}{1 - C_a^2 (D_2/D_1)^4}} \tag{9}$$

한편 액주계로부터 다음 관계식을 유도할 수 있다.

$$h + (p_1 - p_2)/w = \Delta h (w_o/w - 1) \tag{10}$$

위의 식을 이용하여 유량을 구하면 다음과 같다.

$$Q = CA_2 \sqrt{\frac{2g\Delta h (w_o/w - 1)}{1 - C_a^2 (D_2/D_1)^4}} \tag{11}$$

마찬가지로 벤츄리 미터를 이용하면 액주계의 높이를 측정하여 유량을 환산할 수 있다.

벤츄리 미터의 경우 관 확대부의 길이를 증가시켜 흐름에서 유선의 박리를 방지할 수 있다. 이렇게 함으로써 오리피스 미터와는 달리 관 축소 전과 후의 에너지 손실을 줄일 수 있고 이점이 벤츄리 미터의 장점이 될 수 있다(Rouse, 1946).

2.2 개수로의 유량측정

개수로에서 위어를 이용하면 유량측정이 용이하다. 위어는 수로를 횡단하여 축조되는 수공구조물로서 월류하는 수두를 측정하여 유량으로 환산할 수 있다.

위어의 마루에서 한계수심이 발생하면 조절단면(control section)이 형성되어 월류 수두로 유량을 환산할 수 있다. 이후 사류가 형성되고 도수가 발생한 다음 상류로 천이하게 된다. 위어 하류부의 수심이 위어 마루부에서의 한계수심보다 높은 경우를 수중위어(submerged weir)라고 하는데, 이때 마루부에서는 상류상태이므로 흐름이 하류의 영향을 받게 된다.

(1) 직사각형 위어

위어의 접근유속과 상부의 유속을 Figure 7.5와 같이 가정하자. 그리고 상류측 수면 위의 한 점과 점 B에 베르누이 방정식을 적용하면 다음과 같다.

$$h + \frac{V_a^2}{2g} = (h - y) + \frac{V^2}{2g}$$

따라서 수면에서 y만큼 아래의 유속은 다음과 같다.

$$V(y) = \sqrt{2g\left(y + V_a^2/2g\right)}$$

위의 식에 의하면 수면에서의($y = 0$) 유속은 그림에서 가정한대로 V_a임을 알 수 있다. 위

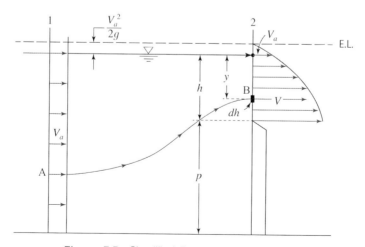

Figure 7.5 Simplified flow approaching a weir

의 식에서 접근유속(V_a)을 무시하면, 위어 상부에서의 유속은 다음과 같다.

$$V(y) = \sqrt{2gy} \tag{12}$$

위의 식은 해석의 편리를 위해서 간략화된 것으로 실제는 위어 상부에서 수면은 수평이 아니고 처짐(drawdown)이 발생한다.

유량을 구하기 위해서 유속을 전체 단면에 적분해야 한다. 즉,

$$Q = \sqrt{2g}\,b \int_0^h \sqrt{y}\,dy = \frac{2}{3} b \sqrt{2g}\, h^{3/2} \tag{13}$$

여기서 b는 위어의 폭이다. 위의 유량은 가정을 통해 유도한 것으로(예를 들어, 수면 처짐 현상 등 무시) 실제와 차이가 있으므로 보정계수 C를 곱하여 사용한다.

$$Q = C \frac{2}{3} b \sqrt{2g}\, h^{3/2} \tag{14}$$

여기서 h는 위어 마루를 기준으로 상류방향 흐름의 수두를 나타낸다.

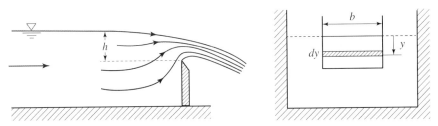

Figure 7.6 Rectangular weir

(2) 삼각형 위어

삼각형 위어(V-notch weir)는 수로 단면적에 비하여 위어의 단면적이 작으므로 접근유속을 무시하여도 오차가 작다. 마찬가지 방법으로

$$Q = \int_A V da = \int_0^h Vx\,dy = \int_0^h \sqrt{2gy}\,x\ dy \tag{15}$$

그림의 좌표계에서

$$x = \frac{h-y}{h} b$$

따라서

$$Q = \sqrt{2g}\,\frac{b}{h}\int_0^h y^{1/2}(h-y)\;dy \tag{16}$$

b/h를 각도로 나타내면, $b/h = 2\tan(\theta/2)$이므로

$$Q = C\frac{8}{15}\sqrt{2g}\tan\frac{\theta}{2}h^{5/2} \tag{17}$$

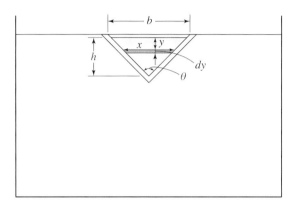

Figure 7.7 V-notch weir

(3) 사다리꼴 위어

사다리꼴 위어는 직사각형 위어와 삼각형 위어를 합한 것과 같다. 즉,

$$Q = C_1\frac{2}{3}b\sqrt{2g}\,h^{3/2} + C_2\frac{8}{15}\sqrt{2g}\tan\frac{\theta}{2}h^{5/2} \tag{18}$$

(4) 넓은 마루형 위어

상류수심(h_1)에 비하여 마루부분이 상당히 긴 경우에는 마루부분의 흐름은 일반 개수로의 흐름과 같은 상태가 되며 이와 같은 위어를 넓은 마루형 위어(廣頂위어, broad crested weir)라고 한다. 이때 마루 위의 흐름에는 정수압 법칙이 성립한다고 가정한다.

넓은 마루형 위어에서 일반적인 경우 상류수심과 위어의 길이에 대한 비는 다음과 같다.

$$0.08 < \frac{h_1}{L} < 0.50$$

만약 h_1/L이 0.08보다 작은 경우 얇은 수심으로 인해 마루에서 손실수두를 무시할 수 없

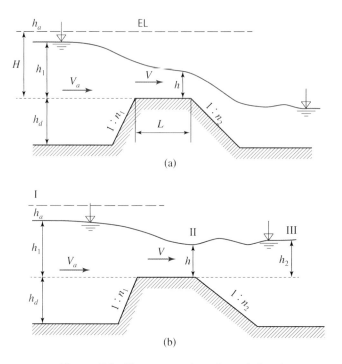

Figure 7.8 Flow over a broad-crested weir

다. 반대로 h_1/L이 0.50보다 큰 경우 마루 위의 유선은 평행하지 않아 정수압 법칙이 성립하지 않는다.

넓은 마루형 위어에서의 흐름은 위의 그림에서와 같이 두 가지 형식으로 구분할 수 있다. 즉, 하류수심(h_2)이 작은 경우에는 마루위에서 한계류가 발생하는데, 이 경우에는 하류가 상류에 영향을 줄 수 없다(Figure 7.8(a)). 반대로, 하류수심이 큰 경우에 마루에서는 한계류가 발생하지 않으며 전체 흐름은 상류(常流) 상태이므로 하류가 상류(上流)에 영향을 줄 수 있다(Figure 7.8(b)). 전자를 완전월류(完全越流)라고 하며 후자를 잠수(潛水)위어라고 한다.

완전월류의 경우, 상류의 접근유속을 V_a라 하고 상류와 위어 상의 한 단면에 에너지방정식을 적용하면 다음과 같다.

$$H = h_1 + \frac{V_a^2}{2g} = h + \frac{V^2}{2g} \tag{19}$$

여기서 H는 마루높이를 기준으로 전수두를 나타낸다. 접근유속을 무시하고 위의 식을 이용하여 위어 상의 단면에서 유속을 구하면

$$V = \sqrt{2g(H-h)} \tag{20}$$

위어의 폭을 b라 할 때 유량은 다음과 같다.

$$Q = bh\sqrt{2g(H-h)} \tag{21}$$

위의 식에 의하면 $h=0$이거나 $h=H$인 경우 유량은 영이 된다. 위어 상의 적용 단면에서 한계수심이 발생한다면, 수심을 전수두의 함수로 표현할 수 있다. 즉, 한계수심이 비에너지의 2/3라는 사실을 이용하면 다음과 같이 쓸 수 있다.

$$h = \frac{2}{3}H \tag{22}$$

따라서 유량은 다음과 같다.

$$
\begin{aligned}
Q &= \frac{2}{3}bH\sqrt{\frac{2}{3}gH} \\
&= \frac{2}{3}b\sqrt{\frac{2}{3}g}\,H^{3/2} \\
&= 1.7CbH^{3/2}
\end{aligned} \tag{23}
$$

위의 식은 이론적인 유량 공식이며 실제 전수두를 측정하기 어려우므로, 유량계수 C와 $H \approx h_1$을 가정하여 실제 유량은 다음과 같은 형태의 공식을 통해 산정한다.

$$Q = Cbh_1^{3/2} \tag{24}$$

여기서 h_1은 위어 상류부에서의 수두이다. Chow(1959)에 의하면 식(23)의 상수 C는 다음 식으로부터 산정할 수 있다.

$$C = 1.125\left(\frac{1 + h_1/h_d}{2 + h_1/h_d}\right)^{1/2} \tag{25}$$

참고문헌

- Chow, V. T. (1959). *Open-Channel Hydraulics*. McGraw-Hill, New York, NY.
- Hotchkiss, R. H. (2001). Flow over a "Killer" weir design project. *Journal of Hydraulic Engineering*, ASCE, 127(12), 1022-1027.
- Mueller, D. S., Wagner, C. R., Rehmel, M. S., Oberg, K. A,, and Rainville, Francois, (2013). Measuring discharge with acoustic Doppler current profilers from a moving boat (ver. 2.0, December 2013). *U.S. Geological Survey Techniques and Methods*, 3-A22.
- Rouse, H. (1946). *Elementary Mechanics of Fluids*. Dover Publications, Inc., New York, NY.
- Wang, F., Xu, B., and Li, C. (2013). A large-scale particle image velocimetry system based on dual camera field of view stitching. *Sensors and Transducers*, 157(10), 234-239.

연습문제

1. 단면적이 A인 저수지에 폭이 B인 직사각형 위어가 설치되어 있다. 월류수심을 h_1에서 h_2로 낮추는데 소요되는 시간을 구하라. 위어를 통과하는 단위폭당 유량은 $q = Ch^{3/2}$이며 저수지의 단면적 A는 일정하다.

   답 $\dfrac{2B}{C}(h_1^{-\frac{1}{2}} - h_2^{-\frac{1}{2}})$

2. 직사각형 위어로 유량 Q를 측정할 때 유량계수 C 및 월류수심에 각각 1%의 오차가 있다면 유량의 오차는 얼마인가?

   답 2.5 %

3. 직사각형 위어를 가지고 수두 측정 시 x%의 오차가 있었다면 유량 계산 시의 오차는?

   답 $\left(\dfrac{100-x}{100}\right)^{\frac{3}{2}} \times 100$

4. 중심각이 직각인 삼각형 위어의 유량을 월류수심(h)의 함수로 나타내라.

   답 $\dfrac{8}{15}\sqrt{2g}\,h^{\frac{5}{2}}$

유사이송

하천에서 본류의 하상이 상류 댐 혹은 준설 등으로 인하여 낮아지면 지류도 영향을 받는다. 합류점으로부터 침식이 시작되어 지류의 상류방향으로 진행하는데 이를 두부침식(head cutting)이라고 한다. 두부침식은 본류와 지류가 물의 흐름뿐 아니라 하상도 유기적으로 연결되어 있음을 얘기해 준다. 위의 사진은 대청댐 건설로 인하여 금강의 지류인 유구천에 두부침식이 진행되어 교량의 기초가 드러난 상황이다.
(사진 출처: 우효섭 (2001))

1. 유사이송과 하상변동

수리학에서 유사이송은 매우 중요한 학문 분야이다. 하천 자체가 동적인 시스템이고 이동상이므로, 이를 무시한 해석은 홍수위 예측에 있어 큰 오차를 유발할 수 있다. 유사이송은 하천의 유량 및 이의 패턴, 하상재료, 지리학적인 조건 등에 따라 영향을 받으며, 궁극적으로 유로의 형상도 변화시킨다. 즉, 하상상승(aggradation), 하상저하(degradation), 침식(erosion), 퇴적(deposition), 세굴(scour) 등이 발생하고 홍수 후 유심선이 변화하는 것도 유사이송과 관련된 현상이다.

하천에서 유사이송은 예측하기 어려운 학문 분야이다. 유사의 정확한 거동을 파악하기 위해서는 흐름을 정확하게 예측해야 하는데, 이는 난류 현상과 관계되어 난류 해석이 필수적이다. 또한, 유사이송으로 인하여 유로가 변화하고, 변화된 유로는 다시 유사이송에 영향을 미치므로 둘 사이의 상호작용을 고려해야 한다. 이는 수학적으로는 유사이송량에 따라 유로의 형태가 변하므로 자유경계문제(free boundary problem)가 된다. 일반적인 수학문제는 경계가 고정되어 있으면서, 경계 내에서 편미분방정식을 해석하게 되는데, 자유경계문제에서는 경계의 형상마저도 수학적으로 결정되어야 한다.

따라서 유사이송은 개발할 여지가 많은 분야이다. 문제 자체가 복잡하기 때문에 경험적방법이 많이 사용되어 왔으나, 최근 들어 역학적 접근으로 더 보편적인 해석 방법이 등장하고 있다. 아울러, 유동뿐만 아니라 유사이송과 하상변동을 모의할 수 있는 공학적 툴의개발도 가속화될 전망이다.

제5장의 개수로 수리학은 개수로에서 하상의 변동을 무시한 수리학의 원리로 고정상(fixed bed) 수리학이라고 한다. 그러나 실제 자연 현상은 하천과 같은 개수로에서 물의 흐름과 함께 유사이송이 발생하며 이에 따라 하도가 변화하게 된다. 이를 이동상(mobile bed) 수리학이라고 한다. 유사이송에 의한 하상변동을 계산하기 위한 관계식은 1925년 Exner가 제안한 다음의 하상토 보존 방정식이 있다.

$$\frac{\partial \eta}{\partial t} = -\frac{1}{1-\lambda_p}\frac{\partial q_b}{\partial x} \tag{1}$$

여기서 $x=$종방향 거리, $t=$시간, $\eta=$(기준면으로부터) 하상고, $\lambda_p=$공극률, $q_b=$소류사량 $[L^2/T]$이다. 위의 식은 Exner 방정식이라고도 불리며, 우변에서 부유사에 의한 영향은 무시한 형태이다. 위의 식을 Figure 8.1의 격자에서 차분 형태로 이산화시키면 다음과

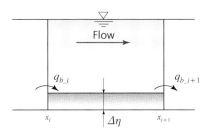

Figure 8.1 Grid for bed elevation change due to sediment load

같다.

$$\frac{\eta_{i+1/2}^{n+1} - \eta_{i+1/2}^{n}}{\Delta t} = -\frac{1}{1-\lambda_p} \frac{q_{bi+1}^{n} - q_{bi}^{n}}{\Delta x}$$

혹은

$$\eta_{i+1/2}^{n+1} = \eta_{i+1/2}^{n} - \frac{1}{1-\lambda_p} \frac{\Delta t}{\Delta x} \left(q_{bi+1}^{n} - q_{bi}^{n} \right)$$

위의 식에 따르면 하상고는 구간에 유입되는 유사량($q_{b\ i}$)과 유출되는 유사량($q_{b\ i+1}$)에 의해 직접 결정되는 것을 알 수 있다. 즉, 구간으로 유입되는 유사량이 유출되는 유사량보다 많은 경우($q_{b\ i} > q_{b\ i+1}$) 하상고는 올라가며 반대의 경우 하상은 내려간다.

2. 유사 입자의 기본 성질

유사 입자의 크기가 균일하다면 직경, 비중, 침강속도, 모양 등이 중요한 인자이며, 대부분이 그렇듯이 유사입자가 균일하지 않다면 입도분포와 공극률도 중요한 인자가 된다.

▌2.1 입자의 모양과 크기

유사 입자의 크기는 유사이송에 매우 중요하다. Table 8.1에 유사 입자 크기에 따른 이름을 제시하였다. 하천을 하상재료에 따라 분류할 때 모래하천과 자갈하천으로 분류하는데, 이는 하상재료에 따라 유사이송의 양상(mode)이 다르기 때문이다. 그리고 입자의 크기가 매우 작은 경우(실트 미만의) 입자는 점착성을 보이며 전하를 띠게 되어 역학적인 거동을 하지 않는다. 또한, 입자의 크기에 따라 유수 중 침강속도는 다르게 되고 이에 따라 퇴적률이 결정된다.

일반적으로 모래는 구형으로 가정하는데, 현미경을 통해 모래를 관찰하면 구형의 둥그런 입자는 거의 없다. 따라서 유사 입자의 크기는 여러 가지 방법으로 정의할 수 있는데, 평균 직경은 다음 식(2)와 같이 정의 된다.

$$D_m = \frac{1}{3}(a+b+c) \tag{2}$$

여기서 a와 c는 각각 장축 및 단축에서 입자의 지름, 그리고 b는 양축에 직각인 축에서의 지름이다. 유사 입자 크기에 대한 다른 정의로 다음과 같은 것이 있다.

- D_n(공칭 지름): 입자와 동일한 부피를 갖는 구체의 지름
- D_f(침강 지름): 24.5℃의 정지된 증류수에서 비중이 2.65인 입자의 최종 낙하속도를 갖는 구체의 지름
- D_s(체거름 지름): 사각형으로 뚫린 체를 통과하는 유사 입자의 크기로 $D_s = 0.9D_n$의 관계가 성립한다.

지질학에서는 다음과 같이 입자의 직경에 log를 취한 Φ-스케일을 사용한다.

$$\Phi = -\log_2 D \tag{3}$$

이것은 크기의 정도가 다른 입자, 예를 들면, 조약돌부터 모래까지 분포할 경우 일반 단위보다 범위를 좁힐 수 있어 편리하다.

Table 8.1 Sediment grade scale

입자 이름	입자 크기(mm)
전석(boulder)	250-4,000
호박돌(cobble)	64-250
자갈(gravel)	2-64
모래(sand)	0.060-2.0
실트(silt)	0.004-0.060
점토(clay)	<0.004

2.2 입자의 비중 및 유사 농도

모래의 성분은 광물질인 석영(quartz)으로 비중은 2.65이다. 모래는 비교적 마모에 강하기 때문에 하류로 이송되면서도 원래 모양을 유지하는 성향이 있다. 각각의 광물질에 대한 비중은 Table 8.2와 같다.

Table 8.2에 제시된 입자 중에 비교적 비중이 작은 석탄 입자나 파쇄된 호두껍질은 모형사로서 실험에 사용되기도 한다. 이동상 실험에서 모형사의 선정은 매우 중요하다. 예를 들어, 폭이 150 m, 수심 20 m, 경사 0.0002인 하천에 하상재료의 중앙입경이 0.5 mm(굵은 모래)라고 하자. 축척이 1/100인 모형실험을 계획하면, 모형 하천의 폭은 1.5 m, 수심 0.2 m, 경사 0.0002가 된다. (여기서, 모형 하천의 수심이 중요한데, 수심이 너무 얕으면 표면장력이 작용하거나 유속 측정이 어렵다. 따라서 모형의 축척을 조정하거나 왜곡모형을 사용해야 한다. 여기서 수심은 0.2 m이므로 두 가지 측면에서 큰 문제는 없다고 할 수 있다.) 입자의 크기를 0.005 mm로 할 경우 입자의 크기가 너무 작아 유수에 의해 하상재료가 전부 씻겨갈 우려가 있다. 반대로 원형하천의 하상재료($D=0.5$ mm)를 그대로 사용하면, 하상이 굵은 자갈인 하천을 실험한 셈이 된다. 이 경우 작은 입자를 사용하여 유실될 위험을 배제시키면서 하상재료의 운동성을 증가시키기 위해 경량사를 모형사로 사용한다. 즉, 비중이 모래보다 작으면서 크기가 큰 입자를 모형사로 사용하면 실험 목적에 부합하는 입자의 운동성을 확보할 수 있다. 경량사를 사용하여 정성적으로 국부적인 퇴적 및 침식 성향을 보이는 구간을 재현할 수 있지만, 최근에는 상사법칙을 적용하여 정확한 퇴적 및 침식량을 예측하기도 한다(Gorrick and Rodriguez, 2014).

Table 8.2 Density of sediment particle

광물질의 종류	비중
석영(quartz)	2.6–2.7
석회석(limestone)	2.6–2.8
자철석(magnetite)	3.2–3.5
플라스틱(plastic)	1.0–1.5
석탄(coal)	1.3–1.5
파쇄된 호두껍질(walnut shells)	1.3–1.4

유사입자의 구성성분을 석영이라고 가정하면, 유수 중의 입자 포함정도를 나타내기 위하여 부피농도(volume concentration)를 사용하면 편리하다. 유사입자의 부피를 V_p라 하면

입자의 무게는 다음과 같다.

$$W = \rho_s g V_p \tag{4}$$

여기서 ρ_s는 유사입자의 밀도이다. 수중에 잠겨있는 입자의 운동성에 영향을 주는 것은 수중중량 W_s로 다음과 같다.

$$W_s = (\rho_s - \rho)g V_p = \rho R g V_p \tag{5}$$

여기서 ρ는 물의 밀도이고 $R(=\rho_s/\rho - 1)$은 수중단위중량(submerged specific gravity)이다. 한편, 유사 흐름(sediment-laden flow)의 상대밀도(fractional density)는 다음과 같이 정의된다.

$$\Delta = \frac{\Delta\rho}{\rho} \tag{6}$$

여기서 $\Delta\rho = \rho_s - \rho$ 이다. 유사흐름에서 부피농도는 상대밀도를 R로 나눈 값으로 다음과 같이 정의된다.

$$c = \frac{\Delta}{R} \tag{7}$$

위의 부피농도는 전체 유사흐름의 부피 중 유사 부피의 비율을 나타내며 유사이송에서 흔히 사용되는 변수이다.

▎2.3 침강속도

유사입자의 침강속도 산정은 퇴적률과 관계있어 매우 중요하다. 입자가 유체 중에서 침강할 때 초기에는 시간에 대해 침강속도가 일정하지 않은(transient) 거동을 보이다가 수중무게와 항력이 평형을 이루면 일정한 속도로 떨어지는데, 이를 최종침강속도(terminal fall velocity)라고 한다.

입자의 침강속도 v_s를 구하는 방법은 다음과 같은 Stokes의 법칙에 기초하고 있다.

$$\frac{v_s}{\sqrt{RgD}} = \left[\frac{4}{3}\frac{1}{c_D(R_p)}\right]^{1/2} \tag{8}$$

여기서 D는 입자의 직경이고 c_D는 항력계수, 그리고 $R_p(=v_sD/v)$는 레이놀즈수이다(여기서, v는 유체의 동점성계수). 위의 식에서 좌변 항은 무차원 침강속도로서 $R_f(=v_s/\sqrt{RgD})$로 표기하기도 한다. 위의 식은 좌우변에 모두 v_s가 있으므로 반복법을 통해서 입자의 침강속도를 구한다.

$R_p < 1$인 층류의 경우, 구체에 작용하는 항력은 $F_D = 3\pi\mu v_s D$이므로 항력계수는 다음과 같이 주어진다.

$$c_D = \frac{24}{R_p} \tag{9}$$

$R_p > 1$인 경우 해석적 방법으로 항력계수를 구할 수 없으며 실험에 의존해야 한다. 많은 연구자가 R_p가 큰 경우 구형입자에 대한 c_D의 관계식을 제안하였다. Rubey(1933)는 다음과 같은 식을 제시하였다.

$$c_D = \frac{24}{R_p} + 2 \tag{10}$$

위의 식에 의하면 레이놀즈수가 큰 경우 c_D는 2에 수렴하게 된다. 아래 식은 Yen(1992)이 제시한 항력계수의 관계식으로 비교적 넓은 범위의 R_p 값에 대해 유효한 것으로 알려져 있다.

$$c_D = \frac{24}{R_p}\left(1 + 0.15R_p^{1/2} + 0.017R_p\right) - \frac{0.208}{1 + 10^4 R_p^{-1/2}} \tag{11}$$

Figure 8.2는 항력계수와 R_p와의 관계를 도시한 것이다. Yen(1992) 공식에 의하면 $R_p < 10$의 범위에서 R_p가 증가함에 따라 항력계수도 급격히 감소하지만 $R_p > 100$의 범위에서는 서서히 감소하는 것으로 나타난다. Rubey 공식의 경우 R_p가 클 때 2에 수렴하지만 Yen(1992) 공식은 $R_p = 1,000 - 10,000$의 범위에서 $c_D = 0.4 - 0.5$의 값을 보인다.

Dietrich(1982)는 많은 실험자료를 분석하여 무차원 침강속도(R_f)와 입자 레이놀즈수 ($Re_p = \sqrt{RgD}D/v$)와의 관계에 관한 다음과 같은 회귀식을 제시하였다.

$$R_f = \exp\left(-b_1 + b_2 S_l - b_3 S_l^2 - b_4 S_l^3 + b_5 S_l^4\right) \tag{12}$$

여기서 $b_1 = 2.891394$, $b_2 = 0.95296$, $b_3 = 0.056835$, $b_4 = 0.002892$, $b_5 = 0.000245$, $S_l = \ln(Re_p)$ 이다.

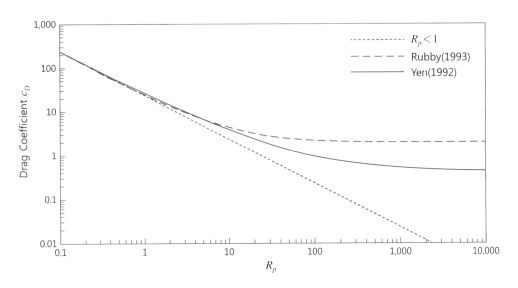

Figure 8.2　Drag coefficient versus Reynolds number R_p

❙ 예제 ❙ Rubey 공식

Stokes 법칙은 침강하는 구체에 작용하는 중력과 저항력의 평형관계를 이용하여 유도된다. 구체에 작용하는 저항력을 구체 주위의 표면마찰(F_s)과 구체 전후면의 압력 차에 의한 형상항력(F_f)으로 나누어, 침강속도를 유도하라.

[풀이]

유동과 관련하여 레이놀즈수가 매우 작은 경우, 포텐샬 유동에 의한 구체 주위에 마찰력을 고려해야 하며, 반대로 레이놀즈수가 매우 큰 경우에는 마찰력은 무시할 수 있으나 구체 전후면에 작용하는 압력차에 의한 형상항력을 고려해야 한다. 한편, 레이놀즈수가 중간인 경우(transitional) 구체 주위의 마찰력과 압력에 의한 형상항력을 동시에 고려해야 한다. 이때 다음과 같은 평형식이 성립한다.

$$F_s + F_f = F_g$$

여기서 구체 주위의 마찰력은 $F_s = 3\pi\mu v_s D$이다(Stokes, 1851). 침강하는 구체에 작용하는 형상항력은 운동량보존 법칙으로 유도할 수 있다. 즉,

$$\sum F = F_f - \rho Q(v_s - 0) = 0$$

따라서 형상항력은 $F_f = \rho\pi D^2 v_s^2/4$이며, 다음과 같은 평형방정식을 쓸 수 있다.

$$3\pi\mu v_s D + \frac{\pi D^2}{4}\rho v_s^2 = \frac{\pi D^3}{6}g(\rho_s - \rho)$$

위의 v_s에 관한 2차방정식을 해석하면 침강속도를 구할 수 있다.

$$v_s = \sqrt{\frac{36v^2}{D^2} + \frac{2}{3}RgD} - \frac{6v}{D}$$

위의 식은 Rubey(1933)에 의해 처음 유도되어 Rubey 공식이라 불린다. Rubey 공식에서 사용된 항력계수를 환산하면 다음과 같은데

$$c_D = \frac{24}{R_p} + 2$$

이는 레이놀즈수가 매우 큰 경우 2에 수렴하게 된다. 실제 자연사는 구형이 아닌 경우가 많아 항력계수가 구형보다 크게 나타나는 경향을 보이므로 Rubey 공식이 유효한 경우가 많이 있으며, 이로 인하여 Einstein 공식 등 유사량 공식에 Rubey식이 많이 사용된다(우효섭, 2001). Rubey 공식을 이용할 때 다음 식을 이용하여 점성계수를 산정하면 편리하다.

$$v = \frac{1.79 \times 10^{-6}}{1 + 0.03368T + 0.00021T^2} \ (\text{m}^2/\text{s})$$

여기서 T는 섭씨로 물의 온도를 나타낸다.

▍2.4 입도분포

하천에서의 흐름저항과 유사이송은 입도분포와 직접적인 관계가 있다. 따라서 하천에서 정확한 입도분포를 얻는 것은 매우 중요하다(Vanoni, 1975). 현장에서 채집한 유사입자의 입도분포를 얻기 위한 가장 신뢰할 수 있는 방법은 체 분석이다. 체 분석으로 입도분포를 구할 수 있는 입자의 범위는 0.062-32 mm(자갈에서 고운 모래)이다. 또한, Visual Accumulation Tube 등을 이용하여 유사를 침강시켜 침강속도로 입자의 크기를 추정할 수도 있다. 이때 입자 크기의 범위는 0.062-2 mm이다. 유사 입자의 직경이 16 mm 이상일 때, 현장에서 입자의 수를 세어 분석한다. 입자의 직경이 0.062 mm 이하인 경우 체 분석이 불가능하므로, 보통 침강 속도를 이용하여 입도분포를 추정한다.

Figure 8.3은 유사입자의 입도분포 곡선을 나타낸다. 그림에서 가로축은 입자의 크기이

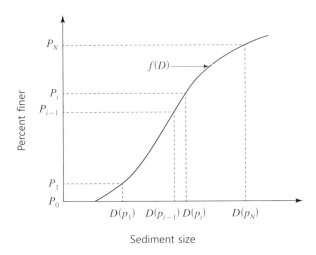

Figure 8.3 Size distribution of sediment particles

며 세로축은 해당 입자보다 작은 입자의 백분율을 나타낸다. 즉, D_{30}은 입자의 크기가 이
보다 작은 것이 전체 중에 30%에 해당한다는 의미이다.

입도분포에서 유사입자 크기의 산술평균 및 기하평균은 각각 다음과 같다.

$$D_a = \sum_{i=1}^{N} (p_i - p_{i-1}) \frac{D(p_i) + D(p_{i-1})}{2} \tag{13}$$

$$D_g = \left(\prod_{i=1}^{N} D(p_i) \right)^{1/N} \tag{14}$$

또는

$$\log D_g = \sum_{i=1}^{N} \log D(p_i) \tag{15}$$

한편, 유사입자의 분급계수(sorting coefficient)는 다음과 같이 정의 된다.

$$s_o = \sqrt{\frac{D_{75}}{D_{25}}} \tag{16}$$

일반적으로 하천에서 유사입자의 분급계수는 $2.0 < s_o < 4.5$ 범위에 있으며, 분급계수가 큰
경우 입자의 범위가 넓어 다양한 입자의 크기가 존재하는 것을 의미한다(widely-
distributed or poorly-sorted). 반대로 분급계수가 작은 것은 입자의 크기가 비교적 균일한

것을 의미한다(uniform). 입도분포가 정규분포라고 가정하면, 기하학적 표준편차는 다음과 같다.

$$\sigma_g = \frac{D_{84.1}}{D_{50}} = \frac{D_{50}}{D_{15.9}} \tag{17}$$

▌2.5 공극률

공극률(porosity)은 전체 유사 시료의 부피 중에 공극이 차지하는 비율로 정의된다. 자갈 하천에서 공극률은 어류의 산란 조건(특히, 연어)과 관계가 있기 때문에 하천 생태 측면에서 매우 중요하다(Diplas and Parker, 1985; Huang and Garcia, 2000). 최적의 산란조건에 대해 자갈층에 포함된 실트와 모래의 백분율을 사용하기도 하는데, 중량백분율로 20-26%를 초과하면 산란하기 부적합한 것으로 보고되고 있다.

▌2.6 입도분포와 하천형태학

하상토의 입도분포 특성은 하천형태학(stream morphology) 측면에서 중요한데, Garcia (1999)는 다음 두 가지 사례를 통해 모래하천과 자갈하천을 하천형태학 측면에서 조망하였다.

Figure 8.4는 미국 Illinois주 Kankakee River에서 하상재료의 입도분포를 도시한 것이다. Kankakee River는 모래하천이며 이 특징이 입도분포에 잘 나타나 있다. 즉, 입도분포는 S 자형으로 Gauss 분포로 근사될 수 있다. 입자 구성은 중앙입경이 0.3-0.4 mm로서 매우 균일한 입도를 보이고(uniform, well-sorted) 자갈이나 실트가 거의 포함되지 않은 것으로 나타났다.

Figure 8.5는 미국 Oregon주 Oak Creek의 하상재료를 도시한 것이다. 그림에서는 세 가지 곡선에 제시되어 있는데, 표층(pavement, surface layer), 기층(subpavement, substrate), 그리고 두 층의 평균값이 도시되어 있다. 표층의 경우 수류에 의해 세립토가 유실되어 기층보다 조립화된 것을 확인할 수 있다. 그러나 두 층 모두 입자의 분포범위는 매우 넓으며, 이것은 자갈하천의 전형적인 특성이라고 할 수 있다. 앞의 Kankakee River의 경우 ϕ의 범위는 0에서 3사이이며, Oak Creek은 −8에서 3사이에 존재한다. 입도분포의 모양은 위로 오목하여 Gauss 분포로 근사시킬 경우 잘 맞지 않을 것으로 예상된다.

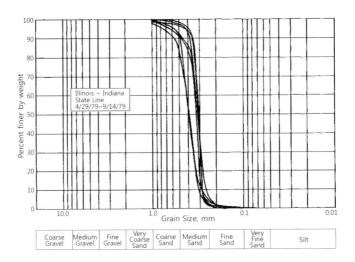

Figure 8.4 Size distribution of bed materials in Kankakee River, Illinois (Bhowmik et al., 1980)

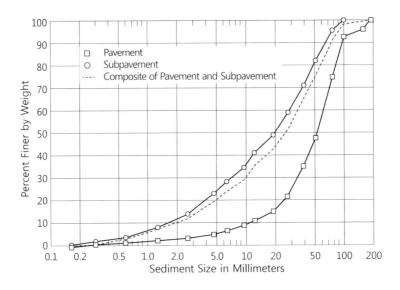

Figure 8.5 Size distribution of bed materials in Oak Creek, Oregon (Milhous, 1973)

3. ▪ 하상형상과 흐름저항

▌3.1 하상형상

모래 하천은 흐름과 유사의 특성에 따라 바닥에 여러 형태의 하상형상(bedform)을 형성한다(Figure 8.6 참조). 유사의 입자가 0.6 mm보다 미세하면, 흐름과 하상재료의 상호작용에 의하여 바로 사련(ripple)이 만들어 진다. 유속 혹은 유량이 증가하면 사련은 사구(dune)로 바뀌게 되고, 계속해서 씻겨진 사구(washed-out dunes)를 보이는 천이과정(transition)을 거치게 된다. 유속이 더욱 증가하면 유사이송이 많은 평탄하상(plane bed)으로 변화하고, 계속해서 반사구(antidune)가 생성된다. 이 단계에서 수면파는 이동하지 않으며(standing

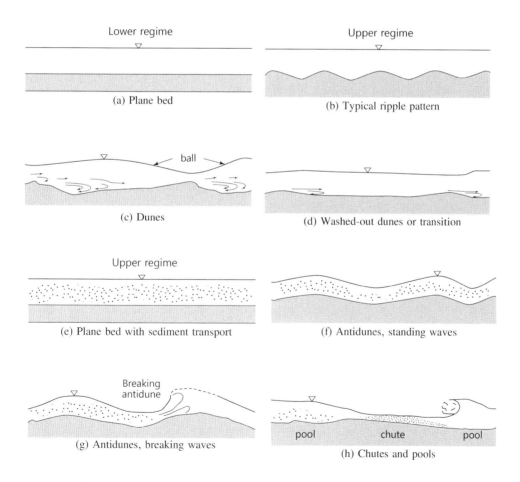

Lower regime · Upper regime

(a) Plane bed

(b) Typical ripple pattern

ball

(c) Dunes

(d) Washed-out dunes or transition

Upper regime

(e) Plane bed with sediment transport

(f) Antidunes, standing waves

Breaking antidune

(g) Antidunes, breaking waves

pool   chute   pool

(h) Chutes and pools

Figure 8.6 Change of bedforms with increasing velocity or discharge

wave) 수면과 하상 파형의 위상이 같게 된다. 유속이 더욱 증가하면, 쇄파(breaking wave)가 발생하는데, 이때 하상은 정지해 있거나 상하류로 이동하기도 한다. 유속이 증가하여 마지막 단계에 이르면 급경사 유로(chute)와 웅덩이(pool)가 생기는데, 급경사 유로에서는 일반적으로 사류가 형성되며 웅덩이와 만나는 지점에서 도수가 발생한다.

이와 같은 이동상 하천에서 흐름 및 하상의 변화를 두 영역으로 구분할 수 있는데, 평하상에서 천이현상까지를 저수류 영역(lower regime)이라고 하며 평탄하상에서 chute and pools 까지를 고수류 영역(upper regime)이라고 한다. 원칙적으로 저수류 영역과 고수류 영역은 Froude수로 구분된다. 즉, 저수류 영역에서는 $Fr < 1$이고, 고수류 영역에서는 $Fr > 1$이 된다. 그러나 Simons and Richardson(1971)의 실험 연구에 의하면 $Fr < 0.5$인 경우 저수류 영역이며 $Fr > 0.7$인 경우 고수류 영역이 발생한다고 한다.

Figure 8.7은 이동상 유로에서 수위-유량관계 곡선을 도시한 것이다. 그림에서 곡선의 불연속이 발생하는 것은 Figure 8.6의 과정에서 하상형상이 씻겨나가면서 하상 저항이 갑자기 줄어 발생하는 현상이다. 하상의 저항이 줄어들 경우, 이에 따라 유속은 갑자기 증가하게 되고 수위는 하강하게 된다.

이와 같은 현상을 수식을 통해 설명하면 다음과 같다. 하상전단응력은 아래와 같이 쓸 수 있다.

$$\tau_b = \rho C_f U^2 \tag{18}$$

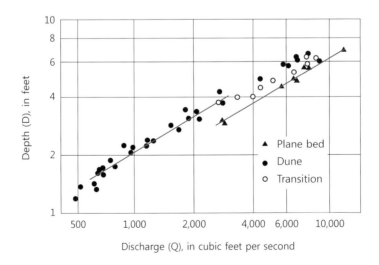

Figure 8.7 Flow depth versus discharge relationship for a mobile bed stream (Nordin, 1963)

여기서 C_f는 흐름저항계수(flow resistance coefficient)이다. 일반적으로 고정상 흐름에서 흐름저항계수는 크게 변하지 않으며, 따라서 하상전단응력은 유속의 제곱에 비례하게 된다. 또한, 등류 상태에서 하상전단응력은 다음과 같이 쓸 수 있다.

$$\tau_b = \rho g H S \tag{19}$$

하상형상이 씻겨나가면서 하상전단응력이 줄어드는 경우 첫 번째 식에서는 흐름저항계수를 감소시키면 되지만 두 번째 식에서는 수심이 줄어드는 수밖에 없다. 따라서 하상 형상이 유수에 의해 씻겨나가는 경우 하상전단응력이 감소하여 유속은 증가하지만 수심은 큰 폭으로 감소하게 된다.

▌3.2 흐름저항

일반적으로 유수에 작용하는 전체저항은 하상형상에 의한 형상항력(form drag)과 하상토에 의한 표면마찰(skin friction)의 합이다. 형상항력은 하상형상에서 발생하는 유선의 박리(separation)와 재순환(recirculation)에 의한 부압에 기인하며 재부착(reattachment)과 관련이 있다. 한편, 표면 마찰저항은 토립자의 모양, 크기, 바닥면에서의 배열 등에 의해 영향을 받는다. 이동상 하천에서 하상형상에 의한 전체저항의 증가는 홍수위에 크게 영향을 끼치므로 이의 영향을 정확히 산정할 필요가 있다. 한편, 하상형상에 의한 항력의 증가량은 전체저항에서 하상토에 의한 표면마찰의 영향을 제외하여 구할 수 있다.

입자의 크기가 같더라도 흐름영역에 의해 조도는 변할 수 있는데, $D_s = 6$ mm인 경우 저수류 영역에서 조도계수는 $n = 0.015 - 0.045$이며, 고수류 영역에서 조도계수는 $n = 0.013 - 0.02$ 사이에 존재한다. 한편, 입자의 직경이 6 mm보다 작을 때, 하상형상은 유량이 증가함에 따라 사련, 사구, 천이, 평탄하상, 반사구 등으로 변화하여, 유량이 증가할수록 형상저항은 지속적으로 감소한다.

입자 크기에 따른 조도계수를 환산하기 위해서 Strickler 공식을 사용하면 편리하다. Strickler의 공식은 하상의 입자 크기에 따른 Manning의 n을 산정하는 데 사용할 수 있으며, 다음과 같다.

$$n = D_{50}^{1/6}/21.0 \tag{20}$$

여기서 D_{50}의 단위는 m이다. 다음 Table 8.3에는 하상 조건에 따른 Manning 조도계수를 제시하였다.

Table 8.3 Values of Manning's roughness coefficients for various bed conditions (Shen and Julien, 1993)

하상 특성	Manning의 조도계수
모래(sand)	
평하상	0.011–0.020
사련	0.018–0.035
사구	0.020–0.035
정상파	0.014–0.025
반사구	0.015–0.035
자갈과 호박돌(gravel and cobble)	0.020–0.030
전석(boulder)	거칠기는 매우 크게 변화함. 보통 거칠기는 수심이 감소하면 증가함. n은 0.1까지 도달할 수 있음.
식생	거칠기는 식생의 밀도, 높이, 유연성, 수심과 식생 요소의 비율에 따라 크게 변화
초본류 (Bermuda, Kentucky, Buffalo grasses)	수심이 식생높이보다 5배 이상이면 0.03–0.06 수심이 식생의 높이와 같거나 작으면 0.01–0.2
밀집한 식생	정수식생 조건의 경우 n은 1을 초과할 수 있음
자연 모래 하천	
깨끗하고 직선	0.025–0.04
사행이고 잡초가 존재	0.03–0.05
전석이 있는 산지하천	0.04–0.1
홍수터	
짧은 잔디	0.02–0.04
높은 잔디	0.03–0.05
밀집한 버드나무, 소나무 등	0.05–0.20

❚ 예제 ❚ Einstein 분할 (Garcia, 2007)

경사 S_0가 0.0004인 수로에 단위폭당 유량 $q = 4.4 \text{ m}^2/\text{s}$가 흐르고 있다. 등류상태의 수심 H가 2.9 m이고 하상토의 중앙입경 $D_m = 0.35 \text{ mm}$일 때 입자 및 하상형상에 의한 전단응력과 마찰계수를 각각 구하라.

[풀이]

주어진 조건으로부터 평균 유속 $U = 1.52 \text{ m/s}$이다. 또한, 등류상태에서 $\tau_b = \rho g H S_0 = \rho C_f U^2$이므로 전체 흐름에 대한 마찰계수는 다음과 같다.

$$C_f = \frac{\tau_b}{\rho U^2} = \frac{\rho g h S_0}{\rho U^2} = 0.00492$$

그리고 바닥 전단응력 $\tau_b = 11.37$ N/m^{2}이다. 한편, 수리학적으로 거친 하상에 적용할 수 있는 log 법칙을 적분하면 다음과 같은 Keulegan 공식을 얻을 수 있다.

$$C_f = \left[\frac{1}{\kappa}\ln\left(11\frac{H}{k_s}\right)\right]^{-2}$$

(i) 표면마찰에 의한 전단응력과 마찰계수

Keulegan 공식으로부터 표면마찰이 부담하는 수심(H_s)에 대해 다음과 같은 식을 얻을 수 있다.

$$H_s = \frac{U^2}{gS_0}\left[\frac{1}{\kappa}\ln\left(11\frac{H_s}{k_s}\right)\right]^{-2}$$

여기서 k_s는 입자에 의한 조도높이이다. 조도높이를 산정하기 위해 관계식 $k_s = 2.5D_m$을 이용하고 $H_s = 1.45$ m라 가정하여 위의 식을 가지고 반복법으로 표면마찰이 부담하는 수심을 계산하면 다음과 같다.

$$H_s = 1.047 \text{ m}$$

이를 이용하여 입자에 의한 마찰계수와 전단응력을 계산하면

$$C_{fs} = \left[\frac{1}{\kappa}\ln\left(11\frac{H_s}{k_s}\right)\right]^{-2} = 0.00178$$

$$\tau_{bs} = \rho C_{fs}U^2 = 4.11 \text{ N/m}^2$$

(ii) 하상형상에 의한 전단응력과 마찰계수

하상형상에 의한 전단응력과 마찰계수는 각각 다음과 같다.

$$\tau_{bf} = \tau_b - \tau_{bs} = 7.26 \text{ N/m}^2$$

$$C_{ff} = C_f - C_{fs} = 0.00314$$

위의 식을 이용하여 하상형상이 부담하는 수심을 계산하면 1.85 m이므로 전체수심에서 하상토가 부담하는 수심을 제한 값 (2.9 − 1.047 = 1.853 m)와 근사함을 알 수 있다.

이상에 제시된 방법을 Einstein 분할법이라고 한다. 이 방법은 하상형상에 의한 항력을 직접 계산하지 않는 다는 특징이 있다. ∎

4. 하상토의 초기 거동

하상 토립자의 초기 거동에 관한 역학적인 조건에 대해 많은 연구가 이루어져 왔다. 이러한 연구는 안정하도 설계와 관련하여 제방 및 하상 침식 문제와 직접적으로 연관이 있으며, 만곡부 피복석 혹은 사석의 크기 결정에도 중요한 역할을 한다. 또한, 부득이 하도를 이동해야 하거나 복원하천의 설계 등에도 하상토의 크기를 결정해야 한다. 본 절에서는 난류흐름에 의해 점착성이 없는 균일한 유사의 초기 거동에 대해 살펴본다.

하상토의 초기운동에 관한 수리학적 조건을 찾는 것은 매우 어려운 일이다. 현재 통용되고 있는 방법은 Shields가 1936년에 그의 박사학위 논문에서 제안한 곡선을 이용하는 것이다. Shields는 그의 박사 논문에서 하상토의 초기운동 조건을 소위 Shields 곡선으로 제시하였다. 즉, 하상토가 유수에 의해 움직이기 위한 조건을 한계 Shields수 혹은 무차원 바닥 전단응력(Shields parameter or dimensionless shear stress: $\tau_b/(\rho RgD)$)으로 제시하였으며 이는 전단 레이놀즈수(shear Reynolds number: u_*D/v)의 함수이다. Shields가 제시한 방법은 실험을 통해 얻어진 것이지만, 나중에 해석적으로도 비슷한 결과를 얻을 수 있음이 밝혀졌다.

하상에 놓인 입자의 양력과 수중중량은 각각 다음과 같다.

$$F_l = c_l A_p \frac{\rho u_b^2}{2} \tag{21}$$

$$W_s = \rho Rg \frac{\pi D^3}{6} \tag{22}$$

여기서 c_l은 양력계수, A_p는 흐름방향으로 입자의 투영면적(구체의 경우, $\pi D^2/4$), 그리고 u_b는 입자에 작용하는 유효 접근유속이다. 하상의 입자는 양력이 수중중량(W_s)과 균형을 이룰 때 거동을 시작한다. 즉, 입자의 부상조건은 다음과 같다.

$$W_s = F_l \tag{23a}$$

또는

$$\rho Rg \frac{\pi D^3}{6} = c_l \frac{\pi D^2}{4} \frac{\rho u_b^2}{2}$$

(23b)

위의 식에서 입자에 작용하는 유효 접근유속은 점성저층에 해당하는 유속 분포식 혹은 log 분포식을 사용하는데, 두 경우 모두 u_b/u_*를 전단 레이놀즈수(shear Reynolds number: $Re_* = u_*D/\nu$)의 함수로 볼 수 있다. 즉,

$$\frac{u_b}{u_*} = f\left(\frac{u_*D}{\nu}\right)$$

(24)

따라서 식(23b)는 다음과 같이 쓸 수 있다.

$$\frac{\tau_{bc}}{\rho RgD} = \frac{4}{3} \frac{1}{c_l} \frac{1}{f^2}$$

(25)

여기서 τ_{bc}는 바닥 전단응력 $\tau_b (= \rho u_*^2)$의 한계값이다. 식(25)의 좌항은 무차원 전단응력으로 Shields수(Shields parameter)라고 불리며, 우항의 양력계수 또한 일반적으로 항력계수의 함수로 표현되므로 (예를 들면, $c_l = 0.85 c_D$) 전단 레이놀즈수의 함수로 볼 수 있다. 즉,

$$\tau_c^* \left(\equiv \frac{\tau_{bc}}{\rho RgD}\right) = \frac{4}{3} \frac{1}{c_l} \frac{1}{f^2}$$

(26)

따라서 하상에 놓인 입자의 초기 거동을 지배하는 전단응력은 전단 레이놀즈수의 함수로 표현할 수 있게 된다. 이것이 Shields가 실험을 통하여 밝힌 하상토의 초기거동에 관한 곡선에 관한 이론적 근거이다.

일반적으로 하상의 입자는 유수에 의해 세 가지 운동 형태가 있는데, 구르고(rolling), 미끄러지거나(sliding) 혹은 도약(saltating)한다. 식(26)에 제시된 하상토의 초기 운동조건은 오직 유수에 의한 입자의 도약(혹은 부상) 조건에 해당한다. 확률적으로는 입자가 구르고, 미끄러지며, 도약하는 순으로 발생 확률이 감소하지만, 이동거리를 고려하면 도약 조건이 소류사 양에 가장 큰 영향을 미친다(Choi and Kwak, 2001). 또한, Einstein(1950), Sekine and Kikkawa(1992), 그리고 Lee et al.(2000)은 τ_*가 클 때, 가장 흔한 소류사의 이동형태는 도약임을 보였다. 따라서 Einstein(1942)은 소류사의 이동을 분석하는데 오직 도약을 위한 부상 조건만을 고려하였다.

Shields 곡선은 하상의 초기 유사 입자의 거동을 역학적으로 설명하는 유일한 도구로서 매우 유용하다. 그러나 예제에서 보았듯이 그래프가 양함수가 아니기 때문에 반복적인 계산이 필요하다. Hager and Del Giudice (2000)은 다음과 같이 양함수 형태의 Shields 곡선에 대한 회귀식을 제시하였다.

$$\tau_c^* = 0.120 D_*^{-1/2}, \ D_* \leq 10 \tag{27a}$$

$$\tau_c^* = 0.026 D_*^{1/6}, \ 10 < D_* < 150 \tag{27b}$$

$$\tau_c^* = 0.060, \ D_* \geq 150 \tag{27c}$$

여기서 D_*는 다음과 같다.

$$D_* = \left(\frac{Rg}{\nu^2}\right)^{1/3} D \tag{28}$$

Figure 8.8은 Vanoni (1975)가 편집한 ASCE의 Sedimentation Engineering에 수록된 Shields 곡선이다. 사용 시 반복계산에 따른 수고를 줄이기 위해 입자 크기 별로 수선을 따라 적용할 수 있게 개량되어 있다. Shields 곡선에 의하면 전단 레이놀즈수가 클 때 (예를 들어, 500 이상) τ_c^*는 0.06에 접근한다.

Figure 8.9는 Garcia(2000)가 제시한 Shields regime diagram 이다. 그림에서 가로축을 전단 레이놀즈수 $(R_* = u_* D/\nu)$에서 입자 레이놀즈수 $(Re_p = \sqrt{RgD}D/\nu)$로 바꾸어 입자 크기에 따른 무차원 전단응력이 제시되도록 하였다. 이렇게 함으로써 입자 크기에 따른 수리학적 하상의 거칠기(hydraulically-smooth or rough)도 함께 도시할 수 있게 된다. 그림에는 Shields의 실험 자료뿐만 아니라 하천에서 실측된 다양한 자료가 제시되어 있다. 예를 들면, 자갈 하천에서의 자료는 Wales, Alberta, Northwest로 표기되어 있으며, 모래 하천에 대한 자료는 Sand sing과 Sand mult로 표기되어 있다. 또한, 그림에는 아래와 같은 Brownlie (1981)가 제시한 Shields 곡선에 대한 회귀식과 함께 $v_s = u_*$을 만족시키는 입자의 부상 조건도 함께 주어져 있다.

$$\tau_c^* = 0.22 Re_p^{-0.6} + 0.06 \times \exp\left(-17.77 Re_p^{-0.6}\right) \tag{29a}$$

혹은

$$\tau_c^* = 0.22 Re_p^{-0.6} + 0.06 \times 10^{\left(-7.77 Re_p^{-0.6}\right)} \tag{29b}$$

먼저 그림에서 자갈하천의 하상재료 운동조건과 모래하천에서의 조건은 매우 다른 위치에 표시된다는 것을 알 수 있다. 즉, 자갈하천의 초기 운동조건 자료는 그림의 우측 하단에 모래하천의 경우는 좌측 상단에 위치한다. 또한, 자갈하천의 경우 강턱유량(bankfull flow)에 대해서, 무차원 전단응력은 Shields에 의해 제시된 값에 비해 1/2 이하이다. 홍수 시 사구가 형성되기 어려워 하상형상은 사주의 형태로 발생하며, 유사이송은 부유사가 아닌 소류사 형태로 발생할 것으로 예측된다. 한편, 모래하천의 경우에는 Shields가 제시한 한계값을 20-60배 정도 초과하는 것으로 나타나며, 홍수 시 하상에 사구가 형성될 것으로 예측된다. 이러한 모래하천에서는 홍수 시 많은 양의 유사이송이 발생하며, 대부분 부유사 형태로 이동된다. 또한, 자갈 하천의 경우는 수리학적으로 거친 하상조건을 만족하지만, 모래하천의 경우는 대부분이 매끈한 하상조건에서 거친 조건으로의 천이과정임을 알 수 있다.

전술한 바와 같이 Shields 곡선이나 회귀식에 의하면 입자 레이놀즈수가 큰 경우 τ_c^*는 0.06에 근접하는데, 이 값은 실험 및 현장 관측을 통해 큰 것으로 확인되고 있어 반으로 줄인 0.03을 사용하기도 한다. Parker et al.(2003)은 Neill(1968)의 자료에 근거하여 다음

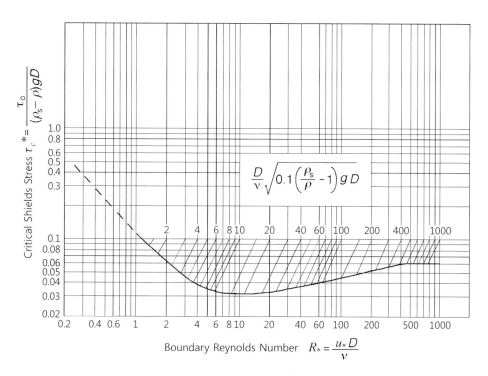

Figure 8.8 Shields diagram (Vanoni, 1975)

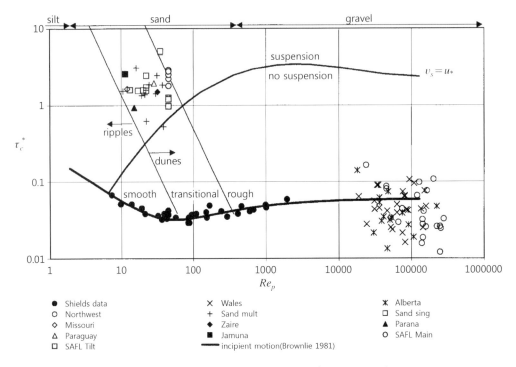

Figure 8.9 Shields regime diagram(Garcia, 2000)

식을 제시하였다.

$$\tau_c^* = 0.5 \left[0.22 Re_p^{-0.6} + 0.06 \times \exp\left(-17.7 Re_p^{-0.6}\right) \right] \tag{30}$$

위의 식에 의하면 입자 레이놀즈수가 큰 경우 $\tau_c^* = 0.03$에 근접하게 된다.

┃ 예제 ┃ Shields 곡선

경사 $S_0 = 0.0005$인 광폭수로에 입자크기 $D = 5.0$ mm인 자갈이 포설되어 있다. 자갈 입자가 수류에 의해 초기거동을 보일 때 등류상태의 수심을 구하라($\nu = 1.0 \times 10^{-6}$ m²/s).

[풀이]

(i) Figure 8.8을 이용하기 위해

$$\frac{D}{\nu} \sqrt{0.1 RgD} = \frac{0.005}{10^{-6}} \times \left(0.1 \times 1.65 \times 9.8 \times 0.005\right)^{1/2} = 450$$

위의 값을 이용하여 세로축의 한계 Shields수를 읽으면

$$\tau_c^* = 0.057$$

광폭수로에서 등류상태의 전단응력 $\tau_b = \gamma H S_0$이므로

$$\frac{\tau_b}{\rho R g D} = \frac{\gamma H S_0}{\rho R g D} = 0.057$$

위의 식을 이용하면 수심은 다음과 같다.

$$H = 0.95 \text{ m}$$

(ii) Hager and Del Giudice(2000) 공식을 사용하기 위해 D_*를 계산하면,

$$D_* = \left(\frac{Rg}{\nu^2}\right)^{1/3} D = 126.44$$

식(27b)에 대입하여 τ_c^*을 구하면 다음과 같다.

$$\tau_c^* = 0.026 D_*^{1/6} = 0.058$$

따라서 (i)과 같은 절차에 의해 수심을 구하면 $H = 0.95$ m를 얻는다.

(iii) Brownlie(1981) 공식을 이용하기 위해 입자 레이놀즈수를 구하면

$$Re_p = \frac{\sqrt{RgD}\,D}{\nu} = 1{,}422$$

식(30)에 의해 τ_c^*을 구하면

$$\tau_c^* = 0.051$$

위의 값에 의한 수심 $H = 0.84$ m이다.

---

5. 소류사

하천의 유사량은 유사의 이동률(transport rate)을 의미하며 단위시간당 무게 또는 단위시간당 부피로 나타낸다. 하천에서 유사이송은 소류사와 부유사 형태로 발생하며, 이를 합

한 것이 총유사량이 된다. 하천에서의 유사량은 다음과 같은 사항과 깊은 연관이 있어 중요하다.

- 저수지나 댐의 잔존 수명 예측
- 하상의 퇴적 및 침식과 하천 제방의 안정성
- 관개, 도시 지역 물 공급, 친수공간으로 활용을 위한 수질
- 하천에서 주운 가능 수심확보
- 홍수기 수위 예측
- 하천 생태
- 유사 입자에 부착된 오염물의 이동

비교적 바닥부근에서 발생하는 조립토의 이동을 소류사(bedload)라고 하며, 구르거나 (rolling) 미끄러지고(sliding) 혹은 튕겨가는(도약, saltating) 과정을 통해 하류로 이동한다. 이와 같은 과정을 통해 하류로 이동하는 소류사량을 q_b라고 하자. 소류사량 q_b는 단위 폭당 유사입자의 체적흐름률로 정의되고 차원은 [L²/T]이 된다.

소류사량에 대한 무차원수인 Einstein bedload number는 다음과 같이 정의된다.

$$q_b^* = \frac{q_b}{\sqrt{RgD}\,D} \tag{31}$$

소류사량이 흐름의 세기, 예를 들면, 유속 혹은 바닥 전단응력 등에 비례하여 증가할 것이라고 쉽게 예측할 수 있다. 따라서 소류사를 정량적으로 표현하기 위해 q_b가 Shields수 τ^* 혹은 이의 한계치 τ_c^*를 초과한 값과 관련 있다고 생각할 수 있다. 즉,

$$q_b^* = q_b^*(\tau^*) \tag{32}$$

혹은

$$q_b^* = q_b^*(\tau^* - \tau_c^*) \tag{33}$$

여기서 τ_c^*를 결정하려면 소류사량 자료를 분석해 어떤 특정한 값 이하로는 소류사가 거의 발생하는 않는 경계에서의 값을 찾아내면 된다.

5.1 Meyer-Peter and Muller 공식

1948년에 제시된 Meyer-Peter and Muller(MPM) 공식은 하상형상이 없는 하도에서의 소류사 공식으로 전형적인 식(33)의 형태를 갖는다. Gary Parker(2004)는 MPM 공식이 "근대 소류사 공식의 어머니"라고 칭했다. 원래의 MPM 공식은 균일 입자를 가지고 실내 실험을 통해 얻어진 것으로 다음과 같다.

$$q_b^* = 8(\tau^* - \tau_c^*)^{3/2}, \quad \tau_c^* = 0.047 \tag{34}$$

위의 식에 의하면 Shields수가 0.047 이하인 경우에는 소류사가 발생하지 않는다. 최근 Wong and Parker(2006)는 MPM 공식의 유도 과정에 오류가 있음을 발견하고 자료를 다시 분석하여 다음과 같이 수정된 공식을 제시하였다.

$$q_b^* = 4.93(\tau^* - \tau_c^*)^{1.6}, \quad \tau_c^* = 0.047 \tag{35}$$

혹은

$$q_b^* = 3.97(\tau^* - \tau_c^*)^{3/2}, \quad \tau_c^* = 0.0495 \tag{36}$$

전자는 τ_c^*의 값을 고정한 경우이고 후자는 공식의 지수를 3/2으로 고정한 경우이다.

MPM 공식에서 Shields수의 한계값 $\tau_c^* = 0.047$ 혹은 0.0495에 대해 큰 의미를 부여할 필요는 없다. Parker(2004)는 이에 대한 근거로 자갈 하천에서 강턱유량에 대한 Shields수의 평균값이 0.05에 가깝다는 것을 보였다. 만약 τ_c^*가 0.05에 가깝다면 하천에서 소류사량이 매우 적어야 하는데 실제는 강턱유량 하에서 하천의 소류력과 이에 따른 유사량이 최대가 된다. 따라서 제시된 τ_c^*의 값은 실험자료의 단순한 회귀분석에 의해 얻어진 상수에 불과하며, 홍수 시 자갈하천에서 유사이송량이 최대일 때의 값이라는 점에 유의해야 한다.

5.2 Einstein 소류사 공식

소류사 공식을 개발하거나 적용할 때 '약방의 감초'격으로 자주 인용되는 것이 Einstein 공식이다. 이는 Einstein 공식에 의한 소류사량 예측값이 정확해서라기보다는 접근방법의 적정성 때문으로 보인다(그렇다고 Einstein 공식이 다른 공식에 비해 부정확하다는 의미는 아니다). 소류사량을 전단응력의 함수로 표현하는 DuBoys 형태의 소류사 공식은 한계 전단응력을 결정하기 어렵고 난류에 의한 영향이 고려되지 않는다. 이러한 점을 인식한

Einstein은 소류사량이 입자의 부상확률의 함수이고 부상확률은 동수역학적으로 결정될 수 있다는 이론을 전개하였다(최성욱, 2000).

Hans Einstein은 1936년 Swiss Zurich 소재 Federal Institute of Technology에서 "확률문제로서의 소류사 이동"이라는 제목으로 박사학위를 받았다. 이후 그는 1938년 아버지인 Albert Einstein의 초청으로 미국으로 이민을 떠났는데, 첫 직장인 South Carolina 소재 US Agricultural Experiment Station에서 1942년 논문을 집필하였으며(이 보고서에 소개된 공식을 'Einstein 1942년 공식'이라 부른다), Caltech의 US Department of Agriculture Cooperative Laboratory에서 1950년 공식이 제시된 보고서를 완성하였다. 여기에 소개되는 소류사 공식은 1950년 공식이다.

Einstein은 하상의 입자가 유수에 의해 부상할 확률을 양력이 입자의 수중 무게를 초과하는 경우에 해당하는 것으로 보았다. 이를 이용하여, 평형상태에서 다음과 같은 식을 유도하였다.

$$1 - \frac{1}{\sqrt{\pi}} \int_{-(0.143/\tau^*)-2}^{(0.143/\tau^*)-2} e^{-t^2} dt = \frac{43.5 q_b^*}{1 + 43.5 q_b^*} \tag{37}$$

여기서 평형상태는 유사 입자가 특정 구간 내에 지속적으로 공급되며 공급된 유사와 동일한 양이 구간 밖으로 이송되어 결과적으로 하상이 시간에 따라 변화하지 않는 상태를 의미한다. 위의 식은 적분식을 포함하고 있어 해석하기 불편하므로 무차원 흐름강도(flow intensity, ψ)를 이용하여 소류사량을 계산한다. Einstein이 제시한 무차원의 소류사량과 흐름강도와의 관계는 Figure 8.10에 제시된 바와 같고, 세로축의 무차원 흐름강도는 다음과 같이 정의된다.

$$\psi = \frac{R D_{35}}{R_b' S} \tag{38}$$

여기서 무차원 흐름강도 ψ는 Shields수의 역수이다. 식(38)에서 R_b'은 하상토의 저항과 관련한 동수반경이다. 즉, 수류 저항은 하상토에 의한 표면마찰과 하상형상에 의한 형상항력으로 구성되는데, Einstein은 하상토에 의한 표면마찰만이 소류사 이송과 관련있다고 분리하여 생각했던 것이다. 광폭수로에 대하여 R_b'은 다음과 같이 구한다.

$$R_b' \approx \frac{n'}{n} R_b \approx \frac{n'}{n} H \tag{39}$$

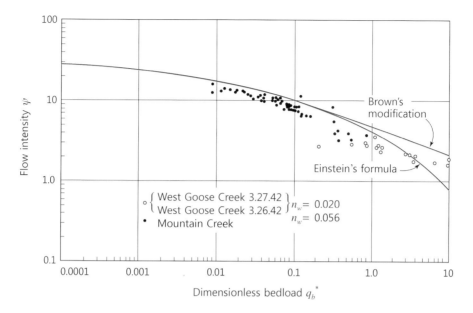

Figure 8.10 Flow intensity versus dimensionless bedload for Einstein's formula (Shen and Julien, 1993)

여기서 n'은 입자만에 의한 조도로서 Strickler의 공식을 이용하여 계산할 수 있다.

▌5.3 소류사 공식

지금까지 많은 연구자에 의해 다양한 소류사 공식이 제시되었다. 널리 사용되고 있는 공식은 MPM 공식과 Einstein 공식을 포함하여 다음과 같다.

• Ashida & Michiue(1972) 공식

$$q_b^* = 17 (\tau^* - \tau_c^*)(\sqrt{\tau^*} - \sqrt{\tau_c^*}) \tag{40}$$

with $\tau_c^* = 0.05$ for 0.3 - 7.0 mm uniform sediment

• Engelund & Fredsoe(1976) 공식

$$q_b^* = 18.74 (\tau^* - \tau_c^*)(\sqrt{\tau^*} - 0.7 \sqrt{\tau_c^*}) \text{ with } \tau_c^* = 0.05 \tag{41}$$

• Fernandez Luque & van Beek(1976) 공식

$$q_b^* = 5.7 (\tau^* - \tau_c^*)^{1.5} \tag{42}$$

with $\tau_c^* = 0.037$ and 0.0455 for sand and gravel, respectively

• Parker's(1979) fit to Einstein(1950) 공식

$$q_b^* = 11.2\,(\tau^*)^{1.5}\left(1 - \frac{\tau_c^*}{\tau^*}\right)^{4.5} \quad \text{with} \quad \tau_c^* = 0.03 \tag{43}$$

for uniform sand and gravel

앞에 소개된 소류사 공식을 보면, Einstein 공식에서만 한계 Shields수 (τ_c^*)를 포함하지 않는데 이는 전술한 바와 같이 Einstein 공식이 추계학적 방법론에 근거하기 때문이다. 또한, Einstein 공식을 제외하고 모든 공식이 Shields수가 클 때 다음과 같은 관계가 성립한다.

$$q_b^* \sim (\tau^*)^{3/2} \tag{44}$$

위의 식을 다시 쓰면

$$\frac{Rgq_b}{u_*^3} = K \tag{45}$$

여기서 K는 상수로서 Ashida-Michiue 공식의 경우 $K=17$이 된다. Shields수가 큰 경우 모든 소류사 공식은 입자의 크기와 무관해 짐에 유의한다. Figure 8.11은 앞서 소개된 소류

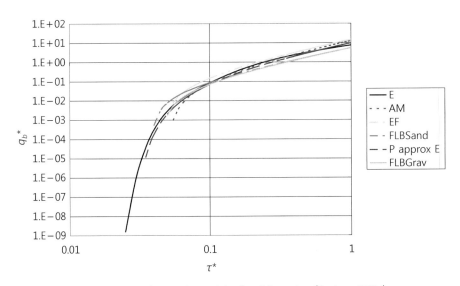

Figure 8.11 Comparison of bedload formulas (Parker, 2004)

사 공식을 비교한 것이다. 그림의 범례에서 공식의 영문 첫 글자로 구분하였으며, Fernandez Luque & van Beek 공식의 경우 모래와 자갈에 적용된 사례를 각각 제시하였다. 모든 공식들이 무차원 전단응력의 변화에 대해 비교적 유사하게 소류사량을 산정하는 것으로 나타나고 있다. 그러나 Fernandez Luque & van Beek 공식의 경우 차이가 나는 것은 실험자료에서는 $\tau^* = 0.11$을 초과하지 않는데 그림에서 $\tau^* = 1.0$까지 연장하여 계산했기 때문으로 추측된다(Parker, 2004).

┃ 예제 ┃ 소류사 공식

수심 $H = 0.6$ m이고 경사 $S_0 = 0.0008$인 광폭수로에 중앙입경 $D_{50} = 0.95$ mm이고 단위중량 $sg = 2.98$인 입자가 포설되어 있다. 소류사량을 구하라.

[풀이]

(i) MPM 공식

주어진 조건으로부터 바닥 전단응력과 무차원 전단응력을 구하면 각각 다음과 같다.

$$\tau_b = \rho g R_h S_0 = 4.71 \ \text{kg/s}^2$$

$$\tau^* = \frac{\rho g R_h S_0}{\rho R g D} = \frac{R_h S_0}{RD} = 0.255$$

계산된 값을 공식에 대입하면 무차원 및 차원을 가지는 소류사량을 구할 수 있다.

$$q_b^* = 8(\tau^* - 0.047)^{3/2} = 0.759$$

$$q_b = q_b^* \sqrt{RgD} D = 9.8 \times 10^{-5} \ \text{m}^2/\text{s}$$

(ii) 수정 MPM 공식

마찬가지로 앞에서 구한 무차원 전단응력을 대입하면 다음과 같은 무차원 소류사량을 얻는다.

$$q_b^* = 4.93(\tau^* - 0.047)^{1.6} = 0.40$$

위의 값은 원래 MPM 공식의 약 53% 정도이다.

(iii) Einstein 공식

흐름강도를 계산하기 위해 $D_{35} \approx D_{50}$와 $R_b' \approx H$라고 가정하면

$$\psi = \frac{RD_{35}}{R'_b S_0} = \frac{1.98 \times 950 \times 10^{-6}}{0.6 \times 0.0008} = 3.92$$

흐름강도 $\psi = 3.92$일 때, 그림에서 무차원 소류사량 $q_b^* = 0.9$이다.

(iv) Parker에 의해 수정된 Einstein 공식

앞의 무차원 전단응력을 식(43)에 대입하면 $q_b^* = 0.821$을 얻는다.

아래 그림은 다양한 소류사 공식에 의해 계산된 무차원의 소류사량을 비교한 것이다. Engelund & Fredsoe (1976) 공식에 의해 산정된 소류사량이 가장 크며, 다음으로 Ashida & Michiue (1972) 공식, Einstein (1950) 공식, 그리고 MPM 공식 순이다. 수정 MPM 공식은 다른 공식에 비해 소류사량을 상당히 과소 추정한다. 사용시 면밀한 주의가 필요할 것으로 보인다.

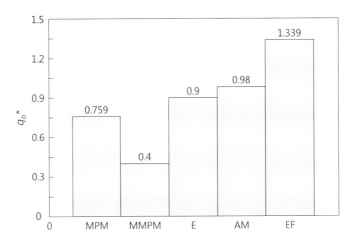

Comparison of bedloads computed by various formulas

6. 부유사

조립토가 비교적 바닥 부근에서 구르고, 미끄러지며, 도약하면서 하류로 이송되는 것을 소류사라고 하면, 부유사(suspended load)는 흐름에 의한 난류운동에너지에 의해 유수 중에 부유상태로 하류로 이동해 가는 유사를 의미한다. 이는 비중이 작아 물에 떠있는 부유물질과 구별되어야 하며, 부유사는 흐름이 없는 경우 가라앉는 특성을 보인다.

6.1 지배방정식

하천에서 유수에 의해 이동되는 부유사는 다른 물질과 반응하지 않는 보존성 물질이며, 그 거동을 다음과 같은 이송방정식으로 기술할 수 있다.

$$\frac{\partial c}{\partial t} + u\frac{\partial c}{\partial x} + v\frac{\partial c}{\partial y} + (w - v_s)\frac{\partial c}{\partial z} = D_x\frac{\partial^2 c}{\partial x^2} + D_y\frac{\partial^2 c}{\partial y^2} + D_z\frac{\partial^2 c}{\partial z^2} \tag{46}$$

여기서 c는 부유사의 체적농도이고 $(u,\ v,\ w)$는 유속 성분으로 농도와 유속 모두 순간 변수에 해당한다. 위의 식에서 물과 유사입자는 동일한 속도로 움직인다고 가정하였으며, 유사입자의 z-방향 순간속도는 $w - v_s$임을 알 수 있다. 일반적으로 부유사의 경우 이송에 비해 확산에 의한 영향을 무시할 수 있으므로 위의 이송방정식은 다음과 같이 된다.

$$\frac{\partial c}{\partial t} + u\frac{\partial c}{\partial x} + v\frac{\partial c}{\partial y} + (w - v_s)\frac{\partial c}{\partial z} = 0 \tag{47}$$

종속변수에 대해 Reynolds 분할을 실시하고 시간적분을 하면 다음과 같은 식을 얻을 수 있다.

$$\frac{\partial \bar{c}}{\partial t} + \bar{u}\frac{\partial \bar{c}}{\partial x} + \bar{v}\frac{\partial \bar{c}}{\partial y} + (\bar{w} - v_s)\frac{\partial \bar{c}}{\partial z} = -\frac{\partial \overline{u'c'}}{\partial x} - \frac{\partial \overline{v'c'}}{\partial y} - \frac{\partial \overline{w'c'}}{\partial z} \tag{48}$$

위에서 $\overline{u'c'}$은 부유사의 레이놀즈 흐름률(Reynolds flux)로서 모두 양의 값을 갖는다. 레이놀즈 흐름률에 다음과 같은 와-확산 개념(eddy-diffusivity concept)을 도입하면, 미지의 변수인 레이놀즈 흐름률을 기지의 변수인 속도경사에 의한 항으로 변환할 수 있다. 즉,

$$\overline{u_i'c'} = -D_{ti}\frac{\partial \bar{c}}{\partial x_i} \tag{49}$$

여기서 D_{ti}는 x_i-방향으로의 와-확산계수(eddy-diffusivity coefficient)를 나타낸다. 위의 식에서 우변에 음의 부호를 붙인 것은 $\partial \bar{c}/dx_i$가 항상 음이므로 우변을 양의 값으로 만들기 위함이다.

6.2 부유사 농도분포

등류 조건 하의 평형상태(equilibrium suspension)에서 부유사 농도분포를 생각해 보자.

부유사 농도 분포가 평형상태인 경우, $\partial/\partial x = \partial/\partial y = 0$이고 $\bar{v} = \bar{w} = 0$를 가정하면, 식(48)은 다음과 같이 된다.

$$-v_s\frac{\partial \bar{c}}{\partial z} = \frac{\partial}{\partial z}\left(D_{tz}\frac{\partial \bar{c}}{\partial z}\right) \tag{50}$$

위의 식을 적분하면

$$v_s\bar{c} + D_{tz}\frac{\partial \bar{c}}{\partial z} = \text{constant}$$

위의 식에서 좌변의 항은 각각 유사의 이송 및 확산에 의한 흐름률을 의미한다. 수면에서의 순흐름률(net flux)은 영이므로 우변의 상수는 영이 된다. 즉,

$$v_s\bar{c} + D_{tz}\frac{\partial \bar{c}}{\partial z} = 0 \tag{51}$$

위의 식을 적분하기 위해서는 와-확산계수 D_{tz}가 필요하다. 와-점성계수(v_t)와 와-확산계수(D_t)의 비로 정의되는 Prandtl-Schmidt수 ($\sigma_t = v_t/D_t$)가 1이라고 가정하면 와-점성계수를 와-확산계수로 대체하여 사용할 수 있다. Prandtl-Schmidt수를 1로 가정하는 것은 난류가 운동량을 확산시키는 속도와 부유사를 확산시키는 속도가 동일하다고 가정하는 것이다. 이는 명백한 가정이지만, 많은 경우에 그렇게 나쁘지 않은 가정으로 받아들여지고 있다. 유속분포에 대한 대수법칙으로부터 유도되는 와-확산계수는 다음과 같다.

$$D_{tz} = \kappa u_* z\left(1 - \frac{z}{H}\right) \tag{52}$$

여기서 κ는 von Karman 상수($=0.41$)이다. 식(52)의 결과를 식(51)에 대입하여 정리하면 다음과 같은 상미분방정식을 얻는다.

$$\kappa u_* z\left(1 - \frac{z}{H}\right)\frac{d\bar{c}}{dz} + v_s\bar{c} = 0 \tag{53}$$

혹은

$$\frac{d\bar{c}}{\bar{c}} = -\frac{v_s}{\kappa u_*}\left(\frac{H}{H-z}\right)\frac{dz}{z}$$

위의 식은 Rouse(1939)에 의해 처음으로 해석되었으며 결과는 다음과 같다.

$$\frac{\overline{c}}{\overline{c}_b} = \left[\frac{(1-\zeta)/\zeta}{(1-\zeta_b)/\zeta_b} \right]^Z \tag{54}$$

여기서 $Z(=v_s/(\kappa u_*))$는 Rouse 상수이고, $\overline{c}_b = \overline{c}(z=b)$, $\zeta = z/H$, 그리고 $\zeta_b = b/H$이다. 위의 식에서 $z=b$는 바닥근처의 한 점을 의미하는데, 이는 바닥면 $(z=0)$에서 위의 식들이 성립하지 않기 때문이다. 예를 들어, 와-점성 계수를 유도함에 있어 다음과 같은 지수함수를 사용한다.

$$\frac{\overline{u}}{u_*} = \frac{1}{\kappa} \ln\left(30\frac{z}{k_c}\right)$$

위의 식에 의하면 유속이 영이 되는 지점은 $z=0$가 아닌 $z = k_c/30$이다. 바닥면 $(z=0)$에서 유속은 $-\infty$의 값을 가지므로, 부유사 농도를 $z=0$에서 계산될 수 없다. 위의 식에서 주의할 것은, k_c는 복합 유효조도높이(composite effective roughness height)로 하상형상의 영향을 포함한다는 점이다. 즉, 하상형상이 없을 때는 $k_c = k_s = n_k D_{s90}$이지만, 하상형상이 있을 때는 입자에 의한 표면마찰에 하상형상에 의한 영향이 추가되어야 한다. Figure 8.12

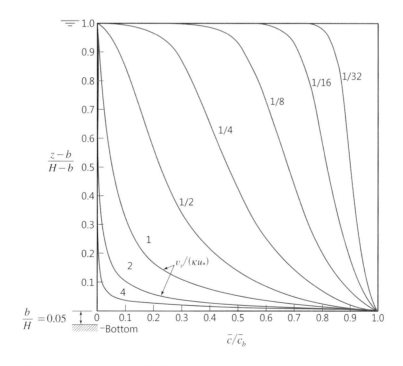

Figure 8.12 Rousean distribution of suspended sediment concentration

에 위의 식(54)에 의한 부유사 농도분포를 도시하였다. Rouse수가 감소할수록 부유사 농도분포가 z-방향으로 균일해 짐을 알 수 있다. 여기서 Rouse수가 감소한다는 것은(침강속도로 성규화된) 선난속도가 증가하거나 입자의 크기가 감소하는 깃을 의미하며, 이는 물리적으로 타당하다.

▎예제 ▎ 부유사

하상재료가 중앙입경이 $D_{50} = 0.1$ mm인 세립토로 이루어졌으며 경사 $S_0 = 0.03$인 수로에 단위 폭당 유량 $q = 1.5$ m^2/s가 흐르고 있다. 부유사 발생 여부를 판별하라.

[풀이]

광폭 개수로라고 가정하면, 단위 폭당 유량은 다음과 같다.

$$q \fallingdotseq \frac{h}{n} h^{2/3} S_0^{1/2}$$

조도계수를 구하기 위해 Strickler 공식을 이용하면

$$n = \frac{D_{50}^{1/6}}{21.0} = 0.010$$

따라서 등류상태의 수심은 $h = 0.23$ m가 된다. 이때 하상전단응력 공식 ($\tau_b = \gamma\, h\, S_0 = \rho u_*^2$)을 이용하면, 전단속도를 구할 수 있다. 즉,

$$u_* = \sqrt{g\, h\, S_0} = 0.26 \text{ m/s}$$

한편, 입자의 침강속도를 구하기 위해 입자 레이놀즈수를 구하면 다음과 같다.

$$Re_p = \frac{\sqrt{R\, g\, D}\; D}{\nu} = 4.02$$

Dietrich 공식을 이용하면, 입자의 침강속도 $v_s = 0.0075$ m/s를 얻을 수 있다. 따라서 입자의 부상여부를 판단하기 위한 무차원 전단속도는 다음과 같이 되어 입자는 부상하여 부유사 형태로 이동하게 된다.

$$\frac{u_*}{v_s} \approx 35 \qquad\qquad ▪$$

참고문헌

- 우효섭 (2001). 하천수리학. 교문사.
- 최성욱 (2000). 아인슈타인의 소류사량 산정공식. 한국수자원학회지, 33권, 5호, 56-60.
- Ali, S. Z. and Dey, S. (2016). Hydrodynamics of sediment threshold. *Physics of Fluids*, 28, 075103.
- Bhowmik, N. G., Bonini, A. P., Bogner, W. C., and Byrne, R. P. (1980). Hydraulics of Flow and Sediment Transport in the Kankakee River in Illinois. *Report of Investigation* 98, Illinois State Water Survey, Champaign, IL.
- Brownlie, W. R. (1981). Prediction of flow depth and sediment discharge in open-channels. *Report N-KH-R-43A*. Keck Laboratory of Hydraulics and Water Resources, California Institute of Technology, Pasadena, CA.
- Choi, S. U. and Kwak, S. (2001). Theoretical and probabilistic analyses of incipient motion of sediment particles. *KSCE Journal of Civil Engineering*, KSCE, 5(1), 59-65.
- Dietrich, W. E. (1982). Settling velocities of natural particles. *Water Resources Research*, AGU, 18(6), 1615-1626.
- Diplas, P. and Parker, G. (1985). Population of gravel spawning grounds due to fine sediment. *St. Anthony Falls Hydrol. Lab. Project Report* 240, University of Minnesota, MN.
- Einstein, H. A. (1942). Formulas for transportation of bed load. *Transactions of ASCE*, 107, 561-573.
- Einstein, H. A. (1950). The bed load function for sediment transportation in open channels. *Technical Bulletin* 1026, US Department of Agriculture, Soil Conservation Service, Washington, D.C.
- Garcia, M. (1999). Chapter 6. Sedimentation and erosion hydraulics. *Hydraulic Design Handbook* (edited by L. W. Mays), McGraw-Hill, NY.
- Garcia, M. H. (2000). Discussion on the legend of Shields (by Buffington, J. M.). *Journal of Hydraulic Engineering*, ASCE, 126(9), 718-720.
- Garcia, M. H. (2007). Chapter 2. Sediment transport and morphodynamics. *Sedimentation Engineering* (edited by M. H. Garcia), American Society of Civil Engineers, Reston, VI.
- Gorrick, S. and Rodriguez, J. F. (2014). Scaling of sediment dynamics in a laboratory model of a sand-bed stream. *Journal of Hydro-environment Research*, 8(2), 77-87.
- Hager, W. H. and Del Giudice, G. (2000). Discussion to movable bed roughness in alluvial channels. *Journal of Hydraulic Engineering*, ASCE, 127(7), 627-628.
- Huang, X. and M. H. García. (2000). Pollution of gravel spawning grounds by deposition of suspended sediment. *Journal of Environmental Engineering*, ASCE, 126(10), 963-967.
- Lee, H. Y., Chen, Y., You, J., and Lin, Y. (2000). On three-dimensional continuous saltating

process of sediment particles near the channel bed. *Journal of Hydraulic Engineering*, ASCE, 126, 691-700.

- Milhous, R. T. (1973) Sediment Transport in a Gravel Bottomed Stream. ph. D. dissertation, Oregon State University, Corvallis.

- Neill, C. R. (1968). A reexamination of beginning of movement for coarse granular bed materials. *Rep. No. INT*68, Hydraulics Research Station, Wallingford, England.

- Nordin, C. F. (1963). Aspects of flow resistance and sediment transport: Rio Grande ner Bernallilo. *Water supply paper No.* 1498-*H*, US Geological Survey, Washington DC.

- Parker, G., Toro-Escobar, C. M., Ramey, M., and Beck, S. (2003). Effect of floodwater extraction on mountain stream morphology. *Journal of Hydraulic Engineering*, ASCE, 129(11), 885-895.

- Parker, G. (2004). 1*d sediment transport morphodynamics with applications to rivers and turbidity currents.* e-book.

- Rouse, H. (1939). Experiments on the mechanics of sediment suspension. *Proceedings of* 5*th International Congress on Applied Mechanics.* 550-554, Cambridge, MA.

- Rubey, W. W. (1933). Settling velocity of gravel, sand, and silt particles. *American Journal of Science*, 25, 325-338.

- Sekine, M., and Kikkawa, H. (1992). Mechanics of saltating grains II. *Journal of Hydraulic Engineering*, ASCE, 118, 536-557.

- Shen, H. W. and Julien, P. Y. (1993). Chapter 12. Erosion and sediment transport. *Handbook of Hydrology* (edited by D. R. Maidment), McGraw Hill, NY.

- Simons, D. B. and Richardson, E. V. (1971). Flows in alluvial channels. *River Mechanics. Vol.* 1, *Chapter* 9 (edited by H. W. Shen), Water Resources Publication, Fort Collins, CO.

- Stokes, G. G. (1851). On the effect of the internal friction of fluids on the motion of pendulums: Cambridge Philosophical Society. *Transactions*, 9(8), 287.

- Swamee, P. K. (1993). Generalized inner region velocity distribution equation. *Journal of Hydraulic Engineering*, ASCE, 119(5), 651-656.

- Vanoni, V. A. (ed.) (1975). Sedimentation Engineering. *ASCE Manuals and Reports on Engineering Practice*, No.54, ASCE, New York, NY.

- Wong, M. and Parker, G. (2006). Reanalysis and correction of bed-load relation of Meyer-Peter and Muller using their own data. *Journal of Hydraulic Engineering*, ASCE, 132(11), 1159-1168.

- Yen, B. C. (1992). Sediment fall velocity in oscillating flow. *Water Resources and Environmental Engineering Research Report No.* 11. Department off Civil Engineering, University of Virginia, VA.

1. (유사이송과 하상변동) 아래 그림과 같이 하상 법면을 통해서 유사의 퇴적 및 연행이 발생할 때 Exner 방정식을 레이놀즈 이송정리를 이용하여 유도하라. 그림에서 D와 E는 각각 퇴적률과 연행률로서 차원은 [L/T]이다.

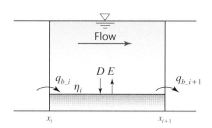

답 $\quad \dfrac{\partial \eta_i}{\partial t} = -\dfrac{1}{1-\lambda_p}\dfrac{\partial q_b}{\partial x} + (D-E)$

2. (유사 농도) 부피 농도 c와 무게 농도 c_w의 관계를 수중 비중 R을 사용하여 유도하라.

답 농도의 정의 $c = V_p/V_t$와 $c_w = W_p/W_t$을 이용하여 유도 (여기서 아래첨자 p와 t는 각각 유사와 혼합물을 나타냄) $\quad c_w = \dfrac{cR}{1+(R-1)c}$

3. (유사의 물리적 특성) 50 g의 소류사가 입자 크기 분포 분석을 위해 있다.

크기 분류 (mm)	무게 (mg)
$D < 0.15$	900
$0.15 < D < 0.21$	2,900
$0.21 < D < 0.30$	16,000
$0.30 < D < 0.42$	20,100
$0.42 < D < 0.60$	8,900
$0.60 < D$	1,200

(1) 유사 입자 분포를 그려라.

(2) D_{16}, D_{35}, D_{50}, D_{65}, D_{84}를 결정하라.

(3) 표준편차 σ_g와 곡률계수(gradation coefficient) Gr을 계산하라.

$$\sigma_g = \left(\dfrac{D_{84}}{D_{16}}\right)^{1/2};\ Gr = \dfrac{1}{2}\left(\dfrac{D_{84}}{D_{50}} + \dfrac{D_{50}}{D_{16}}\right)$$

4. (하상토 초기 거동)

(1) 전단 속도 $u_* = 0.1 \text{ m/s}$일 때, 초기 거동하는 유사 입자의 크기는 얼마인가?

(2) 하상경사 $S_o = 0.001$일 때, 거친 자갈이 움직이기 시작하는 수심은 얼마인가?

5. (구체에 작용하는 항력) 차원해석을 이용하여 직경 D인 구체에 작용하는 항력을 유도하라.

$$\text{답} \quad F_D = F(Re_p)\frac{\pi D^2}{4}\frac{\rho u^2}{2} \quad \text{with} \quad Re_p = \frac{\rho u D}{\mu}$$

6. (Ikeda–Coleman–Iwagaki 관계식) 다음 식을 이용하여 τ_c^*와 $Re_*(= u_* D/\nu)$의 관계를 그려라($c_L = 0.4c_D$).

$$\tau_c^* = \frac{4}{3}\frac{\mu}{c_D + \mu c_L}\frac{1}{f(Re_*)^2}$$

여기서 항력계수 c_D는 Ali and Dey(2016)이 제안한 다음 식을 사용한다.

$$c_D = \frac{25}{Re_*} \qquad\qquad \text{for } Re_* \le 5$$

$$c_D = 0.55 + \frac{37}{Re_*^{1.2}} - \frac{3.5}{Re_*^{0.9}} \quad \text{for } 5 < Re_* \le 5 \times 10^4$$

$$c_D = 0.25 \qquad\qquad \text{for } 5 \times 10^4 < Re_*$$

그리고 무차원 접근유속 f는 Swamee(1993)가 제안한 식을 사용한다.

$$f(Re_*) = \left\{ \left(\frac{2}{Re_*}\right)^{10/3} + \left[\frac{1}{\kappa}\ln\left(1 + \frac{4.5Re_*}{1 + 0.3Re_*}\right)\right]^{-10/3} \right\}^{-0.3}$$

7. (소류사) Vienna를 관통하여 흐르는 Danube 운하의 소류사량은 얼마인가? Danube 운하의 수리특성은 다음과 같다. $S_0 = 0.00065$, $H = 5.87 \text{ m}$, 직사각형 형태의 수로, $B = 46.52 \text{ m}$, $V = 1.52 \text{ m/s}$, $n = 0.0212$, 하상 입자 직경 $D = 0.012 \text{ m}$

차원해석과 상사법칙

1. 차원해석
2. 수리학적 상사와
   수리모형실험

현대 과학기술의 발달에도 불구하고 컴퓨터를 이용하여 수리학적인 현상을 그대로 재현할 수 없다. 실험실에서 실물 크기를 일정하게 축소하여 수리학적 현상을 모의하는 것을 수리모형실험이라 한다. 모형실험에서 얻은 결과에 상사법칙을 적용하여 공학적인 문제 해결에 활용한다. 위의 사진은 영산강의 제1지류인 함평천에서 구하도 복원을 위한 수리모형을 보여준다. 물의 흐름은 위에서 아래 방향이며 하중도를 기준으로 좌측이 구하도이고 우측이 현재의 하도이다. 개발구역 내에 테마파크 건설을 위하여 구하도 복원사업이 추진되었는데, 구하도가 복원될 경우 홍수위에 미치는 영향, 복원에 따른 원래 하도 및 복원 하도의 퇴적 및 침식, 그리고 갈수기 공급해 주어야 하는 환경유량 등을 검토하기 위하여 수리모형실험이 실시되었다.

(사진 출처: Kim and Kang (2013))

1. 차원해석

1.1 차원의 동차성

방정식에서 각 항들은 동일한 차원 혹은 단위를 갖는다. 이것을 차원의 동차성(dimensional homogeneity)이라고 한다. 베르누이 방정식을 예로 들면 다음과 같다.

$$\frac{p}{\rho} + \frac{V^2}{2} + gz = \text{constnat} \tag{1}$$

위의 방정식에서 각 항들은 $[L^2/T^2]$의 차원을 갖는다. 그러나 모든 식에서 차원의 동차성이 성립하는 것은 아니다. 예를 들어, 다음과 같은 Manning의 평균유속 공식에서 좌항과 우항의 차원이 동일하지 않다.

$$V = \frac{1}{n} R_h^{2/3} S_0^{1/2}$$

위의 식에서 좌변 항은 $[L/T]$의 차원을 가지고 있으나 우변 항은 그렇지 않다. Manning 공식에서 차원의 동차성이 성립하지 않는 것은 공식의 개발 배경에 기인한다. 즉 Manning 공식은 이론적으로 유도된 것이 아니라 실측치를 기반으로 회귀분석을 통해 얻어졌기 때문이다.

1.2 Rayleigh 방법

제트에 의해 평판에 작용하는 힘은 다음과 같은 변수의 함수로 쓸 수 있다.

$$F = F(\rho, V, A, \theta, l) \tag{2}$$

여기서 ρ는 유체의 밀도, V는 제트의 속도, A는 제트의 면적, θ는 제트와 평판 사이의 입사각, 그리고 l은 제트와 평판 사이의 거리이다. Rayleigh 방법에 의하면 힘을 다음과 같이 표현할 수 있다.

$$F = \alpha \rho^a V^b A^c \theta^d l^e \tag{3}$$

여기서 지수 $a \sim e$는 미지수이며, α는 상수이다. 위의 식에서 각 변수에 차원을 대입하여 다시 쓰면 다음과 같다.

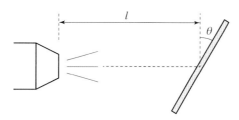

Figure 9.1 Force acting on an inclined plate due to the flow from a nozzle

$$\left(\frac{ML}{T^2}\right) = \alpha\left(\frac{M}{L^3}\right)^a\left(\frac{L}{T}\right)^b(L^2)^c(0)^d(L)^e \tag{4}$$

각 차원에 대해서 식을 쓰면 다음과 같다.

$$T: \quad -2 = -b$$
$$M: \quad 1 = a$$
$$L: \quad 1 = -3a+b+2c+e$$

따라서 힘을 다음과 같이 쓸 수 있다.

$$F = \alpha\rho V^2\frac{A}{A^{e/2}}\theta^d l^e \tag{5}$$

위의 식을 무차원 형태로 표현하면 다음과 같다.

$$\frac{F}{\rho V^2 A} = \alpha\left(\frac{l}{A^{1/2}}\right)^e\theta^d \tag{6}$$

위의 방정식의 또 다른 형태는 다음과 같다.

$$\frac{F}{\rho V^2 A} = f\left(\frac{A}{l^2},\ \theta\right) \tag{7}$$

따라서 평판에 작용하는 (무차원) 힘을 두 가지 무차원 변수의 함수로 표현하였다. 앞의 예에서, 변수의 개수는 6개(F, ρ, V, A, θ, l), 기본 차원량의 개수는 3개(T, M, L), 그리고 무차원 변수의 개수는 3개($F/\rho V^2 A$, $l/A^{1/2}$, θ)로서 다음 관계가 성립함을 알 수 있다.

> 변수의 개수－기본 차원량의 개수＝무차원 변수의 개수

▌1.3 Buckingham Ⅱ 방법

Buckingham Ⅱ 방법은 m개의 차원량을 갖는 n개의 물리량에 관한 문제에서, 그 물리량들을 $n-m$개의 무차원 독립변수로 배열하는 방법이다. 즉, n개의 물리량에 관한 다음 식이

$$F(A_1, A_2, A_3, \cdots, A_n) = 0 \tag{8}$$

m개의 차원량을 갖는다면 다음과 같은 $(n-m)$개의 무차원 변수에 관한 식으로 표현할 수 있다.

$$f(\Pi_1, \Pi_2, \cdots, \Pi_{n-m}) = 0 \tag{9}$$

위의 방정식에서 Ⅱ는 무차원군을 나타낸다. Ⅱ를 결정하는 방법은 m개의 다른 차원량을 갖는 물리량 A중 m개를 선택하여 이들을 "반복변수"로서 사용하는 것이다.

> ✍ 반복변수(repeating variable) 혹은 기본변수(primary variable)를 선정하는 일반적인 법칙은 없으나 질량(mass), 기하학적 특징(geometry), 그리고 운동학(kinematics)과 관련된 변수를 고르는 것이 유리하다.

차원해석법을 적용할 때 주의할 사항은 차원해석법이 주어진 문제에 완전한 해가 아니고 부분적인 해를 제공할 수 있다는 점이다. 예를 들어, 고속의 압축성 유체에 관한 문제를 생각해보자. 유체의 체적탄성(volume modulus)을 고려하지 않을 경우 항력은 Reynolds수만의 함수로 표현되지만, 체적탄성을 고려하면 항력을 Reynolds수 및 Mach수의 함수가 된다. 반대로, 어떤 물리현상과 무관한 매개변수가 차원해석에 사용될 경우에는, 엉뚱한 무차원 수가 나타날 수 있다. 그러므로 차원해석법을 성공적으로 사용하기 위해서는 사용자가 물리현상에 매우 익숙해야 한다.

▌예제 ▌ 젤에 의해 평판이 받는 힘

Buckingham Ⅱ 정리를 이용하여 전절에서 소개한 '젤에 의해 평판이 받는 힘'을 구하라.

[풀이]

평판에 작용하는 힘을 구하기 위해 식(2)를 다시 쓰면

$$F = F(\rho, V, A, \theta, l)$$

변수의 수는 6개이고 기본 차원량은 M, L, T로서 3개이다. 따라서 무차원 변수 Π의 수는 3개($=6-3$)가 된다. 반복변수를 ρ, V, A로 하고 무차원 변수를 구하면 다음과 같다.

(i) $\Pi_1 = \rho^a V^b A^c F^d$

$$= \left[\frac{M}{L^3}\right]^a \left[\frac{L}{T}\right]^b \left[L^2\right]^c \left[M\frac{L}{T^2}\right]^d$$

각 차원에 대해 식을 쓰면 다음과 같다.

$$M:\ a+d=0 \quad \rightarrow \quad a=-d$$
$$L:\ -3a+b+2c+d=0$$
$$T:\ -b-2d=0 \quad \rightarrow \quad b=-2d$$

L에 관한 두 번째 식으로부터

$$3d-2d+2c+d=0 \quad \rightarrow \quad c=-d$$

따라서 Π_1은 다음과 같다.

$$\Pi_1 = \rho^{-d} V^{-2d} A^{-d} F^d$$

$$= \left(\frac{F}{\rho V^2 A}\right)^d$$

(ii) $\Pi_2 = \rho^a V^b A^c l^d$

$$= \left[\frac{M}{L^3}\right]^a \left[\frac{L}{T}\right]^b \left[L^2\right]^c [L]^d$$

$M:\ a=0$

$L:\ -3a+b+2c+d=0 \quad \rightarrow \quad d=-2c$

$T:\ -b=0$

따라서 Π_2는 다음과 같다.

$$\Pi_2 = \left(\frac{A}{l^2}\right)^c$$

(iii) $\Pi_3 = \theta$

그러므로 평판에 작용하는 힘에 관한 관계식은 다음과 같이 쓸 수 있다.

$$f\left(\Pi_1,\ \Pi_2,\ \Pi_3\right)=0$$

혹은

$$\frac{F}{\rho V^2 A} = f\left(\frac{A}{l^2},\ \theta\right)$$

위의 결과가 Rayleigh 방법에 의한 것과 같음을 알 수 있다. ▪

□ Π의 유일성

앞의 예제(제트에 의해 평판이 받는 힘)에서 기본 차원을 갖는 반복변수로 ρ, V, A를 선택했다. 만약, 반복변수로 ρ, V, l을 선택하는 경우 결과는 어떻게 변할까? 동일한 방법에 의해 차원해석을 하면 다음과 같은 결과를 얻는다.

$$\Pi_1 = \frac{F}{\rho V^2 l^2}; \quad \Pi_2 = \frac{A}{l^2}; \quad \Pi_3 = \theta$$

따라서 이를 식으로 나타내면 다음과 같다.

$$\frac{F}{\rho V^2 l^2} = f_1\left(\frac{A}{l^2},\ \theta\right)$$

예제의 결과와 비교해 보면, Π가 다르기 때문에 함수 f_1은 f와 다르다. 그러므로 Π에 대한 유일성(uniqueness)은 성립하지 않으나 Π의 개수는 일정한 것을 알 수 있다.

2. 수리학적 상사와 수리모형실험

모형은 실제 생각하는 물체와 기하학적 상사성은 가지지만 보다 작게 만든 것을 말한다(실제보다 큰 모형도 있을 수 있음). 그러나 모형실험에서 기하학적 상사성만 성립하도록 모형을 만들었다고 해서 끝나는 것은 아니다. 예를 들어, 배의 경우 축척비(scale ratio)가 정해지면 닮은꼴인 모형선을 만드는 것은 어렵지 않으나, 중요한 문제는 배의 속도를 U라고 할 때 모형선의 속도 u는 얼마가 되어야 하는가를 결정하는 것이다. 이 문제는 동력학적 상사성에 관한 것으로 그리 쉬운 문제는 아니다. u라는 속도에서 모형선이 받는 저항은 U라는 속도로 달리는 배가 받는 저항과 어떤 관계를 가지는 지 미리 알아야 하기 때문

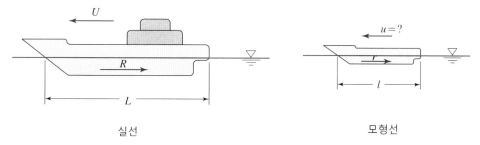

실선   모형선

Figure 9.2   Similarity in hydraulic experiment

이다. 이러한 역학적 상사성에 관한 문제는 Froude(1810-1879, UK)가 그의 말년에 약 10년간 고심하여 생각한 문제인데, 오늘날에 사용하고 있는 방법이 그가 당시 고안해 낸 방법과 다를 바 없다는 것이 놀라운 일이다(이승준, 1999).

원형보다 작은 모형을 만들어 실험을 하면 원형에서 보다 주변 환경의 조절 및 현상의 계측이 용이할 수 있다. 모형을 제작하여 실험을 통하여 계측함으로써 원형에서의 현상을 예측할 수 있으며 이를 수리모형실험이라고 한다. 이를 위하여 모형을 설계할 때 수리학적 상사법칙을 적용하는데, 상사법칙에는 기하학적 상사, 운동학적 상사, 그리고 동력학적 상사가 있다.

▌2.1 수리학적 상사

2.1.1 기하학적 상사

다음 그림의 원형과 모형 실린더에서 직경과 길이의 비는 다음과 같다.

$$D_m/D_p = L_{r1} \tag{10a}$$

$$L_m/L_p = L_{r2} \tag{10b}$$

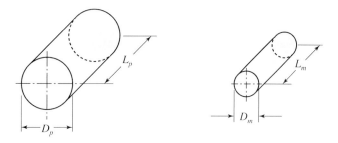

Figure 9.3   Geometric similitude

여기서 아래 첨자 m과 p는 각각 모형과 원형을 의미한다. 기하학적 상사가 성립하기 위한 조건은 $L_{r1} = L_{r2} = L_r$이 되어야 한다. 즉, 직경과 길이에 대한 축척은 동일하여야 한다.

2.1.2 운동학적 상사

운동학적 상사(kinematic similarity)란 원형과 모형 사이에 운동의 상사성이 있어야 한다는 것이다. 즉, 원형과 모형 사이에 흐름의 크기가 일정한 비율이고 흐름의 방향이 동일해야 한다는 것이다. 운동학적 상사성이 성립하면 기하학적 상사성은 자동적으로 성립하지만, 기하학적인 상사성이 성립한다고 하여 운동학적 상사성이 성립한다는 보장은 없다. 운동학적 상사와 관련된 물리량은 속도, 가속도, 유량, 각속도, 각가속도 등이 있다. 예를 들어, 속도의 비가 일정한 경우($V_r = V_p/V_m$), 유량, 시간, 그리고 가속도의 비는 다음과 같이 주어진다.

$$Q_r = \frac{Q_m}{Q_p} = A_r V_r = L_r^2 V_r \tag{11}$$

$$T_r = \frac{T_m}{T_p} = L_r V_r^{-1} \tag{12}$$

$$a_r = \frac{a_m}{a_p} = V_r T_r^{-1} = V_r^2 L_r^{-1} \tag{13}$$

마찬가지로 다른 변수도 V_r과 L_r로 표현할 수 있다.

2.1.3 동력학적 상사

동력학적 상사(dynamic similarity)는 운동학적 상사가 성립하는 원형과 모형 사이에 작용하는 힘에도 상사성이 성립해야 한다는 것이다. 다시 말하면, 모형에 작용하는 힘과 원형에 작용하는 힘 사이에 비율이 일정해야 한다는 것을 의미한다. 예를 들어, F_i, F_g, F_v, F_σ, F_p를 각각 관성력, 중력, 점성력, 표면장력, 압력이라고 하면, 동력학적 상사를 만족시키기 위하여 다음이 성립해야 한다.

$$F_r = \frac{(F_i)_m}{(F_i)_p} = \frac{(F_g)_m}{(F_g)_p} = \frac{(F_v)_m}{(F_v)_p} = \frac{(F_p)_m}{(F_p)_p} = \frac{(F_\sigma)_m}{(F_\sigma)_p} = \text{ constant} \tag{14}$$

여기서 관성력이란 유체 시스템에 작용하는 가상의 힘으로 외력의 합력(resultant force)에 대해 반대방향으로 작용하는 힘이다. 어떤 유체 시스템이 가속 또는 감속을 하는 경우 반드시 관성력이 작용하며, 외력의 합력에 대하여 뉴턴 제2법칙에 따라 가속 혹은 감속을 하게 되는 것이다. 위의 식에서 모형과 원형에 작용하는 힘의 비율 F_r은 다음과 같다.

$$F_r = M_r a_r = (\rho_r L_r^3)(V_r T_r^{-1}) = \rho_r L_r^2 V_r^2 \tag{15}$$

따라서 힘의 종류와 상관없이 ρ_r, L_r, V_r을 가지고 힘의 비율을 결정할 수 있다. 예를 들어, 압력의 경우 힘의 비율은 다음과 같다.

$$p_r = F_r L_r^{-2} = \rho_r V_r^2 \tag{16}$$

일(work)과 동력(power)의 경우 힘의 비율은 각각 다음과 같다.

$$W_r = F_r \times L_r = \rho_r L_r^2 V_r^2 L_r = \rho_r L_r^3 V_r^2 \tag{17}$$

$$P_r = F_r \times V_r = \rho_r L_r^2 V_r^2 V_r = \rho_r L_r^3 V_r^3 \tag{18}$$

2.2 수리모형실험

2.2.1 수리학적 완전상사

축소모형을 가지고 수리실험을 설계할 때 모형과 원형 사이에 관성력에 대한 여러 힘의 비율이 모두 동일해야 동력학적으로 완전상사가 성립한다. 즉, 식(14)가 성립해야 한다. 이를 수리학적 완전상사라고 한다.

2.2.2 중력이 지배하는 흐름

개수로 흐름에서는 중력이 중요하다. 점성력 및 표면장력도 중요하지만 중력에 비해서는 무시할 수 있다. 마찬가지로 자연하천, 수리시설물, 파동, 유사이송 등에서도 중력이 중요한 역할을 한다. 원형에서 관성력과 중력의 비율이 모형에서도 동일하려면 식(14)에서 다음이 성립한다.

$$F_r = \frac{(F_i)_m}{(F_i)_p} = \frac{(F_g)_m}{(F_g)_p} = \text{constant} \tag{19}$$

또는

$$\left(\frac{F_i}{F_g}\right)_m = \left(\frac{F_i}{F_g}\right)_p \tag{20}$$

또는

$$\left(\frac{F_i}{F_g}\right)_r = 1 \tag{21}$$

여기서 $F_i = \rho L^2 V^2$ 이고 $F_g = wL^3$ 이다. 위의 식을 정리하면 다음과 같다.

$$(Fr)_r = 1 \tag{22}$$

즉, 중력이 지배적인 흐름에서는 원형과 모형 사이에 프루드수가 동일해야 한다는 것이다.

▌예제▐ 여수로 실험

어떤 수력발전소의 여수로 설계를 위하여 축척 1/50의 수리모형실험을 실시하였다.

(1) 원형의 홍수량이 720 m^3/s라면 모형실험에서의 유량은?

(2) 모형 물받이(apron)에서 측정한 유속이 2 m/s였다. 실제 원형에서 예측되는 유속은?

(3) 원형에서 수문 개방시간이 5 min이라면 실험에서의 개방시간은?

(4) 모형 물받이에서 0.05 m의 도수가 발생하였다면 원형에서 발생하는 도수의 높이는?

(5) 원형의 저수지에서 100,000 m^3의 물을 방류하는 데 48 hr를 예상하고 있다. 모형실험에서 방류량과 방류시간은?

[풀이]

(1) 프루드 상사법칙, 식(22)를 적용하면 다음과 같다.

$$\frac{V_m}{\sqrt{g_m L_m}} = \frac{V_p}{\sqrt{g_p L_p}}$$

여기서 $g_m = g_p$ 이므로

$$V_r = L_r^{1/2}$$

$$\therefore \quad Q_r = A_r V_r = L_r^2 L_r^{1/2} = L_r^{5/2}$$

$$Q_m = L_r^{5/2} Q_p = 0.041 \ \text{cms}$$

(2) $V_p = L_r^{-1/2} V_m = 14.14 \ m/s$

(3) 식(12)로부터

$$T_r = \frac{T_m}{T_p} = L_r V_r^{-1}$$

따라서

$$T_m = L_r^{1/2} T_p = 0.71 \ \text{min (or 42.43 sec)}$$

(4) $L_p = L_m L_r^{-1} = 0.05 \times 50 = 2.5 \ \text{m}$

(5) $Vol_m = L_r^3 Vol_p$

$$= \left(\frac{1}{50}\right)^3 \times (1 \times 10^5) = 0.8 \ \text{m}^3$$

$$T_m = L_r^{1/2} T_p = 6.79 \ \text{hr}$$

2.2.3 점성력이 지배하는 흐름

일반적인 관수로 흐름과 배와 같이 일부 잠긴 흐름에서는 중력과 점성력이 모두 중요하다. 그러나 관수로에서 층류나 잠수함과 같이 완전히 잠긴 흐름에서는 점성력이 지배적이다. 이와 같이 점성력이 중요한 흐름에서, 원형에서 관성력과 중력의 비율이 모형에서도 동일하려면 식(14)에서 다음이 성립해야 한다.

$$F_r = \frac{(F_i)_m}{(F_i)_p} = \frac{(F_v)_m}{(F_v)_p} = \text{constant} \tag{23}$$

또는

$$\left(\frac{F_i}{F_v}\right)_r = 1 \tag{24}$$

여기서 $F_i = \rho L^2 V^2$, $F_v = \mu V L$이므로, 이를 이용하여 위의 식을 다시 쓰면 다음과 같다.

$$(Re)_r = 1 \tag{25}$$

즉, 점성력이 지배적인 흐름에서는 원형과 모형 사이에 레이놀즈수가 동일해야 한다는 것이다.

| 예제 | 잠수함 실험

실험실에서 축척 1:10의 잠수함 모형을 가지고 실험을 하려고 한다. 원형 잠수함이 수심 100 m 아래서 10 mph의 속도로 운행한다고 할 때, 실험 조건을 구하라. 단, $v_r = 0.95$이다.

[풀이]

실험실 수심조건은 단순히 기하학적인 상사법칙에 의해 다음과 같다.

$$h_m = L_r \times h_p$$

$$= \frac{1}{10} \times 100 = 10 \ \text{m}$$

바닷속 잠수함의 운행은 바닷물에 의한 점성력이 지배적이므로 레이놀즈 상사법칙을 사용한다.

$$\frac{V_m L_m}{v_m} = \frac{V_p L_p}{v_p}$$

따라서 모형실험에서의 속도는 다음과 같다.

$$V_m = V_p \times \frac{1}{L_r} \times v_r$$

$$= 10 \times 10 \times 0.95 = 95.0 \ \text{mph}$$

2.2.4 기타 흐름

전 절에서와 비슷하게, 압력이 지배적인 흐름에서는 원형과 모형 사이에 다음 식이 성립해야 한다.

$$F_r = \frac{(F_i)_m}{(F_i)_p} = \frac{(F_p)_m}{(F_p)_p} = \text{constant} \tag{26}$$

또는

$$\left(\frac{F_i}{F_p} \right)_r = 1 \tag{27}$$

여기서 $F_i = \rho L^2 V^2$이고 $F_g = \Delta p L^2$. 위의 식을 정리하면 다음과 같다.

$$(Eu)_r = 1 \tag{28}$$

즉, 압력이 지배적인 흐름에서는 원형과 모형 사이에 Euler수가 동일해야 한다는 것이다.

마찬가지로 표면장력이 지배적인 흐름에서는 원형과 모형 사이에 다음 식이 성립해야 한다.

$$F_r = \frac{(F_i)_m}{(F_i)_p} = \frac{(F_\sigma)_m}{(F_\sigma)_p} = \text{constant} \tag{29}$$

또는

$$\left(\frac{F_i}{F_\sigma}\right)_r = 1 \tag{30}$$

여기서 $F_i = \rho L^2 V^2$ 이고 $F_\sigma = \sigma L$. 위의 식을 정리하면 다음과 같다.

$$(We)_r = 1 \tag{31}$$

즉, 압력이 지배적인 흐름에서는 원형과 모형 사이에 Weber수가 동일해야 한다는 것이다. 아래 Table 9.1에는 수리모형실험에서 동력학적인 상사를 위하여 흐름에서 지배적 힘에 따라 만족시켜야할 무차원수를 제시하였다.

Table 9.1 Various dimensionless variables

무차원수	명칭	기호	힘의 비
$\rho V L / \mu$	Reynolds수	Re	관성력/점성력
$V/\sqrt{gL}$	Froude수	Fr	관성력/중력
$\rho V^2 / \Delta p$	Euler수	E_n	관성력/압력
$V/\sqrt{\sigma/\rho L}$	Weber수	We	관성력/표면장력
V/a	Mach수	Ma	관성력/압축력
$D_f / \frac{1}{2}\rho V^2 D^2$	항력계수	C_D	항력/관성력
$L_f / \frac{1}{2}\rho V^2 D^2$	양력계수	C_L	양력/관성력

2.2.5 수리학적 불완전상사와 스케일 효과

앞에서 언급한 바와 같이 개수로 실험에서 중력이 지배적이지만 난류 상태를 결정짓는 점성력도 중요하다. 따라서 프루드 상사와 레이놀즈 상사를 둘 다 만족시키는 실험설계가 가능할까 하는 질문을 할 수 있다. 즉, 프루드 상사와 레이놀즈 상사를 만족시키기 위해서는 각각 다음 식이 성립해야 한다.

$$\frac{V_m}{\sqrt{gL_m}} = \frac{V_p}{\sqrt{gL_p}}$$

$$\frac{V_m L_m}{\nu_m} = \frac{V_p L_p}{\nu_p}$$

위의 식으로 부터 프루드 상사와 레이놀즈 상사에 의한 유속의 비는 각각 다음과 같다.

$$\frac{V_m}{V_p} = L_r^{1/2}$$

$$\frac{V_m}{V_p} = \frac{\nu_r}{L_r}$$

위의 두 식으로부터 점성계수에 대한 다음 관계식을 얻는다.

$$\nu_r = L_r^{3/2} \tag{32}$$

따라서 모형실험에서 사용하는 유체에 대한 점성계수를 위의 식으로부터 구하면 프루드 상사법칙과 레이놀즈 상사법칙을 동시에 만족시킬 수 있으나 실제 이는 거의 불가능하다. 따라서 일반 개수로 실험에서 프루드 상사법칙과 레이놀즈 상사법칙을 동시에 만족시키는 것은 불가능하므로 프루드 상사법칙에 의해 실험을 설계하고 레이놀즈수를 검토하여 충분히 난류 상태인가를 확인하는 것이 통상적인 절차이다. 이와 같이 원형과 모형 사이에 완전상사를 만족시키지 못하는 경우가 매우 흔하며 이를 수리학적 불완전상사라고 한다.

앞에서 설명한 바와 같이 수리모형실험에서 원형과 모형의 무차원수가 모두 같아야 이상적이지만 이는 실제적으로 불가능한 것을 보였다. 이와 같이 수리모형실험에서 원형과 모형 사이에 무차원수가 하나 이상 차이가 나서 발생하는 현상을 스케일 효과(scale effect)라고 한다. 예를 들어, 개수로 모형실험에서 프루드 상사를 적용할 때 점성력 혹은 표면장력에 의한 영향이 원형에서 보다 크게 발생하는 경우이다.

예를 들어, 원형교각 주위에 발생하는 국부세굴에 관한 모형실험을 생각해 보자. 동력학적 완전상사를 위해서 원형과 모형사이에 프루드수와 항력계수가 동일해야 하지만, 교각 주위 흐름의 경우 중력이 중요하므로 프루드 상사를 적용하여 모형실험을 설계한다. 대부분의 경우 프루드 상사를 적용하면 모형실험에서 레이놀즈수가 작아지게 된다. Figure 9.4에 의하면 레이놀즈수가 작은 경우 항력계수가 커져서 스케일 효과가 발생하게 된다.

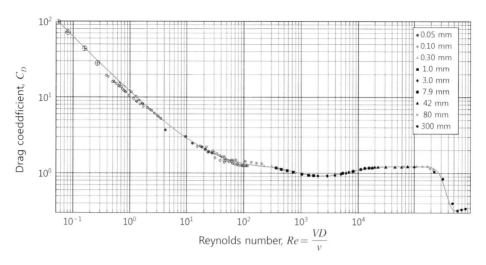

Figure 9.4 Drag coefficient versus Reynolds number for 2D cylinders

2.2.6 왜곡모형

어느 하천에서 실험 구간의 길이가 10 km이고 평균 폭과 수심이 각각 1 km와 4 m이다. 수리모형실험을 위한 공간상의 제약 때문에 하천의 길이를 100 m로 할 경우 축척은 1/100이 되므로 평균 폭은 10 m 그리고 평균 수심은 0.04 m가 된다. 모형하천의 평균 수심이 0.04 m이므로 위치에 따라서는 0.01 m 미만의 수심도 존재하게 된다. 따라서 원형에서는 표면장력이 중요하지 않지만 모형에서는 중요하게 작용할 수도 있다. 이를 위하여 수평방향과 연직방향 축척이 다른 왜곡모형을 도입하는데, 연직축척 $Z_r = 1/100$을 유지하면서 수평축척 $L_r = 1/200$ 혹은 이 이하의 축척을 사용할 수 있다. 이와 같은 왜곡모형은 하천과 항만에 관한 모형실험에 많이 활용된다.

거의 모든 왜곡모형은 하천, 항만, 파동 등 중력이 지배적인 흐름에 사용되므로 프루드 상사법칙이 적용된다. 따라서

$$V_r = Z_r^{1/2} \tag{33}$$

왜곡모형에 상사법칙을 적용함에 있어 적용대상에 따라 사용하는 변수가 달라질 수 있다. 예를 들어, 수평면 상의 면적인 경우 $A_r = L_r^2$이지만 연직면 상의 면적은 $A_r = L_r Z_r$이다.

▌예제 ▌ 왜곡모형

연직축척이 수평축척의 5배인 왜곡모형을 가지고 하천의 모형실험을 수행하려 한다. 원형 하천의 최대유량과 조도계수가 각각 30,000 m^3/s이고 0.04이다. 모형하천의 최대유량이 0.105 m^3/s일 때, 축척과 모형의 조도계수를 구하라.

[풀이]

연직방향의 축척이 수평방향 축적의 5배이므로 다음이 성립한다.

$$Z_r/L_r = 5$$

따라서 왜곡모형에 대한 프루드 상사법칙, 식(22)를 이용하면 유량의 비는 다음과 같다.

$$Q_r = A_r V_r = L_r Z_r Z_r^{1/2} = L_r Z_r^{3/2}$$

위의 식으로부터

$$\frac{0.105}{30,000} = \frac{1}{5} Z_r^{5/2}$$

따라서

$$Z_r = \frac{1}{80}$$

그리고

$$L_r = \frac{1}{400}$$

모형의 조도계수를 구하기 위해 Manning 공식을 적용하면 다음과 같다.

$$V_r = \frac{1}{n_r}(R_h)_r^{2/3}(S_0)_r^{1/2} = \frac{1}{n_r} Z_r^{2/3} \left(\frac{Z_r}{L_r}\right)^{1/2}$$

$$n_r = \frac{Z_r^{2/3}}{L_r^{1/2}}$$

따라서

$$n_m = \frac{(1/80)^{2/3}}{(1/400)^{1/2}} \times 0.04 = 1.077 \times 0.04 = 0.043$$

┃ 2.3 이동상 실험

현장계측이나 수치모의를 통해 얻기 어려운 성과를 이동상 실험을 통해서 얻을 수 있다. 그러나 이동상 실험의 경우 고정상 실험보다 훨씬 더 상사법칙을 적용하기가 어렵다. 이동상 실험에서도 원형과 모형 사이에 흐름(flow) 및 유사이송(sediment transport)에 관한 무차원수를 도입하여 상사법칙을 적용한다. 이동상 실험에서 무차원수란 일반적으로 프루드수, 손실수두, 입자 레이놀즈수, 그리고 입자이동에 영향을 미치는 상수(mobility parameter for sediment transport) 등이 있다(Julien, 2002). 그러나 실제 실험에서 이와 같은 무차원수를 원형에서와 같이 정확히 동일하게 만드는 것은 매우 어렵다. 따라서 이동상 실험을 설계할 때에도 중요한 정도에 따라 무차원수를 선택하여 적용한다(Gorrick and Rodriguez, 2014).

Einstein and Chien(1956)은 모형실험에서 원형에서와 비슷한 유사이송과 하상변동을 재현하기 위해서 Shields diagram의 무차원수(즉, τ_*와 Re_*)가 동일하도록 설계해야 한다고 하였다. 그러나 이러한 원리를 하천모형에 적용하기 위해서는 축척이 왜곡된 모형과 입자의 이동성을 증가시키기 위한 경량사를 사용하는 경우가 많이 발생한다.

소류사 및 부유사에 의한 유사이송이 활발한 하천의 모형실험을 이론적으로 살펴보면 다음과 같다. 차원해석에 의하면 평탄한 하상조건에서 무차원 소류사량(q_b^*)은 다음과 같이 5개의 무차원수의 함수로 표현할 수 있다.

$$q_b^* = f\left(\frac{\rho U_*^2}{\rho R g D_{50}}, \frac{D_{50}\sqrt{RgD_{50}}}{\nu}, \frac{H}{D_{50}}, \frac{D_j}{D_{50}}, R \right) \tag{34}$$

여기서

$$\frac{\rho U_*^2}{\rho R g D_{50}} = \tau^* : \text{Shields수}$$

$$\frac{D_{50}\sqrt{RgD_{50}}}{\nu} = Re_p : \text{입자 레이놀즈수} \quad (U_* D_{50}/\nu = \tau^{*0.5} Re_p)$$

$$\frac{H}{D_{50}} : \text{상대조도(relative roughness)}$$

$$\frac{D_j}{D_{50}} : \text{입도분포(particle size distribution)}$$

$$R : \text{수중단위중량(sediment density/water density)}$$

위의 식에 따르면 모형실험에서 원형의 소류사 이송을 재현하기 위하여 원형과 모형의 Shileds수(τ^*), 입자 레이놀즈수(Re_p), 상대조도(H/D_{50}), 입도분포(D_j/D_{50}), 수중단위중량(R)이 동일해야 한다. 비슷하게 부유사량(q_s^*)에 대해서도 다음과 같은 관계가 성립한다.

$$q_s^* = f\left(\frac{U_*}{W_{s,}} \; \frac{D_{50} \sqrt{RgD_{50}}}{\nu}, \; \frac{H}{D_{50}}, \; \frac{D_j}{D_{50}}, \; R \right) \tag{35}$$

여기서 $\dfrac{U_*}{W_s} = \alpha$: 부유상수(suspension number)

식(35)에 의하면 부유사 이송이 지배적인 하천에서는 모형과 원형의 α에 대한 상사성이 추가적으로 요구된다. 그러나 $\alpha = \tau^{*0.5}/R_f$ (여기서 $R_f = v_s/\sqrt{RgD}$)이므로 부유상수 α 또한 τ^*의 함수이다. 그러므로 부유사가 지배적인 하천에서도 원형과 모형사이의 τ^*와 Re_p의 상사성을 만족시키면 된다.

일반적인 이동상 실험에서 위에 제시된 무차원수 중 τ^*와 Re_p가 가장 중요한 것으로 알려져 있다(Ettema, 2011). Garcia and Parker(1991)은 하상 토립자의 연행과 상대조도가 무관함을 보였다. 따라서 이동상 실험에서 τ^*와 Re_p의 상사성을 확보하는 것이 상대조도(H/D) 혹은 R의 상사성보다 우선되어야 한다. 이러한 배경에서 경량사의 사용도 적극 고려할 수 있는 것이다.

원형과 모형에서 τ^*와 Re_p의 상사성을 우선 확보하는 경우 상대조도가 크게 왜곡될 수 있다. 즉, 모형에서 조도가 지나치게 크게 될 수 있으며, 결과적으로 유속-수심 관계가 다른 양상을 보일 수 있다. 이러한 경우 연직방향의 축척을 다르게 사용하여 어느 정도 해결할 수 있다.

┃예제┃ 이동상 모형실험의 설계

　　원형 하천의 유량이 $Q = 50.0$ m^3/s이고 경사 $S = 0.0022$, 수심 $H = 0.9$ m, 그리고 $D_{50} = 1.0$ mm이다. 축척 1/16의 이동상 모형을 설계하고자 한다.

　　(1) 모형실험에서의 유량 및 수심은?
　　(2) 모형실험에서의 입자 크기 D_{50}를 결정하라.

[풀이]

　　(1) 프루드 상사법칙을 적용하면

$$Q_m = L_r^{5/2} Q_p = 0.05 \text{ m}^3/\text{s}$$

$$H_m = L_r H_p = 0.06 \text{ m}$$

(2) 원형 하천에서 마찰속도 및 입자의 침강속도(Dietrich 공식 사용)는 다음과 같다.

$$U_* = \sqrt{gHS} = 0.14 \text{ m/s}$$

$$v_s = 0.170 \text{ m/s}$$

또한, 원형 하천에서 Shields수, 입자 레이놀즈수, 부유상수(suspension number), 상대조도를 구하면 다음과 같다.

$$\tau^* = \frac{HS}{RD} = \frac{0.9 \times 0.0022}{1.65 \times 1.1 \times 10^{-3}} = 1.09$$

$$Re_p = \frac{D\sqrt{RgD}}{\nu} = 146.7$$

$$\alpha = \frac{U_*}{v_s} = 0.824 \text{ (소류사 지배적)}$$

$$\frac{H}{D} = \frac{0.9}{1.1 \times 10^{-3}} = 820$$

1) 일반 모래 사용

일반 모래와 동일한 비중의 입자($\rho_s = 2,650 \text{ kg/m}^3$)를 사용하여 Shields수 및 입자 레이놀즈수의 상사성을 만족시키기 위한 입자크기를 산정하면 각각 다음과 같다.

$$\tau^* = 1.1 \ \rightarrow \ D = 0.074 \text{ mm}$$

$$Re_p = 146.7 \ \rightarrow \ D = 1.1 \text{ mm}$$

두 상사성에 의한 입자 직경이 10배 이상 차이가 발생한다. 따라서 경량사 사용을 검토한다.

2) 경량사 사용

경량사($\rho_s = 1,300 \text{ kg/m}^3$)를 사용하여 Shields수 및 입자 레이놀즈수의 상사성을 만족시키기 위한 입자크기를 산정하면 다음과 같다.

$$\tau^* = 1.1 \ \rightarrow \ D = 0.4 \text{ mm}$$

$$Re_p = 146.7 \ \rightarrow \ D = 2.0 \text{ mm}$$

이제 두 상사성에 의한 입자 직경의 차이가 5배 정도로 줄어들었다. 모형실험에서 하상경사의 조정을 검토한다.

3) 경사 조정

경사를 조정하면 Shields수를 증가시켜 입자크기를 조정할 수 있다. 즉, 경사를 150% 증가시키면 입자크기도 150% 증가한다.

$$\tau^* = 1.1 \;\rightarrow\; D = 0.6 \;\text{mm}$$

$$Re_p = 146.7 \;\rightarrow\; D = 2.0 \;\text{mm}$$

실험수로의 경사조정에도 불구하고 두 상사성에 의한 입자크기는 3배 이상 차이를 보인다. 다음으로 상사율 조정을 검토한다.

4) 상사율 조정

이상에서 경량사와 경사를 조정하였음에도 불구하고 Shields수와 입자 레이놀즈수 상사성에 의한 입자 크기가 차이를 보여 상사율을 조정한다. Shields수 및 입자 레이놀즈수의 상사성을 1/2로 하면,

$$\tau_r^* = \frac{\tau_m^*}{\tau_p^*} = \frac{1}{2}, \;\; Re_{pr} = \frac{Re_{pm}}{Re_{pp}} = \frac{1}{2}$$

따라서

$$\tau^* = 0.55 \;\rightarrow\; D = 1.20 \;\text{mm}$$

$$Re_p = 73.4 \;\rightarrow\; D = 1.22 \;\text{mm}$$

상사율의 조정에 따라 두 상사성에 의한 입자크기는 거의 비슷해졌다. 두 기준에 따라 입자크기를 $D = 1.0$ mm로 결정하고 부유 상수 및 상대조도를 구하면 다음과 같다.

$$\alpha = \frac{U_*}{v_s} = \frac{0.036}{0.0484} = 0.91 \;\text{(소류사 지배적)}$$

$$\frac{H}{D} = \frac{0.06}{1.0 \times 10^{-3}} = 60$$

모형실험에서 부유상수는 원형과 유사하게 소류사가 지배적이지만 상대조도의 경우에는 모형에서 조도가 훨씬 큰 것으로 나타나고 있다. 아래 그림은 Shields regime diagram 상에 원형과 모형의 무차원수를 도시한 것이다. 원형과 모형 모두 Shields

curve 위에 위치하고 있어 소류사 이송이 가능하며 부상은 되지 않고 하상형상은
사구 영역으로 나타나고 있다.

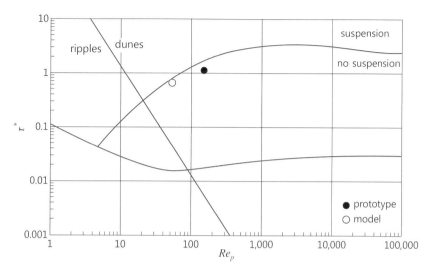

Shields regime diagram for designing mobile-bed model experiment

참고문헌

- 이승준 (1999). 역사로 배우는 유체역학. 인터비전.
- Einstein, H. A. and Chien, N. (1956). Similarity of distorted river models with movable beds. *Transactions of ASCE*, 121, 440-457.
- Ettema, R. (2000). *Hydraulic Modeling Concepts and Practice*. ASCE Publication.
- Garcia, M. and Parker, G. (1991). Entrainment of bed sediment into suspension. *Journal of Hydraulic Engineering*, ASCE, 117, 414-435.
- Gorrick, S, and Rodriguez, J. F. (2014). Scaling of sediment dynamics in a laboratory model of a sand-bed stream. *Journal of Hydro-environment Research*, 8(2), 77-87.
- Julien, P. Y. (2002). *River Mechanics*. Cambridge University Press, Cambridge, UK.
- Kim, C. and Kang, J. (2013). Case study: Hydraulic model study for abandoned channel restoration. *Engineering*, 5, 989-996.

1. 관수로의 유량은 일반적으로 다음과 같다.

$$Q = fn\left(\Delta p/l,\ D,\ \mu\right)$$

(1) Rayleigh 방법을 사용하여 차원해석을 실시하라.

(2) 관수로 내의 유속이 다음과 같이 주어질 때, 무차원수를 결정하라.

$$u(r) = \frac{(R^2 - r^2)}{4\mu}\left(-\frac{\Delta p}{l}\right)$$

2. 수리모형 실험을 하려고 하는 원형 하천의 길이가 10 km이고 조도계수는 0.035, 그리고 홍수량은 850 cms라고 한다. 실험실 규모상 1/100의 축척으로 실험을 하려고 한다.

(1) 모형실험에서 유량을 결정하라.

(2) 모형실험에서의 조도계수를 구하라. (힌트: 조도계수의 차원을 고려)

답 $Q = 0.0085$ cms, $n = 0.01625$

3. 하천 모형을 만들어 수리모형실험을 하려고 한다. 바닥에 실제 모래를 포설하여 조도를 구현하려고 한다. Strickler 공식에 의하면 하상 입자의 입경과 Manning의 조도계수는 다음과 같은 관계가 있다고 한다.

$$n = D^{1/6}/21$$

여기서 입자의 직경 D의 단위는 m이다.

(1) 축척이 1/100, 1/75, 그리고 1/50 모형에서 원형에 대한 모래 직경의 비는 각각 얼마인가?

(2) 수리모형 실험 시 하상 입자의 직경을 50 μ에서 100 μ으로 증가시킬 경우 통수능의 변화는 어떻게 되나?

답 통수능은 $2^{5/2}$배 증가

4. 폭이 100 m이고 평균수심이 3 m인 하천에 폭이 1 m이고 길이가 3 m인 사각형 교각이 있다. 축척이 1/20의 모형으로 수리실험 한 결과 유속이 0.5 m/s에서 교각에 작용하는 힘은 0.5 kg이었다.

(1) 원형에서의 유속과 작용하는 힘을 구하라.

(2) 모형과 원형에서의 항력계수를 구하라.

답　$V = 2.24$ m/s, 작용하는 힘 $= 4$ ton, $C_D = 0.08$

5. V-deflector

아래 그림과 같이 하천에 V자형 시설물을 설치하여 하폭을 줄이면 바로 하류부에 국부적으로 유속을 증가시켜 세굴을 유도할 수 있다. 이러한 시설물을 deflector라고 하며, 날개가 두 개 있어 하류방향을 향할 경우 V-deflector라고 한다. 이렇게 형성된 웅덩이 (pool)는 수리학적으로 흐름에 변화를 주어 생물의 다양성(biodiversity)을 증가시킬 수 있어 선진국에서는 오래전부터 하천복원에 활용되어져 왔다.

일반적으로 V-deflector에 의해 형성된 웅덩이에서 최대세굴심(y_s)은 다음과 같은 변수에 의해 결정된다고 한다.

> B ＝하폭
> y_0 ＝하천의 수심
> S_0 ＝하상경사
> ρ ＝물의 밀도
> g ＝중력가속도
> o ＝개구부(opening)의 폭
> θ ＝V-deflector의 편향각
> d_s ＝하상입자의 평균 입경

문제를 간략화하기 위하여 하상경사와 하상토의 평균입경의 영향을 무시할 수 있다. 차원해석을 이용하여 다음과 같은 최대세굴심에 관한 식을 유도하라.

$$\frac{y_s}{y_0} = f\left(\frac{o}{B}, \ \alpha, \ Fr_0\right)$$

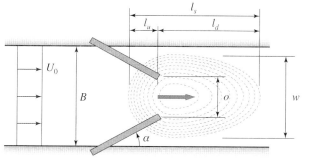

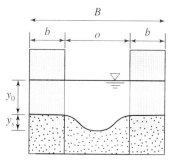

V-deflector의 평면도　　　　　　　　　V-deflector의 단면도

찾아보기

저자 소개

최성욱

서울대학교 토목공학과 공학사(1987), 공학석사(1989)
미국 University of Illinois at Urbana-Champaign 토목공학과 공학박사(1996)
미국 Massachusetts Institute of Technology 토목환경공학과 방문교수(2006)
연세대학교 건설환경공학과 교수(1997-현재)

Editor, Journal of Hydro-Environment Research, IAHR-APD(2017-현재)
Associate Editor, Journal of Hydraulic Engineering, ASCE(2010-현재)
Member, Leadership Team, Ecohydraulics Committee, IAHR(2016-2023)
Fellow, IAHR(2023-현재)

최신 **수리학** 수정판

초판 발행 2021년 5월 31일
초판 2쇄 발행 2023년 10월 30일

지은이 최성욱
펴낸이 류원식
펴낸곳 교문사

편집팀장 성혜진 │ **디자인** 신나리 │ **본문편집** 홍익 m&b

주소 10881, 경기도 파주시 문발로 116
대표전화 031-955-6111 │ **팩스** 031-955-0955
홈페이지 www.gyomoon.com │ **이메일** genie@gyomoon.com
등록번호 1968.10.28. 제406-2006-000035호

ISBN 978-89-363-2187-1 (93530)
정가 24,000원